Drachenzucht für Einsteiger

Paul Knoepfler · Julie Knoepfler

Drachenzucht für Einsteiger

Ein „gefährlicher" Zeitvertreib für Hobby-Genetiker

Aus dem Englischen übersetzt von Monika Niehaus

 Springer

Paul Knoepfler
School of Medicine
UC Davis Health System
Sacramento, CA, USA

Julie Knoepfler
Davis Senior Highschool
Davis, CA, USA

Übersetzt von
Monika Niehaus-Osterloh
Düsseldorf, Nordrhein-Westfalen, Deutschland

ISBN 978-3-662-62525-5   ISBN 978-3-662-62526-2   (eBook)
https://doi.org/10.1007/978-3-662-62526-2

Die Deutsche Nationalbibliothek verzeichnet diese Publikation in der Deutschen Nationalbibliografie; detaillierte bibliografische Daten sind im Internet über http://dnb.d-nb.de abrufbar.

Einbandgestaltung: deblik Berlin
Covermotiv: (c) kraft2727/Adobe Stock

Redaktion: Jorunn Wissmann
Planung und Lektorat: Sarah Koch, Bettina Saglio
Springer ist ein Imprint der eingetragenen Gesellschaft Springer-Verlag GmbH, DE und ist ein Teil von Springer Nature.
Die Anschrift der Gesellschaft ist: Heidelberger Platz 3, 14197 Berlin, Germany

Vorwort

Es hat uns viel Spaß gemacht, ein Buch darüber zu schreiben, wie man einen Drachen (einen richtigen, keinen aus Papier) baut, aber es steckte eine Menge mehr dahinter, als wir anfangs dachten. Es sollte mehrere Jahre dauern, die Idee in ein Buch zu verwandeln.

Die „Wie baut man einen Drachen"-Idee erwuchs aus einem Schulprojekt, an dem Julie teilnahm und in dem es darum ging, wie man neue Technologien einsetzen könnte, um einen echten Drachen zu bauen. Ich (Julie) entschloss mich, für mein Wissenschaftsprojekt in der achten Klasse ein eher ungewöhnliches Thema zu wählen: *Wie man einen Drachen baut: Zum Spaß oder um die Welt zu beherrschen.* Andere Kinder in meiner Klasse machten Experimente wie „Kann ich einen Vulkan allein mithilfe von Lehm, Backnatron und reiner Willenskraft erzeugen?" und „Coke versus Pepsi: Wer wird siegen?". Im Gegensatz zu meinem Projekt waren die Experimente der anderen Kinder tatsächlich durchführbar und potenziell weitaus weniger gefährlich, aber ich wünschte mir eine Herausforderung.

Auch wenn mein „theoretisches" Experiment ein wenig unorthodox war, reagierte mein Lehrer sehr cool darauf. Ich schrieb (mit der Hilfe meines Vaters) eine kurze „Betriebsanleitung" und baute ein Modell. Schließlich kam der Tag, an dem wir unsere Arbeiten vorstellen mussten, und ich wusste nicht so ganz, was ich sagen sollte. „Hallo, liebe Klassenkameraden, äh…, ich habe herausgefunden, wie man einen Drachen baut." Nach meiner Präsentation zeigte sich die Klasse ein wenig verblüfft ob der Seltsamkeit meines „Kein-Projekt"-Projekts, doch da mein Lehrer sehr aufgeschlossen war, ging alles gut aus.

Im Anschluss an Julies Wissenschaftsprojekt begannen wir, über die verschiedenen Formen von Naturwissenschaft und Technik zu diskutieren, die in ein Projekt zum Bau eines Drachen einfließen könnten. Pauls eigenes Forschungslabor an der University of California, Davis School of Medicine, benutzt einige dieser Technologien, darunter Stammzellentechnik und die CRISPR/Cas-Methode, aber natürlich nicht, um einen Drachen zu bauen. Ziel des Knoepfler-Lab ist es, Stammzelletherapien sicherer zu machen und neue, bessere Krebsbehandlungen zu entwickeln, insbesondere für Tumoren, die bei Kindern auftreten.

Irgendwann, ob es auf einem Spaziergang war oder bei der Vorbereitung des Abendessens, stand plötzlich die Frage im Raum: „Was wäre, wenn es nicht nur ein Schulprojekt wäre?" Ich (Paul) schlug vor, gemeinsam ein Buch über „Drachenzucht für Einsteiger" zu schreiben.

Die Idee, einen richtigen Drachen zu züchten, ist so verrückt, dass wir das Gefühl hatten, das Buch würde in gewissem Sinne die Art und Weise parodieren, in der die echte Wissenschaft so oft aufgebauscht wird. Deshalb ist es sehr wichtig, dass Sie beim Lesen im Hinterkopf behalten, dass einige der verrücktesten Ideen und Aussagen in diesem Buch absichtlich so provokant formuliert sind. Sie sind als Satire auf die Wissenschaft selbst und dem damit einhergehenden Hype gedacht. Wir hoffen, dass dieses Buch die Leute davon abbringt, Wissenschaft über Gebühr aufzubauschen.

Dennoch werden zumindest einige Leute die Sache wahrscheinlich doch zu ernst nehmen und uns beschuldigen, in unverantwortlicher Weise tatsächlich den Bau eines echten Drachen oder andere verrückte Dinge zu propagieren. „Wie könnt ihr nur?", werden sie schreien, tweeten, etc. Sie werden vielleicht sogar behaupten, wir förderten den Wissenschafts-Hype noch, indem wir ihn parodieren. Nun, wir sind darauf vorbereitet und werden solche Kritiker gelassen auf den Untertitel des Buches hinweisen: *Ein „gefährlicher" Zeitvertreib für Hobby-Genetiker.* Und wir werden sie bitten, dieses Vorwort zu lesen.

Es ist gut, dass wir ein dickes Fell haben (besser wäre allerdings eine Drachenhaut).

Im Brainstorming-Stadium des Buches, noch bevor wir zu schreiben begannen, wurde uns klar, dass irgendwann in der Zukunft jemand tatsächlich versuchen könnte, einen Drachen zu bauen, und dass unser Buch ihm unabsichtlich bei einem Projekt helfen könnte, das höchstwahrscheinlich mit einer Katastrophe enden würde.

Wir hoffen, dass so etwas nicht passiert.

Während wir diskutierten und schließlich zu schreiben begannen, wurde deutlich, dass die Idee, einen echten Drachen zu erschaffen, viele hypothetische ethische Probleme mit sich brachte. Schließlich sind Drachen Ungeheuer. Diese möglichen Probleme häuften sich, je länger wir schrieben, und füllten schließlich ein ganzes Kapitel im Buch. Bitte nehmen Sie das letzte Kapitel ernst. Wir möchten Pauls Kollegen an der Davis School of Medicine, dem renommierten Bioethiker Dr. Mark Yarborough, für seinen Rat und sein Feedback zu diesem Kapitel danken.

Während wir unsere Nachforschungen anstellten und immer mehr schrieben, stellten wir fest, dass sich ein paar andere Leute schon Gedanken darüber gemacht haben, wie man versuchen könnte, einen Drachen oder zumindest ein drachenhaftes Geschöpf zu bauen. Wir möchten all den Autoren von Artikeln, die uns inspiriert und informiert haben, ein herzliches Dankeschön sagen. Wir haben sie an den passenden Stellen im Buch zitiert.

Danken möchten wir auch unserer wissenschaftlichen Lektorin Jane Alfred, die uns sehr dabei geholfen hat, dies zu einem besseren Buch zu machen. Und ein großes Dankeschön gebührt unserem Lektor bei World Scientific Publishing Company, Yugarani. Wir möchten überdies Anca und Dan Knoepfler dafür danken, dass sie den Entwurf des Texts gelesen und mit uns diskutiert haben.

In gewissem Sinne ist dieses Buch auch als Weckruf gemeint. Obgleich bisher keine Drachenbauprojekte auf den Weg gebracht worden sind, sprechen viele Leute davon, mithilfe von CRISPR/Cas und anderen Technologien völlig neue Organismen herzustellen.

So genannte „Biohacker" diskutieren derartige Dinge und versuchen sogar manchmal, sie umzusetzen. Jetzt. So etwas wie ein Drache ist in den kommenden Jahrzehnten nicht ausgeschlossen. Dasselbe gilt für andere bislang mythische Geschöpfe wie Einhörner (siehe Kap. 7), die viel einfacher zu realisieren wären als ein Drache.

Selbst wenn niemand einen ausgewachsenen echten Drachen herstellt und vielleicht niemand es jemals versuchen wird, können Biohacker die Welt in positiver oder, was wahrscheinlicher ist, in negativer Weise verändern, indem sie andere neue Geschöpfe schaffen. Eine riesige, in der Dunkelheit glühende Libelle, die Vögel frisst? Eine neue gefräßige Fischart, die an Land lebt? Ein Frosch mit so gewaltigen Beinmuskeln, dass er 20 m weit springen kann? Lassen Sie Ihrer Fantasie freien Lauf.

Wir hoffen, dass die Lektüre dieses Buches Ihnen Vergnügen bereitet und Sie dabei viele neue Dinge erfahren werden. Es sollte auch Ihre Fantasie dafür anregen, was naturwissenschaftlich möglich ist. Wir hoffen, einige junge Leute werden später Wissenschaftler, weil sie dieses Buch gelesen haben.

Paul Knoepfler
Julie Knoepfler

Inhaltsverzeichnis

1

Sie möchten also einen Drachen?

Einführung

Seit vielen Tausend Jahren sind die Menschen von Drachen fasziniert. Wer würde sich nicht wünschen, zumindest einen kurzen Blick auf einen zu erhaschen? Die noch kühnere Idee, tatsächlich einen eigenen Drachen zu besitzen, hat die menschliche Fantasie noch stärker gefangen genommen. Haben Sie sich jemals vorgestellt, einen Drachen zu besitzen? Wir schon. Allgemein gilt es als unmöglich, einen Drachen sein eigen zu nennen. In diesem Buch stellen wir diese Annahme jedoch infrage und erklären, wie wir es anstellen würden, unseren eigenen Drachen zu bauen.

Aber zunächst einmal, warum müssen wir all die Mühen auf uns nehmen, einen eigenen Drachen zu bauen?

Können wir nicht einfach irgendwo einen Drachen auftreiben?

Möglicherweise ein Drachenei bei eBay kaufen?

Oder vielleicht abwarten, bis jemand anders einen baut, und schauen, ob er ihn uns gibt?

Nein. Leider wird keine dieser Optionen funktionieren.

Da wir aber nun einmal einen Drachen haben wollen, müssen wir ihn wohl selber bauen. Das erfordert wahrscheinlich viel Arbeit, doch es könnte auch ein Abenteuer sein, wie man es nur einmal im Leben erlebt. Schon das Überlegen, wie man mithilfe einer Kombination cooler, allermodernster Technologien einen Drachen herstellen könnte, hat uns einen Riesenspaß gemacht. Daher schwärmen wir fürs Drachenbauen, auch wenn es potenziell schwierig und höchst gefährlich ist.

© Springer-Verlag GmbH Deutschland, ein Teil von Springer Nature 2021
P. Knoepfler und J. Knoepfler, *Drachenzucht für Einsteiger,*
https://doi.org/10.1007/978-3-662-62526-2_1

Um einen Drachen zu bauen, mussten wir auch sehr viel Neues über ein breites Spektrum von real existierenden Geschöpfen lernen, die zwar selbst keine Drachen sind, aber in gewisser Hinsicht ebenso erstaunliche Kräfte besitzen.

Denken Sie beispielsweise an Bombardierkäfer. Sie verteidigen sich, indem sie ihre Angreifer mit potenziell tödlichen, kochend heißen Gasen bombardieren, die sie aus ihrem Hinterteil ausstoßen. Das brachte uns auf die Idee, wie man einen feuerspeienden Drachen schaffen könnte.

Und dann gibt es Zitteraale mit coolen, spezialisierten Zellen, so genannten Elektrocyten, die Elektrizität erzeugen. Mithilfe ihrer selbst erzeugten Elektrizität können Zitteraale anderen Geschöpfen Elektroschocks versetzen und diese Bioelektrizität wie eine Art elektrisches Radar auch zur Erkundung ihrer Umwelt einsetzen. Diese Zitteraale brachten uns auf die Idee, wie unser Drache sein Feuer zünden könnte – nicht nur per Flamme, sondern auch per Elektrizität.

Auch die Tatsache, dass Insekten, Vögel und Fledermäuse fliegen können, ist schon an sich wirklich erstaunlich. Um zu fliegen, müssen wir Menschen „schummeln" – wir müssen auf technische Errungenschaften wie Flugzeuge oder Jetpacks zurückgreifen. Noch bemerkenswerter ist, dass riesige Geschöpfe wie die Pteranodonten, die einst den Himmel beherrschten, aber heute ausgestorben sind, flugfähig waren. Diese Flugsaurier waren etwa so groß, wie wir uns Drachen vorstellen, und Wissenschaftler vermuten, dass sie auch wie Drachen aussahen.

Aus all dem lernten wir, dass heute lebende Tiere über ein breites Spektrum überraschend leistungsstarker, von der Evolution geschaffener „Technologien" verfügen, die uns helfen könnten, einen mächtigen Drachen zu erschaffen.

Eine der einflussreichsten Technologien, die in jüngerer Zeit entwickelt wurden, ist die „CRISPR/Cas9-Methode zur Genomeditierung", und sie geht auf eine Gruppe der kleinsten Lebewesen überhaupt zurück, Bakterien. Manche Bakterien benutzen CRISPR, eine Abkürzung, die für *Clustered Regularly Interspaced Short Palindromic Repeats* steht (nun verstehen Sie, warum jedermann die Kurzform CRISPR benutzt), als eine Art Immunsystem, um sich gegen Virusinfektionen zu verteidigen.

Während Bakterien CRISPR-Systeme dazu benutzen, die DNA von angreifenden Viren zu zerhacken, haben Forscher clevere CRISPR-Systeme so angepasst, dass sie sich stattdessen dazu verwenden lassen, präzise Mutationen im Genom von Zellen und sogar ganzen Organismen vorzunehmen. Wenn Sie sich an Ihren Biologieunterricht erinnern, besteht DNA aus vier Einheiten, so genannten Basen: A steht für Adenin, C für Cytosin,

G für Guanin und T für Thymin. Mit CRISPR lassen sich beispielsweise so subtile Veränderungen im DNA-Code von Zellen eines Lebewesens wie der Austausch von einem C gegen ein T durchführen. Alternativ kann man mit CRISPR auch eine viel größere Region verändern, die vielleicht Hunderte oder gar Tausende von Basen umfasst, um Genfunktionen nach Maß zu schneidern.

Während wir unseren Drachenbauplan entwarfen und dieses Buch schrieben und gleichzeitig über die coole Wissenschaft staunten, die es in der Natur bereits gibt, wurde uns auch klar, dass die Dinge für uns katastrophal schief laufen konnten. Tatsächlich gab es zahlreiche Möglichkeiten, unterwegs zu Tode zu kommen! Daher werden wir Ihnen nicht nur unseren Plan zum Bau eines Drachens erläutern und Ihnen die coole Seite unserer Bemühungen zeigen, sondern auch die vielen Möglichkeiten schildern, wie die Dinge bei jedem Schritt entlang des Weges katastrophal und sogar tödlich schief laufen könnten.

Es ist eine komische und manchmal auch ernüchternde Übung, sich vorzustellen, wie man selbst auf allerlei seltsame Weise sein Leben aushaucht. Wir denken, dass wir unser tragisches Ende am ehesten dadurch finden würden, dass unser Drache uns entweder einäschert oder uns bei seinen ersten Flugversuchen aus großer Höhe fallen lässt. Oder vielleicht auch beides, wenn wir ihn verärgern sollten. Stellen Sie sich vor, wie er uns aus großer Höhe abwirft und sich dann aus dem Himmel auf uns stürzt, um uns im Flug zu flambieren. Ein wunderbarer Gedanke, nicht wahr?

An praktisch jedem Punkt unseres Plans könnten Patzer zu unserem Ableben auf andere schreckliche, aber manchmal auch komische Weise führen. Stellen Sie sich vor, von unserem Drachen zu Tode gefurzt zu werden, oder zu Tode gerülpst, wenn es ihm nicht gelingt, die Gase zu zünden, die er braucht, um Feuer zu spucken. Beim Schreiben war es uns wichtig, die Möglichkeit unseres Todes nicht zu ignorieren, ganz gleich, wie erstaunlich ein echter Drache auch sein würde. Und keinesfalls durften wir unseren Sinn für Humor verlieren.

Und ja, uns war klar, dass ein riesiges Desaster in der Größenordnung von *Jurassic Park* geschehen könnte, wenn wir uns daranmachten, auf der Basis unserer Pläne in diesem Buch einen echten Drachen zu bauen. Wir geben zu, dass unsere Bemühungen viele andere Menschen auf der Welt tangieren könnten, und das nicht immer in positiver Weise. Dieses hypothetische große Risiko führt mit noch höherer Wahrscheinlichkeit zu einer echten Katastrophe, wenn wir uns entschließen sollten, ein Brutpaar von Drachen zu schaffen. Die beiden könnten sich schließlich als hervorragende Eltern erweisen und Drachennachwuchs am laufenden Band produzieren.

Andererseits ist die Zucht von Drachen die beste Weise, unsere „Erfindung" zu erhalten und zu expandieren. Wir haben uns jedenfalls entschlossen, die Sache durchzuziehen, auch wenn uns die potenziellen Risiken für uns und die Welt klar sind.

Womit also anfangen?

Drache oder Ei?

Womit fangen wir an, wenn wir unseren eigenen echten Drachen bauen wollen – mit dem Drachen oder mit dem Ei?

Um ehrlich zu sein, haben wir in letzter Zeit kaum zuverlässige Berichte über Drachensichtungen gefunden. Daher ist es wohl kein guter Plan zu versuchen, einen lebenden Drachen zu fangen. Und selbst wenn es da draußen Drachen gäbe, die wir zu fangen versuchen könnten, wäre es wohl so gut wie unmöglich, einen zu erwischen, ohne dass er oder wir dabei ums Leben kämen. Aber sogar wenn alles klappen sollte, könnte es sein, dass der gefangene Drache uns dann als seine Erzfeinde ansieht. Und wer möchte schon der Erzfeind eines Drachen sein? Wir jedenfalls nicht!

Und was Dracheneier angeht, so sind sie ebenfalls ziemlich schwer zu bekommen. Anders als in der Fantasy-Welt von *Game of Thrones (GoT)*, wo die Figur Daenerys Targaryen als Hochzeitsgeschenk drei Eier erhält, die sich als echte Dracheneier entpuppen, schenkt Ihnen niemand ein Drachenei oder hinterlässt eines im Straßengraben, damit daraus ein Drachenjunges schlüpfen kann. Auch wenn wir einen Augenblick lang ganz aufgeregt waren, als wir im Rahmen unserer Recherche auf diesen alten Zeitungsartikel mit der Schlagzeile „Großes Gelege seltener Flugsauriereier begeistert Paläontologen" in der Fachzeitung *Nature*[1] stießen. Bei den Eiern dieser Flugsaurier handelte es sich jedoch leider nur um Fossilien.

Wer wollte uns vorwerfen, dass wir uns ganze Kartons voller frischer Pterosauriereier ausmalten? Fast so leicht zu finden wie Hühnereier im Supermarkt? Wenn wir sie doch nur in einen Inkubator legen, eine Brutkolonie von Pterosauriern etablieren und dann mithilfe brandneuer molekularbiologischer Techniken wie CRISPR versuchen könnten, ihnen die Fähigkeit zum Feuerspeien zu verleihen. Dann hätten wir etwas, das einem Drachen sehr nahe käme.

Offenbar dachte auch sonst niemand daran, einen Drachen zu bauen, den wir kaufen könnten, jedenfalls nicht öffentlich. Die Entwicklung von Techniken zum Drachenbau ist wahrscheinlich superteuer (und überdies schwierig zu stehlen). Da wir gerade über unethische Dinge wie Diebstahl reden ... Sie sollten wissen, dass wir im letzten Kapitel des Buches – über die Herausforderungen und ethischen Dilemmas, die das Projekt aufwirft – auch besprechen, wie man es anstellt, die Menschheit nicht gegen unsere Drachenbau-Ambitionen aufzubringen. Und dort, in Kap. 8, stellen wir auch einige Ideen vor, wie man an das große Geld gelangt, das wir für unsere Forschung brauchen werden, und zwar auf anständige Weise und ohne sich an ausgekochte Investoren zu verkaufen.

Statt unseren Drachen als Produkt anzusehen, mit dem wir möglichst viel Gewinn machen wollen, möchten wir lieber, dass er so etwas wie ein Freund oder Familienmitglied ist, was leicht passieren kann, wenn wir von Anfang an und während seines Aufwachsens ständig bei ihm sind. Haben Sie jemals den Computeranimationsfilm *Drachenzähmen leicht gemacht* oder eine der Fortsetzungen gesehen? Wenn ja, dann wissen Sie, dass der Plot eine clevere Wendung hat – die Hauptperson Hicks soll eigentlich einen Drachen erlegen, doch er freundet sich stattdessen mit ihm an. Mit der Zeit wird der Drache „sein" Drache, den er Ohnezahn nennt.

Wie ist das möglich?

Hicks finden den verletzten Ohnezahn, und es gelingt ihm ganz nach Art von MacGyver, mit dem, was gerade zur Hand ist,[2] den gebrochenen Schwanz des Drachen zu schienen. Im Lauf der Zeit werden die beiden Freunde. Übrigens hat Ohnezahn das ganze Maul voller Zähne, aber da sie sich einziehen lassen, gibt Hicks ihm diesen Namen. Unser Drache könnte ebenfalls einziehbare Zähne haben, aber unsere Aufgabe ist so schon schwierig genug, darum haben wir noch nicht entschieden, ob wir uns mit solcherlei Schnickschnack abgeben sollen. Wir wollen jedoch definitiv, dass unser Drache eindrucksvolle Fangzähne hat, und wenn sie auch noch giftig wären, umso besser.

Nebenbei bemerkt bedeutet der Begriff „Pteranodon" wörtlich tatsächlich so viel wie „zahnloser Flügel". Wir fragen uns nun, ob sich die Schöpfer von *Drachenzähmen leicht gemacht* dessen bewusst waren, als sie ihre wichtigste Drachenfigur Ohnezahn nannten.

Wir hoffen, dass es uns durch Schaffung und Aufzucht unseres Drachen gelingt, so etwas wie eine familiäre Beziehung zu ihm aufzubauen, genauso wie zwischen Hicks und Ohnezahn. Der Drache sollte uns in einem positiven Licht sehen und eine enge Beziehung zu uns entwickeln. Aber manchmal wachsen auch Kinder auf, ohne ihre Eltern wirklich zu „mögen". Zudem wird unser Drache im Gegensatz zu Ohnezahn echt sein, und überdies können wir keinen verletzten Drachen finden, den wir wiederherstellen, um so seine Sympathie zu gewinnen. Ach, wenn das nur möglich wäre, dann könnten wir versuchen, ihn zu klonen. Der entscheidende Punkt hier ist, dass wir – anders als Hicks oder die *GoT*-Figuren – nicht einfach hingehen und Drachen oder ihre Eier finden können.

Nun denn. Zurück zur Realität. Das heißt, dass wir trotz des Risikos einen Drachen oder, besser noch, ein Zuchtpaar oder gleich einen ganze Horde Drachen bauen müssen. Aktuelle Fortschritte in Genomik, Genom-Editing mit CRISPR, Bioengineering und Stammzelltechniken könnten zusammen mit einigen kühnen Ideen und einem Haufen Glück vielleicht zum Ziel führen.

Vielleicht pokern wir aber auch zu hoch, werden verhaftet oder wird unser Drache uns von der CIA (oder einer anderen Spionageorganisation oder dem Militär oder irgendjemand anderem) gestohlen, oder aber wir haben womöglich Erfolg, nur um dann ohne Vorwarnung auf welche Weise auch immer von unserem Drachen getötet zu werden. Klingt das nicht nach einem Haufen Spaß?

Aber glauben Sie uns – wenn wir Erfolg haben, wird es aller Mühen und Gefahren wert sein. Uns erscheint das Projekt jedenfalls als ein fantastisches Unterfangen.

Was genau ist ein Drache?

Bevor wir einen Drachen bauen, müssen wir uns fragen: „Was genau ist ein Drache?"

Drachen oder drachenartige Geschöpfe tauchen weltweit in der Mythologie fast aller Kulturen auf, in manchen Fällen schon seit Jahrtausenden.

Der Typ Drache, die wir in den meisten Filmen sehen und dessen Bild einige von uns im Kopf haben, ist ein spezifisch „europäischer" Drachentyp. Er spuckt Feuer und hat Flügel, mit denen er auch fliegt. Zudem ist er geschuppt, verbringt seine Zeit, wenn er nicht gerade umherfliegt, an Land und hat in der Regel üble Absichten (die wir beim Bau auszuschalten versuchen würden, zumindest uns gegenüber, wenn wir auch noch nicht genau wissen, wie). In anderen Kulturen weisen Drachen jedoch eine starke Ähnlichkeit mit Schlangen auf, während sie in manchen Fällen auch eine gewisse Verwandtschaft zu Hollywood-Drachen nicht verleugnen können. Viele von ihnen sind nicht böse.

Wo beginnen wir also mit unserer Drachen-Recherche für dieses Buch? Es scheint nur folgerichtig, unsere historische Drachenreise dort zu beginnen, wo manche Leute die Wiege der Zivilisation vermuten: in Mesopotamien.

Der Nahe Osten und Afrika

In alten Zeiten wurde die Region im Nahen Osten, die heute größtenteils vom Irak eingenommen wird, als Mesopotamien oder Zweistromland bezeichnet. Im Süden dieser Region lag das Land Sumer. Vermutlich glaubte die Bevölkerung von Mesopotamien bzw. Sumer an eine ganze Reihe von Geschöpfen mit drachenartigen Merkmalen. Einige davon erinnerten an Schlangen, doch manchmal besaßen diese „Drachen" vogelartige Federn oder sahen wie Löwen aus. Es gab auch so etwas wie eine Kombination aus beidem, die in antiken Schriften als Löwendrachen[3] bezeichnet wurden. All diese Drachen verfügten über große Kräfte.

Auch wenn diese Geschöpfe in mancherlei Weise an unsere modernen Vorstellungen von Drachen erinnern, wiesen sie auch viele eigenständige Merkmale auf. Beispielsweise spuckten sie nicht Feuer, sondern Sturm, was wir für eine fantastische Idee halten, die wir für unseren Drachen zumindest in Erwägung ziehen sollten (auch wenn wir wohl beim Feuer bleiben werden). Diese Ungeheuer brachten dem Vernehmen nach sehr stürmisches Wetter mit sich. Die alten Ägypter hatten ebenfalls ihre eigenen „Drachen"-Typen, darunter einen Drachen namens Apep, der wie die mesopotamischen Drachen mit Stürmen assoziiert wurde, aber auch mit Phänomenen wie Erdbeben und Sonnenfinsternissen[4]. Andere nahöstliche Kulturen haben ihre eigenen Versionen drachenartiger Geschöpfe.

Asien

Drachenartige Geschöpfe wurden auch anderenorts in der Welt mit Stürmen in Verbindung gebracht. In Bhutan und Tibet ist der Druk, eine Donnerschlange, noch immer eine bekannte mythologische Figur, die einige Ähnlichkeit mit einem Drachen aufweist und weitgehend als solcher betrachtet wird. Tatsächlich wird Bhutan seit einigen Hundert Jahren gelegentlich auch als „Druk Yul" oder „Land des Donnerdrachens" bezeichnet, und der Drache Druk schmückt heute die Flagge des Königreichs[5].

In alten Hindu-Texten werden die Dinge in gewisser Weise umgekehrt, denn ein riesiger Schlangendrache namens Vritra bringt Dürren statt Regenstürme. Angeblich bewirkte Vritra Dürren, indem er buchstäblich alles Wasser aufsog.[6] Er ist einer der vielen Feinde, die der Sage nach vom Götterkönig Indra geschlagen wurden.[7]

In der Kultur Japans, Chinas und Koreas spielen seit Jahrtausenden Drachen eine bedeutende Rolle. Japanische Drachen waren Wassergötter und flügellos. Sie lebten in Flüssen und Seen oder in deren Nähe. Chinesische Drachen hatten ebenfalls keine Flügel und besaßen auch eine Beziehung zum Wasser, insbesondere zum Regen (Abb. 1.1). Auch hier finden sich Parallelen zum indischen Drachen Vritra. Wenn die Ernte in einigen Regionen Chinas aufgrund von Dürren nicht gut ausfiel, glaubten die Menschen, Drachen hätten dabei ihre Klauen im Spiel und würden Regen bringen, wenn man ihnen nur genug opferte.

In diesen Kulturen wurden Drachen offensichtlich eher verehrt denn als Ungeheuer angesehen wie in vielen anderen Regionen der Welt, so auch in Europa (siehe unten). Tatsächlich behaupteten einige chinesische Kaiser, Inkarnationen göttlicher Drachen zu sein, und Drachen erhielten königliche und göttliche Bedeutung.

Viele chinesische Dörfer bauten früher lange (so lang wie drei oder mehr Personen, die aufeinander stehen) Stoff- und Papierdrachen, die bei Tänzen im Rahmen von Erntefesten eingesetzt wurden, um Regen zu erbitten. Viele Dörfer veranstalteten auch Drachenbootrennen. Bis heute nimmt der Drache einen wichtigen Platz in der chinesischen Kultur ein. Er ist das

Abb. 1.1 Chinesische Seidenstickerei. Man beachte, dass diese Drachen weder Flügel tragen noch Feuer spucken, doch sie besitzen vier Beine. (© picture alliance/akg-images/Werner Formann)

fünfte Tier im chinesischen Tierkreis. Manche Menschen glauben, dass Personen, die im Jahr des Drachen geboren wurden, überdurchschnittlich oft mächtig, tapfer, einfallsreich und stark sind. Bis heute spielen Drachen bei verschiedenen Feierlichkeiten in China oft eine wichtige Rolle.

Antikes und östliches Europa

Auch in der griechischen und römischen Mythologie finden sich Dutzende Hinweise auf monströse, schlangenartige Geschöpfe, die an Drachen erinnern. All diese Kreaturen sind ungeflügelt, wasserliebend und mehr oder minder bösartig. Eine der frühesten Erwähnungen eines griechischen Drachen bezieht sich auf einen blauen Drachen (griechisch *drákon*). Dieser schmückt die Rüstung des berühmten griechischen Königs Agamemnon (Sie haben vielleicht schon von ihm gehört, er befehligte die griechische Armee im Trojanischen Krieg und spielt in Homers berühmtem Epos *Ilias* eine wichtige Rolle, ebenso in dem Film *Troja* mit Brad Pitt).

Drákon. Klingt das vertraut?

Auch wenn wir keine Historiker sind und uns etwas entgangen sein könnte – das war nach unserer Recherche das erste Beispiel für ein schlangenhaftes Ungeheuer, dessen Name dem Wort „Drachen" und auch dem englischen *dragon* bemerkenswert ähnelt.

Und dann gab es die *zmej* oder *zmeu*, die in der slawischen oder west-römischen (heutiges Russland, Rumänien, Italien, Albanien etc.) Mythologie große, dreiköpfige Schlangen waren, die schweflige Gase und Feuer spuckten. Das waren die ersten drachenartigen Geschöpfe, auf die wir stießen, die Feuer spuckten und somit besser zu unserer eigenen Vorstellung von einem Drachen passten.

Mittel- und Westeuropa

Drachensagen waren in Mittel- und Westeuropa allgegenwärtig. Die Drachen waren geflügelt, hatten einen Schlangenkörper, spuckten Feuer und waren natürlich böse. Erstmals erwähnt wurden sie wohl in der nordischen Mythologie. Der erste nordische Drache, Nidhöggr genannt, soll an den Wurzeln des Weltenbaums Yggdrasil[8] genagt haben, was ziemlich eindrucksvoll klingt. Auch Thor kämpfte mit einem fürchterlichen Drachen – in vielen Teilen der Welt war der Kampf von Helden oder Göttern mit Drachen ein häufiges Thema und mehrte den Ruhm des Siegers.

Eine der berühmtesten westlichen Drachenlegenden ist diejenige vom heiligen Georg, dem Drachentöter (siehe das Gemälde in Abb. 1.2, das den Kampf beschreibt)[9]. Es gibt zahlreiche Versionen dieser Legende. Einer

Abb. 1.2 St. Georg tötet „den Drachen", der in diesem Fall überraschend schmächtig ist und vielleicht – zumindest, wie er auf diesem Gemälde dargestellt ist – kein Feuer spucken konnte, aber Flügel hatte (die allerdings viel zu klein sind, als dass er damit hätte fliegen können). Meister des Juenteler-Epitaphs, um 1450, Schweizerisches Landesmuseum Zürich. (© akg-images/picture alliance)

Version zufolge terrorisierte ein Drache ein Königreich in Libyen und tötete sogar einen jungen Schäfer. Um sich den Drachen vom Leibe zu halten, opferten die Leute ihm jeden Tag zwei Ziegen. Das genügte dem Drachen jedoch bald nicht mehr, und er forderte die Leute auf, ihm ihre Kinder zu opfern. Schließlich war nur noch die Tochter des Königs übrig. Sie wurde in der Nähe des Sees, wo der Drache lebte, im Brautkleid an einen Felsen gekettet. Aber bevor der Drache sie verspeisen konnte, eilte der Ritter Georg herbei, rettete sie und tötete den Drachen. Dieses stereotype Leitmotiv – ein harter „guter Kerl" rettet eine „Jungfrau in Nöten" vor einem Monster oder Übeltäter – durchsetzt gewisse Kunstrichtungen wie Filme bis in unsere Tage, selbst wenn es darin nicht um Drachen geht.

Diese drachentöterischen Unterfangen des Ritters Georg ereigneten sich, bevor er so bekannt oder ein Heiliger wurde, und spielten eine große Rolle für seine zunehmende Berühmtheit (stellen Sie sich vor, all diese Taten wären bei Twitter verbreitet worden). Im 12. Jahrhundert wurde König Richard III. auf Georgs (oder englisch Georges) Heldentaten aufmerksam, und sie waren wohl der Hauptgrund dafür, dass Richard Georg als neuen Schutzpatron von England (damals als Anglia bekannt) auserkor und dem bisherigen Schutzpatron, dem heiligen Edmund, nachfolgte.[10]

Wir bezweifeln irgendwie, dass uns jemand für den Bau von Drachen zum Schutzpatron für irgendetwas machen würde.

Beachten Sie, dass Georgs Feind, der Drache, in der künstlerischen Darstellung überraschend klein ist (Abb. 1.2) und keine Anzeichen von Feuerspucken zu sehen sind. In einigen Berichten über den heiligen Georg war nicht Feuer, sondern Gift die Waffe des Drachen (schlechter Atem?). Offenbar war dieser Drache, ein geflügeltes Exemplar mit nur zwei Beinen, mehr als Symbol des Bösen denn als echtes Ungeheuer gedacht.

Ein häufig wiederkehrendes Thema im Zusammenhang mit Drachenlegenden in ganz Europa ist, dass die Leute Drachen mit Nahrung in Form von Nutzvieh wie Rindern versorgten. Wenn das nicht länger möglich war oder der Drache unzufrieden wurde, begann er, stattdessen die Bewohner der umliegenden Dörfer zu fressen. Wir haben uns einige Gedanken darüber gemacht, wie wir unseren Drachen am besten ernähren sollten (später dazu mehr), und wir hoffen, nicht auf das Vieh oder die Bewohner in der Umgebung zurückgreifen zu müssen.

Die Geschichte der Drachen: Das große Ganze

Was haben wir also insgesamt aus unserer Recherche gelernt?

Aus historischer Sicht sind wir auf einige gemeinsame Motive gestoßen, die wir bei der Planung unseres Projekts im Hinterkopf behalten wollen:

1 Fast alle mythologischen Drachen haben einen Schlangenkörper und werden mit Gewässern oder Regen assoziiert.
2 Es gibt in Europa eine ganze Menge dreiköpfiger Drachen, aber aus unbekannten Gründen keine zwei- oder vierköpfigen. In anderen Fällen hatten Drachen zahlreiche, vielleicht sogar unzählige Köpfe.
3 Die meisten nahöstlichen, protoindischen und südasiatischen Drachen werden mit Gewittern und Stürmen (oder Dürre) assoziiert, statt mit Feuer, auch wenn Blitze oft bei all dem dabei sind.
4 Nur europäische Drachen werden mit Feuer assoziiert, und offenbar sind vor allem westliche Drachen geflügelt.
5 In Europa gelten Drachen als böse und müssen gefüttert oder mit menschlichen Opfern besänftigt werden, während Drachen in Asien eher als mächtig und weise verehrt werden.

Wir sind Amerikaner und selbst weitgehend europäischer Abstammung. Zudem sind die meisten Medien, die wir konsumieren, ihrem Wesen nach sehr westlich. Somit ist unser Drachenkonzept in gewisser Weise auf unsere westliche Kultur beschränkt, und daher konzentrieren wir uns in diesem Buch auf „westliche" Drachen, auch wenn das eine ziemlich riskante Strategie sein könnte, denn asiatische Drachen wären ziemlich einfach zu bauen. Wir müssten uns keine Gedanken um Feuer oder Flügel machen. Und auch wenn der überwiegende Teil der Welt Drachen als große Wasserschlangengötter ansieht, wollen wir fliegende und feuerspuckende Echsen schaffen.

Wir sind also drauf und dran, den klassischen europäischen Drachen zu bauen. Aber es war gut zu erfahren, was sich andere Menschen rund um den Globus vorstellen, wenn sie an einen Drachen denken. Wenn wir genügend Übung beim Drachenbau haben, könnten wir die ganze Sache sogar erweitern und versuchen, auch die Drachen anderer Kulturen herzustellen. Wir könnten sogar noch weiter gehen und probieren, andere Fabelwesen zu schaffen, wie Einhörner (siehe Kap. 7).

In gewisser Weise sagt uns diese ganze Geschichte, dass wir uns nicht auf westliche oder europäische Ideen, wie ein Drache sein sollte, beschränken müssen, sondern kreativ sein können. Falls wir bei einer der härteren Herausforderungen, wie dem Feuerspucken, nicht weiterkommen, könnten wir zum Beispiel für eine stärker asiatisch geprägte Version eines Drachen optieren, die noch immer sehr cool wäre.

Warum einen Drachen bauen?

Trotz all unserer Recherchen fragen sich einige von Ihnen vielleicht noch immer: Warum sollte man überhaupt versuchen, einen Drachen – welcher Art auch immer – zu bauen?

Nun, wir denken, dafür gibt es eine ganze Menge guter Gründe.

Was könnte aufregender sein, als einen eigenen Drachen zu haben, der mit einem durchs Leben geht?

Wenn der Drache groß genug ist, kann er Sie nicht nur begleiten, sondern auch in der Welt herumfliegen. Sie können auf seinem Rücken reiten, wie Daenerys Targaryen in *GoT*, aber statt lediglich im Fernsehen über Westeros zu fliegen, könnten Sie auf den abenteuerlichen Ausflügen mit Ihrem Drachen reale Plätze besuchen (bespielweise von London nach Las Vegas oder Bangkok und weiter nach Johannesburg reisen).

Nun könnten die Skeptiker unter Ihnen fragen: Wo würde Ihr Drache bei diesen Ausflügen landen, und wo könnte er gefahrlos abhängen? Wir sind entschlossen, Prioritäten zu setzen, den Drachen zunächst zu bauen und uns über solche Dinge erst später Gedanken zu machen – falls wir dann noch am Leben sind.

Ein echter Drache könnte uns als seinen Schöpfern oder „Besitzern" weitere Vorteile einbringen (oder Ihnen, wenn Sie in unsere Fußstapfen treten oder einen Drachen von uns kaufen – nicht, dass wir wegen des potenziellen Gewinns im Geschäft sind; das Geld können wir vielleicht einer Wohltätigkeitsorganisation spenden). Aber es ist nicht einfach, sich vorzustellen, jemals so etwas wie einen Drachen zu besitzen, ein Geschöpf, das es vielleicht nicht mag, besessen zu werden, und das problemlos etwas tun könnte, um diesem Gefühl Ausdruck zu verleihen. Warum noch wäre es also toll, einen Drachen zu besitzen?

Nicht, dass wir so etwas tun würden, aber theoretisch könnte unser maßgeschneiderter Drache unsere Feinde (oder Ihre, falls Sie auch einen bauen) einäschern oder sie mit einer solchen Drohung zumindest zu Tode erschrecken. Was für einen besseren Weg gibt es, äußerst mächtig zu werden, als einen eigenen Drachen zu haben, der einen riesigen Geländewagen oder einen angreifenden wilden Eber mit einem einzigen Atemzug in ein Häufchen Asche verwandelt?

Man kann sich vorstellen, wie eine Menschenmenge ebenso entsetzt wie ehrfürchtig dieser Demonstration beiwohnt. Oder zumindest mögen sich manche Leute die Sache so ausmalen – nicht etwa, dass wir das täten. Selbst ohne Gaukelbilder von Größenwahn oder grundloser Gewalt wäre ein selbstgemachter Drache zweifellos ein weitaus interessanterer Gefährte als ein Pudel, eine Hauskatze oder ein Papagei.

Falls es uns gelingt, einen Drachen zu bauen, könnten wir im Lauf der Zeit wahrscheinlich ein ganzes Rudel oder einen ganzen Schwarm (oder wie auch immer man eine Gruppe Drachen nennen will) zusammenbringen. Wenn wir erfolgreich eine größere Anzahl von Drachen produzieren könnten, die uns nicht umbringen, wie sollten wir sie nennen? Eine Gruppe Drachen und ihre Reiter werden in Anne McCaffreys fiktionaler Welt Pern als „Weyr" bezeichnet, aber ehrlich gesagt, das ist kein besonders aufregender Name. Geeigneter wäre wohl, von einem „Schwarm" Drachen zu reden, wie wir es bei Vögeln wie Krähen tun.

Ein Schwarm Drachen, das klingt doch gut, oder?

Wenn wir den Drachenbauprozess meistern, könnten wir einen Schwarm Drachen herstellen. Aber statt sie alle einzeln im Labor zu bauen, könnten wir clever sein und ein Pärchen fruchtbarer Drachen produzieren, die dann für Babydrachen sorgen. Eine ganze Menge Babydrachen. Oder wir könnten Drachen klonen – darauf werden wir in Kap. 6 zurückkommen.

Wie dem auch sei, wir könnten den kleinen Drachen putzige Namen geben wie Drachlinge, Drachenküken oder Drachenwelpen. Sicher sind sie äußerst niedlich, zumindest, bis sie heranwachsen und beginnen, den Nachbarhahn im Hof herumzujagen (und ihn zum Abendessen zu grillen) oder, schlimmer noch, anfangen, die Nachbarn oder sogar uns zu jagen. Sie verstehen schon, was wir meinen.

Sobald Sie einmal in Besitz eines oder mehrere Drachen sind, könnte es sein, dass Tony Stark, äh, Elon Musk anruft, um mit Ihnen abzuhängen. Oder Taylor Swift bittet vielleicht um eine Mitfluggelegenheit nach Paris oder fragt an, ob Sie und Ihr Drache ihr einen kleinen Gefallen tun könnten, da sie noch eine Rechnung mit einem ihrer Ex offen habe.

Vielleicht möchte Bill Gates auf einmal mit Ihnen speisen. Der Technologie-Oberguru könnte ganz erpicht darauf sein, Ihre Drachenpläne mit Ihnen zu diskutieren. Vielleicht plaudern sie darüber, wie er Ihnen helfen könnte, ein Dracheninstitut aufzubauen, mit allem Drum und Dran, das Sie brauchen, um mehr Drachen zu produzieren. Vielleicht ruft ja auch Daniel Radcliffe an. Er möchte einen realen Fantasy-Drachenritt erleben, eine

Erinnerung an seine Zeit als Harry-Potter-Darsteller. Oder vielleicht sind all das nur unsere Träume …

Ein echter Drache hätte in den Augen der Leute wohl etwas Magisches, selbst wenn es sich um ein lebendes, feuerspuckendes Tier handeln würde und nicht um ein Hirngespinst, das jemandes Fantasie entsprungen ist. Wenn jemand (wie wir oder Sie) dieses Drachenbau-Abenteuer durchzieht, würden ihn die Leute wahrscheinlich zur coolsten Person auf dem Planeten küren, mit dem – im doppelten Wortsinne – heißesten Haustier überhaupt. Ein Drache wäre jedoch mehr als ein Haustier. Wir müssten dafür sorgen, gut mit unserem Drachen auszukommen. Und er dürfte nicht in einen Blutrausch verfallen oder selbst getötet werden, weil er zu gefährlich ist. Wir wollen nicht, dass ein weltweiter Wunsch nach Drachen in einen weltweiten Wunsch nach ihrer Auslöschung umschlägt. Die Reputation einiger mythologischer Drachen für Schandtaten aller Art ist hier keineswegs hilfreich.

Damit so etwas nicht geschieht – und wir nicht selbst rasch draufgehen oder unser Drache atomisiert wird –, muss unser Drache gewisse Wesenszüge aufweisen und darf nicht außer Rand und Band geraten. Er darf kein allzu bösartiges Temperament haben. Er kann nicht einfach losziehen und mit der Familie am anderen Ende der Straße seine eigene Grillfete veranstalten. Und er darf keinesfalls seinen feurigen Atem, seine Krallen oder Zähne gegen uns richten … oder gegen ganz New York City oder gegen Shanghai. Wir wollen keinesfalls eine Godziilla- oder King-Kong-Situation heraufbeschwören. Unser Drache sollte keinesfalls das Militär auf den Plan rufen, sonst könnte uns dieses Abenteuer eine Menge Ärger einbringen. Andererseits wollen wir natürlich auch keine friedliebenden, veganen Drachen.

Welche Art Drache sollten wir bauen?

Vielleicht sind wir vorschnell.

Wir wollen einen Drachen, und dafür gibt es eine Million Gründe, aber lassen Sie uns einen Schritt zurücktreten.

Wie soll dieser Drache aussehen?

Welche speziellen Merkmale soll dieser Drache haben?

Und wie bauen wir ihn überhaupt?

Welche Geschöpfe könnten wir als Ausgangsmaterial benutzen, wenn wir nicht ganz von vorn anfangen wollen, indem wir einen Drachen biotechnisch aus einer einzigen Zelle oder mithilfe eines 3-D-Druckers herstellen? Ja, uns ist schon klar, dass man dazu einen ziemlich großen

3-D-Drucker bräuchte. Oder er müsste kleinere, zusammenfügbare, semi-lebendige Drachenteile drucken, was nicht sehr kompatibel mit einer biologischen Entität wie einem Drachen ist (schließlich geht es nicht um einen Roboter).

Erstens wollen wir, dass unser Drache wie ein „Drache" aussieht und sich auch entsprechend verhält, sodass Menschen aus unterschiedlichen Kulturen rund um die Welt „Drache" denken würden, wenn sie ihn anschauen.

Wenn Leute ihn sehen, wollen wir nicht, dass sie sich am Kopf kratzen und sich fragen: „Hey, was ist das denn für ein Viech?" Sie sollten unseren Drachen auch nicht für etwas Langweiligeres halten. Hier sind einige Fragen, die wir *nicht* hören wollen: „Ist das so'ne Art fliegender Alligator?" oder „Was ist das für eine komische kleine Eidechse da oben am Himmel? Ein Spielzeugdrachen?" Ideal wäre, wenn sie sofort „Drache!" schreien würden – wenn es ihnen nicht sowieso die Sprache verschlägt. Dann sollten sie entweder kreischend davonrennen, um ihr Leben zu retten, oder sich (bildlich gesprochen) in Stein verwandeln, während sie das Wesen voller Erstaunen und Verwunderung anstarren.

Unsere Erwartungen sind doch nicht etwa zu hoch?

Schaulustige sollten solche intensiven, eines Drachen würdigen Reaktionen zeigen, sonst haben wir versagt. Dieser Anspruch bringt mit sich, dass ein reptilienhaftes Äußeres zwar notwendig, aber nicht hinreichend ist. Das Drachen-Gesamtpaket sollte für jedermann augenfällig sein.

Mit welchem Geschöpf beginnen wir?

Ob es uns gelingt, einen echten Drachen mit einem derart unverwechselbaren Äußeren zu schaffen, wird zum Teil davon abhängen, ob wir den richtigen Ausgangspunkt für unser Drachenbauprojekt wählen. Wir halten es für eine kluge Strategie, ein heute lebendes Geschöpf oder eine Kombination solcher Geschöpfe zu nehmen, die unverkennbare Ähnlichkeit mit einem Drachen oder zumindest einige drachenartige Züge aufweisen.

In verschiedenen Teilen der Welt gibt es rezente Tiere, die eine gewisse Ähnlichkeit mit Drachen aufweisen und die in einigen Fällen sogar das Wort „Drache" (in der Sprache der Einheimischen) im Namen führen. Diese Tiere eröffnen uns als Ausgangsmaterial für Drachen ein breites Spektrum von Möglichkeiten. Die beiden, die einem als erste einfallen, unterscheiden sich jedoch merkwürdigerweise sehr stark voneinander: Der erste Kandidat ist der kleine Gemeine Flugdrache (wissenschaftlich *Draco volans,* was, wie Sie zugeben müssen, ein cooler Name ist), der zweite ist der riesige, manchmal tödlich gefährliche Komodowaran oder Komododrache *(Varanus komodensis)*.

Abb. 1.3 zeigt einen Komododrachen, der vom Wissenschaftler Tim Jessup und seinem Helfer gerade eingefangen wird. Auch wenn der Fotograf einen gewissen Sicherheitsabstand einhält, gewinnen Sie hoffentlich einen Eindruck davon, wie gigantisch diese Reptilien sind.

Warum sollten wir potenziell mit diesen Geschöpfen beginnen? Sowohl Dracos als auch Komodos sind Reptilien, das ist ein Pluspunkt, und beide tragen Namen, die dafür sprechen, dass die Einheimischen sie seit langem als drachenähnlich ansehen – schließlich heißt „Draco" in einigen Sprachen „Drache". Für Dracos als Ausgangsmaterial zum Drachenbau spricht außerdem, dass sie bereits große Strecken gleitend zurücklegen können, was echtem Fliegen schon nahe kommt. Zudem sehen Dracos schon irgendwie wie Miniaturausgaben echter Drachen aus.

Ein potenzieller Nachteil ist hingegen, dass Dracos eben ziemlich klein sind und einem Betrachter nicht den Eindruck eines großen, furchteinflößenden Drachens vermitteln. Wenn unser Drache trotz all unserer Bemühungen im Endeffekt nur so klein ist, erinnert er die Leute wohl eher an den lustigen Mushu, den Drachenzwerg aus Disneys *Mulan*, den die Titelheldin zunächst nur für eine Eidechse hält.

Abb. 1.3 Komododrachen auf der indonesischen Insel Rinca. (© Cyril Ruoso/Minden Pictures/picture alliance)

Falls wir trotz ihrer geringen Größe mit Dracos starten sollten, würden wir ihrem Wachstum während der Entwicklung wohl einen energischen Schub geben müssen (später mehr davon), damit das Endprodukt unserer Vorstellung von der Größe eines Drachen näherkommt. Aber auch wenn sie recht klein sind, haben Dracos einige bemerkenswerte Merkmale, beispielsweise Flughäute (Patagien oder Patagia), unter denen sich die Luft fängt, sodass sie den Echsen einen Gleitflug ermöglichen; zudem sind diese Hautsegel oft bunt gefärbt. Aber das ändert nichts daran, dass diese Echsen wirklich klein sind.

Komododrachen sind da ein ganz anderes Kaliber.

Sie besitzen bereits eine Menge cooler, drachenähnlicher Merkmale. So sehen sie zum Beispiel wie Drachen aus und sind von beeindruckender Größe. Überdies sind sie geschickte Killer, die auch vor Menschen nicht haltmachen, und selbst ein kleiner Biss eines solchen Reptils kann sehr gefährlich sein,[11] was jedem Drachen gut zu Gesicht steht.

Komodos als Ausgangspunkt zum Drachenbau zu nehmen, birgt jedoch einige Probleme. Die größte Schwierigkeit dürfte darin bestehen, einem so großen und massigen Tier die erwünschte Flugfähigkeit zu verpassen. Ohne eine irgendwie geartete genetische Veränderung zur Reduzierung ihrer Masse dürfte der Versuch, einen dieser Giganten in die Luft zu bringen (und wieder in einem Stück auf die Erde), etwa dieselben Erfolgschancen haben wie der Versuch, einen ausgewachsenen Elefanten die 6-m-Latte im Stabhochsprung überwinden und dann landen zu lassen, ohne dass er sich verletzt.

Wie wir in Kap. 8 zum Thema Ethik noch diskutieren werden, besteht ein weiteres Problem bei der Arbeit mit Komodos darin, dass es in freier Natur nur noch so wenige von ihnen gibt, darum dürfen wir sie nicht noch weiter gefährden.

Was haben wir also daraus gelernt, Dracos und Komodos als potenzielles Ausgangsmaterial für den Bau unseres Drachens zu erwägen? Nun, es scheint klar, dass jedes Geschöpf, das wir dafür in Betracht ziehen, ein Spektrum von möglichen Vor- und Nachteilen aufweisen wird. Es wird in jedem Fall eine bunte Mischung sein.

Chimären?

Ein potenziell vielversprechender Weg, der bei dem Versuch, einen Drachen zu bauen, das „Beste zweier Welten" in Aussicht stellt, besteht in der Erschaffung einer Chimäre – eines Geschöpfs, das sich aus mehreren

Arten zusammensetzt. Wir könnten eine Chimäre herstellen, indem wir die Embryonen verschiedener Tierarten kombinieren oder nützliche Gene (und die „besten", von diesen Genen generierten drachentypischen Merkmale) verschiedener Tiere gentechnisch zusammenfügen, um ein neues Tier zu schaffen. Stellen Sie sich eine Kreuzung zwischen einem Komodo und einem Draco vor – das würde vielleicht zu einem tödlichen Wesen mittlerer Größe führen, das von Baum zu Baum gleiten kann.

Wenn Ihnen das unmöglich erscheint, dann schauen Sie sich doch einmal all die verschiedenen erstaunlichen Ergebnisse der Hundezucht an. Die Produkte, die sich aus der Kreuzung verschiedener Rassen ergeben, sind manchmal wirklich urkomisch – wie die Kreuzung eines Golden Retriever mit einem kurzbeinigen Corgi. Man könnte das Resultat praktisch als eine Art Chimäre ansehen, auch wenn es wohl korrekter wäre, es als Mischling zu bezeichnen.

Die Chimäre, die wir uns vorstellen, könnte wünschenswerte Drachenattribute von verschiedenen Spezies aufweisen – nicht nur von Komodos und Dracos, sondern auch von anderen Tieren. Zwei Tiere, die uns dabei einfallen, sind erstaunlicherweise Insekten, genauer: Libellen (zum Beispiel die sehr großen *Petalura*-Arten) und die Bombardierkäfer (*Brachinus*–Spezies), die, wie bereits erwähnt, ein heißes, explosives Gasgemisch aus ihrem Hinterteil abschießen können.

Zugegeben, es mag praktischer sein, Wirbeltiere statt Insekten als Ausgangsmaterial zu nutzen, aber Libellen (im Englischen *dragonfly*, „Drachenfliege" genannt) könnten unserem Drachen die gewünschte Flugfähigkeit verleihen, und die Physiologie des Bombardierkäfers könnte uns helfen herauszufinden, wie wir unserem Drachen zu einem feurigen Atem verhelfen könnten.

Wir sind uns jedoch nicht sicher, ob wir diese Insektendrachen so groß machen könnten, dass sie wie der Drache aussehen, den wir uns erträumen; daher werden wir uns bei unseren Drachenbauplänen weitgehend auf Wirbeltiere konzentrieren.

Unsere Drachenchimäre könnte sogar Designelemente von heute ausgestorbenen Kreaturen wie Flugsauriern enthalten. Da bieten sich beispielsweise Kurzschwanzflugsaurier (Pterodactyloiden) wie *Quetzalcoatlus* an, das wohl größte flugfähige Geschöpf, das je auf Erden weilte (siehe Abb. 1.4, die aus künstlerischer Sicht zeigt, wie solche Geschöpfe ausgesehen haben könnten). Benannt ist dieser Flugsaurier nach dem mesoamerikanischen Gott Quetzalcoatlus, der wie eine gefiederte Schlange aussah (ja, wahrhaft drachenähnlich!).

Wir werden in Kürze noch weiter über Flugsaurier diskutieren.

Und wie steht es damit, die Gentechnologie einzusetzen, um eine Chimäre zu schaffen? Die Grundidee dabei ist folgende: Statt Zellen oder Embryonen verschiedener Arten zu mischen, sodass eine neue Kombination entsteht, fügt man lediglich Schlüsselgene einer Art in die Zellen einer anderen Art ein. Dieser Weg eröffnet uns verschiedene Möglichkeiten. Wir könnten die erforderlichen genetischen Veränderungen in Stammzellen oder in den reproduktiven Zellen (Spermien oder Eizellen) unseres Ausgangstiers vornehmen oder aber direkt in der befruchteten Eizelle. Man könnte leicht auf die Idee kommen, dass sich einige der zu erwartenden Probleme (zu großer oder zu kleiner Drache etc.) umgehen ließen, indem wir genetische Chimären herstellten, statt einfach embryonale Zellen zu mischen. Aber bei der Erzeugung genetischer Chimären müssen wir höchstwahrscheinlich mit neuen Problemen rechnen.

Alles in allem wird deutlich, dass sich einige unserer ausgefalleneren Ideen für chimärische Kombinationen als nicht besonders gut realisierbar oder praktikabel herausstellen könnten. Dem jeweiligen Für und Wider bei diesen Ansätzen haben wir ein ganzes Kapitel (Kap. 6) gewidmet, in dem wir erklären, wie man reproduktive und gentechnische Methoden einsetzen kann, um Drachen herstellen, auch per Chimären-Technologie.

Abb. 1.4 Künstlerische Konzeption einer Gruppe von *Quetzalcoatlus* (beim Fressen eines Dinosaurier-Babys). Beachten Sie, wie man sich die Fortbewegung des Flug-sauriers am Boden vorstellt: Er läuft, indem er seine Flügel als Vorderbeine benutzt. (© Mark Witton/Universität Portsmouth/dpa/picture-alliance)

Ein fliegender Drache

Was brauchen wir noch für unseren Drachen?

Zwar verbrachten einige mythologische ungeflügelte Drachen wie die auf alten chinesischen Darstellungen (siehe Abb. 1.1) einen Großteil ihrer Zeit schwimmend (*angeblich;* wir gehen in diesem Buch davon aus, dass es *noch* keine Drachen gibt und nie welche gab), doch wir wollen einen Drachen schaffen, der eine ganze Weile in der Luft verbringen kann.

Daher dreht sich das nächste Kapitel um den zweiten Punkt auf unserer Checkliste (ja, Sie haben es wahrscheinlich schon vermutet), um das Fliegen. Unser Drache muss Flügel haben und damit auch fliegen. In diesem Buch wollen wir erkunden, wie man einen flugfähigen Drachen konstruiert (und wie großartig oder furchtbar sich die Dinge an dieser Front entwickeln könnten). Auf dem Weg dahin erklären wir Ihnen, wie es Vögeln und anderen Geschöpfen gelungen ist, sich in die Lüfte zu erheben. Denken Sie einmal darüber nach. Wie schaffen es Lebewesen, aktiv den Luftraum zu erobern, und in welcher Weise macht ihre Physiologie dies möglich? Das liegt keineswegs auf der Hand, und Kap. 2 dreht sich um diese wirklich spannende Frage.

Mit diesem Ziel im Kopf müssen wir sowohl unseren Drachen mit Flügeln ausstatten als auch sein Gesamtgewicht relativ niedrig halten. Ein Weg, das zu erreichen, besteht darin, ihm leichte, aber stabile Knochen zu geben, vielleicht solche mit Hohlräumen, wie man sie bei Vögeln findet. Wir müssen auch bestimmte Knochenlängen bei den Flügeln und Fingern anvisieren, um einen Schlagflug aerodynamisch möglich zu machen. Zusammen mit einer kräftigen Brustmuskulatur sollten diese Merkmale unserem Drachen die Fähigkeit zu fliegen verleihen.

Wie sieht es mit Federn aus?

Wir halten uns diese Möglichkeit offen, da Federn hilfreich sein und unserem Drachen ein interessantes, farbenprächtiges Aussehen verleihen könnten.

Dieser Gedankengang wirft auch die Möglichkeit auf, bestimmte Vögel als Ausgangspunkt auf unserem Weg zur Drachenschöpfung zu benutzen. Aber nochmals: Wir wollen einen Drachen von imponierender Größe, darum bemühen wir uns nicht um einen Flugdrachen von Rotkehlchen- oder Kolibrigröße. Die Größe spielt eine wichtige Rolle für den Drachen, wenn wir wollen, dass er fliegt (was wir tun) – er darf nicht zu groß und nicht zu klein sein. Es gibt eine ideale Größe, die es zu treffen gilt, aber dieses Zielgewicht sollte möglichst eindrucksvoll sein (wenn alles klappt).

Dennoch besteht die Möglichkeit, von der Vogelwelt auszugehen, und ein besonders großer Vogel käme als Ausgangspunkt durchaus infrage.

Unserer Ansicht nach waren Flugsaurier wie *Quetzalcoatlus,* ausgestorbene ferne Verwandte der Vögel, unter den real existierenden Tieren diejenigen, die Drachen am nächsten kamen. Es handelte sich um riesige Reptilien, die Paläontologen zufolge fliegen konnten. Wir können uns nur ungefähr vorstellen, wie es war, als sie über den landlebenden Dinosauriern und anderen erdgebundenen Geschöpfen kreisten, die den Planeten damals beherrschten, und das Bild, das dabei vor unserem geistigen Auge entsteht, ist in gewisser Weise drachenhaft.

Von bestimmten Flugsauriertypen können wir eine Menge für den Drachenbau lernen, denn sie waren riesig und konnten dennoch fliegen (selbst wenn sie kein Feuer spuckten). Eine interessante Randbemerkung ist, dass historische Funde von Dinosaurier- und Flugsaurierknochen einige Drachensagen inspiriert haben könnten.

Im nächsten Kapitel, in dem es um das Fliegen geht, diskutieren wir auch, wie es kommt, dass Vögel fliegen können, wie Fledermäuse im Lauf ihrer Evolution auch ohne Federn die Kunst des Fliegens erlernt haben, und wie ungeflügelte Tiere, etwa Flugdrachen und Flughörnchen, es schaffen, sich (zumindest eine Weile) in der Luft zu halten – etwas, das wir Menschen nicht ohne beträchtliche Hilfe schaffen (dazu müssten wir schon Iron Mans Raketenanzug tragen). Die häufigsten fliegenden Tiere auf der Erde sind gegenwärtig Insekten. Nochmals, wir denken nicht, dass wir einen Insektendrachen bauen, aber es gibt sicher eine Menge Dinge, die wir von Fluginsekten wie Libellen lernen und die uns helfen können, unseren echten fliegenden Drachen zu entwickeln.

Wenn wir viele Hundert – oder besser noch viele Tausend – Jahre zur Verfügung hätten, könnten wir versuchen, langsam einen Drachen aus bereits existierenden Geschöpfen oder vielleicht auch aus einem chimärenhaften Ausgangsgeschöpf zu entwickeln. Das könnte den zusätzlichen Vorteil haben, unserer Drachenschöpfung zu erlauben, sich an die Bedingungen der realen Welt anzupassen. Schließlich stehen wir – selbst wenn es uns gelingt, unseren Drachen zu schaffen – vor einer weiteren Herausforderung: Was ist, wenn unser Drache nicht kompatibel ist mit unserer Welt? Und stirbt? Aber leider haben wir nicht so viel Zeit, und wir wollen ja immer noch da sein und die Gesellschaft unseres Drachen lange genießen.

(Nebenbei bemerkt, wenn Sie mehr über das Fliegen und darüber wissen wollen, wie die Evolution eine große Vielfalt von erstaunlichen geflügelten

Geschöpfen hervorgebracht hat, empfehlen wir Ihnen das Buch *The Tangled Bank* von Carl Zimmer,[12] in dem es um die Evolution von Flügeln und Flug geht).

Drachen lieben Feuer

Zu guter Letzt muss unser Drache Feuer spucken, wo bleibt sonst der ganze Spaß? In Kap. 3 erklären wir, wie wir unseren Drachen mit Feuer auszustatten gedenken.

Es ist eine große Herausforderung, unserem neuen Untier einen feurigen Atem zu verleihen. Was ist zum Beispiel mit dem Brennstoff? Es wäre ziemlich unpraktisch, wenn wir Kohl oder Kleinholz in sein Maul schaufeln oder ihm eine Propangasflasche um den Hals binden müssten. Unser Drache muss den Brennstoff für sein inneres Feuer schon selbst herstellen. Unsere Ideen für einen Drachen mit eigener Brennstoffquelle reichen von einer Eigenproduktion an Gasen wie Propan (denken Sie an explosive Rülpser) zu ausgefalleneren Ideen wie der Bildung von annähernd reinem Wasserstoffgas. Die Produktion von konzentriertem Wasserstoffgas, das höchst explosiv ist, wäre außerordentlich gefährlich.

Um Brennstoff zu zünden, brauchen wir überdies einen Funken, und wir haben uns auch schon überlegt, wie man das anstellen könnte, beispielsweise wie der Zitteraal. Aber auch andere Möglichkeiten, ein Feuer zu zünden, sind denkbar – unser Drache könnte Feuersteinfüllungen in den Zähnen haben, oder wir könnten ihm sogar ein kybernetisches Upgrade spendieren, um Zündfunken zu erzeugen. Außerdem könnten wir natürlich schummeln und unserem Drachen ein Feuerzeug oder Streichhölzer geben, aber das wäre nicht so eindrucksvoll. Dennoch erwähnen wir hier und dort in unserem Buch potenzielle Schummeleien wie diese, die uns über Stolpersteine hinweghelfen könnten, auf die wir vielleicht stoßen.

Eine andere Option zum Feuermachen besteht darin, verschiedene reaktive Chemikalien im Körperinneren unseres Drachen zu generieren, aber an getrennten Stellen. Diese chemischen Verbindungen könnten dann bei Bedarf gemischt werden, so dass es á la Bombardierkäfer zu explosiven, feurigen Reaktionen kommt, aber deutlich intensiver und aus dem Vorderstatt aus dem Hinterende. Wir wollen jedoch nicht, dass sich unser Drache innerlich Brandwunden zuzieht oder gar explodiert, daher brauchen wir auch einige innere Sicherheitsvorkehrungen. *Eine* Möglichkeit, unseren feuerspeienden Drachen intakt zu halten, könnte in der Verwendung einer Schutzausrüstung bestehen, wie sie Bombardierkäfer bereits aufweisen.

Diese Innenstruktur schützt die Käfer vor den ätzenden, fast kochend heißen chemischen Reaktionen, die in ihrem Körper ablaufen und ihre explosiven „Fürze" speisen.

Auch die Ernährung unseres Drachens will gut überlegt sein. Die verschiedenen Nahrungsmittel, die er verspeist, beeinflussen natürlich seine Brennstoffproduktion. Zudem muss unser Drache schlank bleiben, um fliegen zu können, wird aber wahrscheinlich tonnenweise Kalorien brauchen, denn Fliegen und Feuerspeien verbrauchen Unmengen an Energie. Daher ist der Stoffwechsel unseres Drachen von großer Bedeutung. Vielleicht braucht er sogar einen persönlichen Küchenmeister und eine Ernährungsberaterin? Wenn das kostspielig klingt, dann bedenken Sie, dass man nicht knausrig sein darf, wenn man sich in den Kopf gesetzt hat, einen Drachen zu bauen.

Um all diese Ziele zu erreichen, können wir mehrere Technologien kombinieren, darunter Stammzelltechnik, assistierte Reproduktion, auf CRISPR basierende Gentechniken und Bioengineering. Und da dieses Buch größtenteils 2018 verfasst wurde, also in dem Jahr, in dem sich das Erscheinen von Mary Shelleys *Frankenstein* zum zweihundertsten Mal jährt, dachten wir auch an einen völlig anderen Ansatz, einen Drachen zu bauen. Wir könnten verschiedene Teile verschiedener Tiere zusammenflicken und so eine Art Frankenstein-Drachen erschaffen, doch das könnte im Endeffekt zu einem Wesen führen, das mehr ein Monster wäre als eine coole, kontrollierbare Schöpfung. Zugegeben, eine solche Katastrophe ist auch dann nicht ausgeschlossen, wenn wir auf den besonders radikalen Frankenstein-Ansatz verzichten.

Gehirn und Gemüt

Aufgrund all dieser Überlegungen sind wir uns recht sicher, dass wir unseren Drachen mit der Physiologie ausstatten können, die er zum Fliegen braucht, aber wie bringen wir ihm das Fliegen bei? Und selbst wenn uns das gelingt, sind wir uns, ehrlich gesagt, nicht sicher, wie er lernen soll, zurückzukehren und unbeschadet zu landen. Stellen Sie sich vor, Sie bauen einen Drachen, bringen ihm das Fliegen bei, vergessen aber, ihm das Landen beizubringen, oder er bekommt den Bogen einfach nicht so richtig raus. Und dann, wenn er „flügge wird" und sich für sein erstes richtiges Flugabenteuer in die Lüfte schwingt, endet seine Rückkehr mit einem blutigen Bauchklatscher, als habe man eine Kuh in den Himmel katapultiert und die Schwerkraft habe sie mit hoher Geschwindigkeit auf den Boden zurückgeholt.

Aus diesem und anderen Gründen haben wir uns als drittes Ziel gesetzt, unseren Drachen mit einem ausreichenden Maß an Intelligenz auszustatten. Er muss schon recht schlau sein, aber nicht in der emotionslosen Art und Weise eines Computers. Zu seiner emotionalen Ausstattung sollte gehören, dass er uns respektiert und daher unsere Befehle ganz natürlich befolgt, statt uns einfach zu rösten und aufzufressen. Seine Intelligenz sollte ihm erlauben, viele Dinge zu tun, jedenfalls weitaus mehr, als nur nach jedem Flug sicher zu landen.

Dennoch sind wir nicht unbedingt auf einen Drachen mit allzu viel Gehirnschmalz aus, denn das könnte zu anderen Problemen führen, beispielsweise zu Schwierigkeiten beim Flug (ein großes Gehirn wiegt eine Menge). Wir möchten am Ende auch nicht mit einem Drachen dastehen, der sich für so clever hält, dass er glaubt, auf uns verzichten zu können. Das ist bei Drachen niemals eine gute Sache. Aber ein Drache, der strohdumm ist, könnte erst recht ein Desaster sein. Wie sollten wir ihm zum Beispiel wichtige Dinge beibringen – etwa zu fliegen, zu landen und das nächste Dorf nicht zu plündern –, wenn er den IQ einer Runkelrübe hat?

Das bringt uns zu unserem vierten Punkt, einem weiteren, mit dem Gehirn verknüpften Merkmal. Unser Drache muss sich durch ein ausgeglichenes Gemüt auszeichnen. Er darf nicht allzu schnell in Rage geraten, sonst sind wir bald diejenigen, die von seinem Feueratem in Kohlestaub verwandelt werden. Er muss sich trainieren lassen und uns schließlich als seine Familie ansehen. Das hoffen wir zumindest. Ein bestimmtes Temperament technisch herzustellen, könnte zu den schwierigsten Herausforderungen gehören; Persönlichkeit ist ein komplexes Merkmal, das wahrscheinlich nicht nur von vielen Hundert Genen kontrolliert wird – was vermuten lässt, dass genetische Ansätze wenig hilfreich sind –, sondern auch von Umweltfaktoren, zum Beispiel den Aufzuchtbedingungen.

Wenn wir die Geschöpfe Revue passieren lassen, die wir als mögliche Ausgangspunkte ins Auge gefasst haben, dann erscheinen sie nicht als besonders gesellige oder einnehmende Persönlichkeiten, nicht wahr? Echsen? Vögel? Nun ja, vielleicht weisen einige Vögel attraktive Charakterzüge auf, wie Zuneigung oder elterliche Fürsorge, während andere Plappermäuler sind, genau wie bei uns Menschen.

Überdies wäre das Leben deutlich einfacher, wenn unser Drache reden und entweder unsere Sprache (Englisch) oder irgendeine ihm eigene Sprache sprechen könnte, die wir verstehen und in der wir insgeheim mit unserem Drachen kommunizieren könnten. Natürlich stellt Sprechen gewisse Anforderungen an Gehirn, Atmungsorgane und den Mundraum bzw. Stimmapparat, aber schließlich können Vögel sehr gut sprechen, daher glauben wir nicht, dass es ein großes Problem wäre, wenn wir mit Vögeln starten würden. Wenn wir hingegen Echsen als Ausgangsmaterial verwenden wollen, könnte diese Herausforderung viel größer sein.

Um auf das Gemüt bzw. den Charakter zurückzukommen, denken Sie im Gegensatz zu Echsen und Vögeln doch einmal an Hunde als Spezies. Hunde sind nicht nur höchst variabel im Aussehen (Wissenschaftler sprechen von „polymorph"), sondern sie unterscheiden sich auch dramatisch in ihrem Charakter und ihrem Temperament. Vergleichen Sie zum Beispiel einen Pitbull oder Dobermann mit einem Labrador Retriever. (Wir würden uns wünschen, dass unser Drache charakterlich mehr in Richtung Retriever geht, doch es gibt eine ganze Menge caniner Charaktere).

Uns fällt hingegen kein spezielles Reptil in freier Natur ein, das ein besonders heiteres oder freundliches Gemüt hätte und uns als Ausgangs-material dienen könnte. Es gibt jedoch einige anscheinend glückliche, sanft-mütige Vögel, das wäre eine mögliche Alternative. Allerdings … wenn wir an Alfred Hitchcocks *Die Vögel* (einen Horrorfilm, in dem Vögel auf einmal beginnen, Menschen anzugreifen, und die Menschen überraschend wenig dagegen tun können) denken und die aggressiven Vögel durch Drachen (selbst kleine) ersetzen … nun, das ist wirklich eine noch weit schlimmere Vorstellung.

Das gesamte Kap. 4 ist unseren Überlegungen zum Gehirn des Drachen gewidmet. Eine der großen Herausforderungen im Zusammenhang mit dem Gehirn ist, dass ein wünschenswertes und angestrebtes Merkmal oft mit einem „üblen" Merkmal verknüpft ist. Das Gehirn bestimmt nicht nur die Intelligenz, sondern auch die Persönlichkeit und die Gefühle. Daher könnte sich eine hohe Intelligenz negativ auf den Charakter auswirken und umgekehrt. Wir wollen keinen Drachen haben, der Soziopath oder Psycho-path ist, und würden uns auch schuldig fühlen, solch ein Wesen in die Welt gesetzt zu haben.

Unser Drachenbauteam

Was Feuer betrifft – werden wir unsere eigene Feuerwache oder zumindest einen Feuerwehrmann brauchen, der uns hilft zu vermeiden, dass unser Drache Gebäude aller Art niederbrennt? Wahrscheinlich. Der Drache könnte besonders in seiner Jugend zu Feuerspuck-Unfällen neigen. Wenn wir bei unserem Drachenbau von Vögeln ausgehen, wäre es wohl klug, einen Ornithologen zu Rate zu ziehen. Wenn wir von einer Echse ausgehen, sollten wir einen Herpetologen ins Team nehmen.

Auch wenn wir eine Menge cleverer Ideen haben und Paul jahrzehntlange Erfahrung als Forscher mitbringt – wenn wir genauer darüber nachdenken, wird klar, dass wir wahrscheinlich ein großes Team brauchen, um unser Drachenbauprojekt zum Erfolg zu führen. Wir benötigen zudem viele weitere biologische Experten und wohl auch Chemiker, dazu Computer-experten, um uns bei auf künstlicher Intelligenz (KI) basierendem Design zu unterstützen, überdies Reproduktionsspezialisten, Tiermediziner und so fort.

Und, ja, uns ist klar, dass ein solches Team eine Menge Geld kostet, daher werden wir später im Buch diskutieren, wie wir all den Zaster auftreiben wollen.

Katastrophen sind vorprogrammiert

Was Unglücksfälle angeht, so werden wir – um fair zu sein und weil es irgendwie auch spannend ist – das ganze Buch hindurch auch diskutieren, was an welcher Stelle fehlschlagen könnte und wie wir beim Bau unseres Drachens zu Tode kommen könnten. Wir stellen uns die Sache so ähnlich vor wie den Versuch von Alfred Nobel und seinem Team, Dynamit herzu-stellen, wobei sich alle Beteiligten durchaus darüber im Klaren waren, dass die Dinge während des Herstellungsprozesses jederzeit in einer Katastrophe enden konnten. Nebenbei gesagt, Nobels jüngerer Bruder Emil starb bei einem fehlgeschlagenen Experiment. Wie beim Drachenbau gibt es auch in der seriösen Wissenschaft ganz reale Risiken.

Aber selbst wenn es uns gelingt, einen Drachen mit den erwünschten Merkmalen zu bauen, bleibt noch immer die Frage: Wie wird die Welt auf unseren neuen Drachen (oder vielleicht unseren „Drachenschwarm") reagieren?

Wenn Geheimdienste aus aller Welt, wie NSA, MI6 oder FSB (die neuere Inkarnation des alten russischen KGB) oder irgendwelche anderen mächtigen Spionageagenturen vorbeischauen, wollen wir nicht, dass sie unseren Drachen als tickende Zeitbombe sehen, die eliminiert werden muss. Vielleicht klopfen sie auch bei uns an, weil sie uns den Drachen abnehmen und als Waffe einsetzen wollen. Vielleicht wollen sie, dass wir eine ganze Sippschaft weiterer Drachen für sie herstellen, die sie zu verschiedenen Zwecken „zum Wohle der Menschheit" (na klar) einsetzen können. Stellen Sie sich Drachensoldaten vor!

Wir haben uns noch nicht überlegt, wie wir mit Geheimdiensten oder anderen Organisationen umgehen könnten, die versuchen, sich unseren Drachen oder unsere Drachenbautechnologie zu schnappen. Sollten wir unseren Drachen und unsere Drachenbaumethoden vielleicht patentieren lassen?

Und wie steht es mit der Öffentlichkeit? Die Öffentlichkeit wird auf unsere Drachen wahrscheinlich mit einer Mischung aus Faszination und Angst reagieren. Einige Leute werden sich beim Anblick unseres Drachen vielleicht an die Sage von Georg, dem Drachentöter, erinnern und „böse!" denken. Wenn man zudem noch daran denkt, dass Drachen oft als Symbol des Bösen dienen und auf der ganzen Welt Horror auslösen können, mag es sein, dass unser Drache in manchen Kreisen nicht viele Fans haben wird.

Und dann wäre da noch die ethische Seite der ganzen Sache zu berücksichtigen. Ist es ethisch vertretbar, einen Drachen zu bauen oder es auch nur zu versuchen? Welche Faktoren kommen ins Spiel, wenn man mit Chimären oder gentechnisch veränderten Organismen herumhantiert? Diese Fragen besprechen wir in Kap. 8.

Zu guter Letzt bräuchten wir eine Menge finanzielle Unterstützung, um unseren Drachen Wirklichkeit werden zu lassen. Wahrscheinlich kommen für unsere Drachenforschung drei Quellen infrage: Investoren, ein reicher Mäzen oder Crowdfunding. In allen drei Fällen könnte es Probleme geben. Vielleicht könnten wir eine Kampagne auf GoFundMe starten? Das könnte uns eine Menge Geld einbringen, doch mit unserer Geheimhaltung wäre es dann vorbei.

Möglicherweise könnte uns auch eine Regierung (zum Beispiel die US-amerikanische) finanzieren, oder die DARPA, die Organisation für Forschungsprojekte der Verteidigung. Aber in diesem Szenario müssten wir uns wieder sorgen, dass unser Drache als Waffe eingesetzt werden könnte. Für den Anfang, könnten wir eine Million Dollar gut gebrauchen (selbst wenn die Summe später rasch auf zehn Millionen oder mehr steigen sollte): deshalb hoffen wir, die Dinge so zu deichseln, dass wir die Kontrolle über das Projekt behalten (*Jurassic Park* hatte Investoren, und wir alle wissen, wie die Sache ausgegangen ist).

Warum schreiben wir dieses Buch?

Wir wissen, warum jemand versuchen würde, einen Drachen zu bauen, aber warum ein Buch über den Versuch schreiben, einen Drachen zu bauen?

Erstens dachten wir, es könnte Spaß machen herauszufinden, wie sich dieses Projekt tatsächlich umsetzen ließe. Könnten wir einen Drachenbauplan entwickeln, der nicht völlig unplausibel wäre? Wir denken, das ist uns gelungen, und es gibt viele alternative Ansätze, für die wir optieren können, sollten auf dem Weg Hindernisse auftauchen.

Unsere zweite Motivation war, dass wir uns vorstellten, bei der Planung unseres Projekts vieles über coole Wissenschaft zu lernen, das uns bislang unbekannt war und das wir an andere, vor allem Kinder und junge Erwachsene, weitergeben könnten – aber auch an alle anderen, die im Herzen jung geblieben sind.

Eine weitere Motivation, dieses Buch zu schreiben, war satirisch. So wollten wir uns ein wenig (naja, vielleicht ist das zu schwach ausgedrückt) über die Wissenschaft und die Medien lustig machen, weil sie neue Forschungsergebnisse oft so übertrieben darstellen. Wir dachten, wir könnten vermitteln, wie häufig spannende Wissenschaft medial aufgebauscht wird. Nehmen wir beispielsweise die CRISPR/Cas-Methode: Auch wenn sie sehr gelegen kommt, wenn man einen Drachen bauen möchte, ist sie als gentechnisches Verfahren derart hochgejubelt worden, dass einige Leute offenbar meinen, mit ihrer Hilfe lasse sich so gut wie jede Comicfigur nachbauen. Dieser Pressewirbel um CRISPR/Cas macht die Methode zu einer naheliegenden Zielscheibe, um sich bei der Planung unseres Drachen darüber lustig zu machen. Dasselbe gilt für andere Verfahren, die wir einsetzen könnten, wie Stammzelltechnik und Klonen.

Das bedeutet, dass Sie beim Lesen vielleicht auf die ein oder andere übertriebene Behauptung stoßen. Bitte verstehen Sie diese Behauptungen so, wie sie gemeint sind – ironisch oder satirisch. Wir werden Sie nicht nochmals warnen. Nun, vielleicht doch, aber wir hoffen, dass Sie schon jetzt verstanden haben. Darüber hinaus raten wir, das Vorwort zu lesen.

Es sei auch nicht verschwiegen, dass sich schon viele andere Leute den Kopf darüber zerbrochen haben, wie man einen Drachen bauen könnte, darunter der Autor Kyle Hill im *Scientific American,* dem wir einige Inspirationen verdanken, darunter ein paar Tipps, wie man einen Drachen zum Feuerspeien bringen kann.[13] Kompliment an Kyle für seine wirklich originellen Ideen!

Ist es überhaupt möglich, darüber nachzudenken, wie man via Gentechnik ein neues Geschöpf herstellt, das entfernt wie ein Drache aussieht? Und wenn ja, wie steht es mit anderen seltsamen Tieren, wie Einhörnern? Oder Zwergelefanten? Andere haben auch über diese Fragen geschrieben, darunter Hank Greely, Juraprofessor in Stanford, und Ethikprofessorin Alta Charo[14] wie auch verschiedene Journalisten.[15]

Greely und Charo scheinen weitaus skeptischer als wir, aber selbst sie geben zu, dass jemand ein solches Projekt in Angriff nehmen und seinem Ziel ein gutes Stück näher kommen könnte. In einem 2015 veröffentlichten

Artikel argumentieren sie, dass sich so etwas wie ein Drache sehr wohl herstellen ließe:

> Die Grundlagenphysik wird gemeinsam mit biologischen Einschränkungen die Konstruktion fliegender oder feuerspeiender Drachen höchstwahrscheinlich verhindern – doch ein sehr großes Reptil, das zumindest in etwa so wie ein europäischer oder asiatischer Drache aussieht (vielleicht sogar mit schlag-, wenn auch nicht flugfähigen Flügeln), könnte durchaus jemandes Gelegenheitsziel sein.

Außer dass ein Geheimdienst oder das US-Verteidigungsministerium versuchen könnte, uns unseren Drachen zu entwenden oder uns die Technologie auf halbem Wege abzukaufen, würde nicht vielleicht eine andere Regierungsbehörde, wie die USDA (Landwirtschaftsministerium), EPA (Umweltschutzbehörde) oder FDA (Lebensmittelüberwachung und Arzneimittelbehörde), einschreiten und unser Projekt stoppen? Möglich, aber Regierungsbehörden sind notorisch langsam, daher könnten wir's einfach versuchen und auf das Beste hoffen (in Kap. 8 zur Bioethik mehr darüber).

Nach dieser Einführung hoffen wir, dass Sie uns weiter auf unserer Reise begleiten werden, deren Ziel ein echter, lebender, feuerspeiender Drache ist.

Literatur

Borek HA, Charlton NP (2015) How not to train your dragon: a case of a Komodo dragon bite. Wilderness Environ Med 26(2):196–199

Charo RA, Greely HT (2015) CRISPR critters and CRISPR cracks. Am J Bioeth 15(12):11–17

Pickrell J (2017) Huge haul of rare pterosaur eggs excites palaeontologists. Nature 552(7683):14–15

Zimmer C (2014) The tangled bank: an introduction to evolution, 2. Aufl. Roberts and Company, Colorado

2

Hinauf in die Lüfte

Was wäre ein Drache, der nicht fliegen kann?

Für uns wäre er eine große Enttäuschung.

Wie im letzten Kapitel schon beschrieben, gab es im Lauf der Geschichte tatsächlich eine Fülle mythischer Drachen, die sich nicht in die Lüfte erhoben – sie waren entweder am Boden zu Fuß unterwegs oder lebten im Wasser. Dennoch waren sie erstaunliche und zweifellos unverwechselbare Kreaturen. In diesem Buch geht es jedoch um den Bau einen fliegenden Drachen, wenn so etwas überhaupt möglich ist.

Falls es uns nicht gelingen sollte, ihm Flugfähigkeit zu verleihen, wäre unser Drache noch immer eine bedrohliche Bestie, die wohl eher schnell als gemächlich laufen würde. Dann wäre unser erdgebundener Drache so etwas wie ein Roadrunner, ein Rennkuckuck (ein großer beutegreifender Vogel, der sehr schnell rennt, aber kaum fliegt; wie es der Zufall will, ist „The Roadrunner" auch eine wichtige Figur in etlichen Looney-Tunes-Cartoons), aber eine massigere Version davon, die sich ihre Beute packt und Feuer spuckt. Tatsächlich konnten vielleicht nur einige der eindrucksvollsten Fluggeschöpfe, die es jemals gab, Pteranodonten wie *Quetzalcoatlus,* wirklich fliegen (siehe Abb. 1.4). Wir werden später in diesem Kapitel noch auf *Quetzalcoatlus* zurückkommen.

Wäre es denn so schlimm, wenn unser Drachen nicht fliegen könnte? Nun – ja, das wäre es. Ein flugunfähiger Drache würde nur über begrenzte Kräfte und Verteidigungsfähigkeiten verfügen. Und viele von uns, die daran gewöhnt sind, wie Drachen in den Medien dargestellt werden, würden in ihm einfach keinen richtigen Drachen sehen.

© Springer-Verlag GmbH Deutschland, ein Teil von Springer Nature 2021
P. Knoepfler und J. Knoepfler, *Drachenzucht für Einsteiger,*
https://doi.org/10.1007/978-3-662-62526-2_2

Vielleicht sind wir gierig, weil wir das ganze Drachenpaket einschließlich Flugfähigkeit wollen, aber kann man uns das verdenken? Wenn man schon all die Mühen auf sich nimmt, einen Drachen zu bauen, warum soll es dann nicht der erstaunlichste Drache überhaupt sein? Wahrscheinlich könnten wir verschiedene Drachenversionen erschaffen: solche, die im Meer leben, solche, die übers Land streifen, und solche, die fliegen. Aber auch nur einen einzigen Drachen zu bauen, ist eine Herausforderung; daher haben wir unsere Energie darauf konzentriert zu planen, wie man einen fliegenden Drachen baut.

Unseren Drachen auch nur mit primitiven Flugfähigkeiten auszustatten, ist alles andere als einfach. Er muss jedoch weitaus mehr tun als nur wie ein blutiger Anfänger unbeholfen herumzuflattern. Wir wollen, dass er sich in der Luft zuhause fühlt und im Flug ebenso schnell wie anmutig ist.

Gewicht versus Flugfähigkeit

Um zu fliegen, muss unser Drache zumindest in der Lage sein, sein Körpergewicht problemlos zu tragen. Das allein bedeutet schon, dass wir das Körpergewicht so gering wie möglich halten müssen. Je schwerer ein Geschöpf ist, desto unwahrscheinlicher ist es, dass es vom Boden abheben kann. Offenbar hat sich die Evolution bei der Schaffung von flugfähigen Tieren, wie Pteranodonten und auch Vögeln (die nichts anderes sind als ein Typ moderner, fliegender Dinosaurier), ebenfalls an dieses Prinzip gehalten. Möglicherweise war *Quetzalcoatlus* das größte flugfähige Geschöpf, das je auf Erden gelebt hat, doch selbst dieser Riese war eventuell leichter, als seine Ausmaße vermuten lassen würden.

Vielleicht reagieren Sie auf unsere Überlegungen, einen fliegenden Drachen zu konstruieren, mit einem sarkastischen „jaja, wenn Schweine fliegen" (also am Sankt-Nimmerleins-Tag). Aber alles, was wir tun müssen, ist, eine Echse zum Fliegen zu bringen, und tatsächlich sind einige Echsen schon nahe daran zu fliegen, daher ist das Unterfangen vielleicht nicht so hoffnungslos, wie es auf den ersten Blick scheinen mag. Nebenbei gesagt, die meisten mittelgroßen Echsen lassen sich gewiss leichter zum Fliegen bringen als Schweine. Wir könnten auch den umgekehrten Weg einschlagen und ein flugfähiges Tier nehmen, das bereits mit Dinosauriern verwandt ist (ja, gemeint ist wieder ein Vogel!), und es reptilienhafter und damit drachenhafter gestalten.

Kein Problem, oder?

Okay, wir geben zu, dass es schwierig werden wird, einen fliegenden Drachen zu bauen, ganz gleich, ob wir Echsen oder Vögel als Ausgangsmaterial nehmen. Wir werden auf Probleme stoßen.

Warum?

Die Merkmale, die wir unserem Drachen mitgeben müssen, damit er ein echter Drache wird, werden ihn schwerer machen. So könnten spezifische gastrointestinale Strukturen, die ihm erlauben, Feuer zu spucken (mehr darüber im nächsten Kapitel), sein Gewicht erhöhen und die Chance verringern, dass er vom Boden abhebt.

Und je kräftiger und widerstandfähiger unser Drache ist, desto mehr wird er aufgrund seiner erhöhten Muskelmasse und Hautdicke wiegen. Wiederum gilt: je mehr Gewicht, desto schwieriger das Fliegen. Wenn man sich fiktionale Drachen ansieht, so sind ihre Flügel in der Regel nicht annähernd groß genug, um ein derart massiges Tier tatsächlich durch die Lüfte zu tragen. *In diesem Buch* geht es beim Drachenbau jedoch um *realistische* Abmessungen. Zumindest sollten wir die Gesetze der Physik nicht allzu sehr verbiegen.

Was müssen wir in Bezug auf Flugfähigkeit noch berücksichtigen? Im nächsten Kapitel lehnen wir uns weit aus dem Fenster und spekulieren, dass unser Drache einige Gase, die leichter sind als Luft (wie Wasserstoff) in seinem Darm speichern könnte, um seinen Feueratem zu speisen; das würde sein Gesamtdichte verringern und ihm das Fliegen erleichtern. Allerdings soll er weder einem aufgeblasenen Ballon ähneln noch hochexplosiv sein.

Es geht aber nicht nur darum, dass unser Drache das richte Verhältnis von Kraft zu Gewicht aufweist, um zu fliegen; er muss auch eine aerodynamische Form haben. Wie oft haben Sie Papierflieger gebaut, die, statt zu fliegen, rasch zu Boden trudelten? Wir haben viele solche Flieger gebaut, und wir wollen nicht, dass unser Drache genauso abstürzt, weil wir dann wieder von vorn beginnen müssten, was nicht so einfach wäre, wie ein neues Blatt Papier in einen Flieger zu falten. Und ehrlich gesagt rechnen wir damit, eine emotionale Bindung an unseren Drachen zu entwickeln.

Neben eine gewissen Körpermasse und kräftigen Flügeln braucht unser Drache auch genügend Gehirnschmalz, um zu lernen, zu fliegen, dort oben in der Luft zurechtzukommen und sicher und wohlbehalten wieder zu landen (mehr zur Konstruktion des Drachengehirns in Kap. 4). Auch wenn die Forschung uns bislang nicht genau sagen kann, wie groß der Anteil des Gehirns ist, den ein Flugtier zum Fliegen gebraucht, dient wahrscheinlich ein beträchtlicher Teil dem gewandten Flug und einer sicheren Landung.

Und wie bereits erwähnt, wollen wir wirklich nicht riskieren, dass unser kostbarer Drache eine Bauchlandung macht.

Stellen Sie sich vor, einen Drachen zu bauen, dabei vielleicht Millionen Dollar und jahrelange Arbeit zu investieren und eine enge Bindung zu ihm aufzubauen, nur um dann mit ansehen zu müssen, dass er bei seinem ersten Flug tödlich abstürzt. Er müsste nicht einmal mit hoher Geschwindigkeit aufprallen, um seinen Feueratem auszuhauchen. Es würde schon genügen, wenn er beim Landen versehentlich gegen einen Baum oder ein Gebäude fliegt oder so hart aufkommt, dass er stirbt. Und wenn wir in einem solchen Moment auf seinem Rücken sitzen, würde uns das wohl den Spaß am ganzen Projekt verderben.

Flugfähigkeit technisch entwickeln – aber wie?

Wenn es zum Problem Gewicht versus Kraft geht, können wir uns einige der möglichen „Ausgangsgeschöpfe" anschauen, um Beispiele für dieses Dilemma in der wirklichen Welt zu finden. Vergleichen wir beispielsweise den recht kleinen Flugdrachen mit dem massigen Komododrachen (Komodowaran) oder einem riesigen Krokodil. Zwar ist das Leistenkrokodil das größte lebende Reptil (Kriechtier), aber der Komododrache ist die größte lebende Echse (Schuppenkriechtier). Man kann sich nur schwer vorstellen, dass sich einer von diesen Riesen in die Lüfte erhebt.

(Nebenbei gesagt, wer wusste, dass die Begriffe Reptil und Echse nicht ganz dasselbe bedeuten? Nun sind wir schlauer.)

Ein durchschnittlicher Gemeiner Flugdrache wiegt nur einen winzigen Bruchteil von dem, was ein Komododrache auf die Waage bringt; das ist alles andere als ein imposantes Drachenformat. Aber Dracos sind diejenigen Tiere, die einem fliegenden Reptil in unserer Welt am nächsten kommen, und sie erinnern im Aussehen wirklich an Drachen (Abb. 2.1). Während Dracos nur rund 20 cm lang werden und nur rund 30 g wiegen, kann ein Komodo zwölfmal so lang werden, wobei das Rekordgewicht 166 kg betrug, fast 6000-mal so viel wie das Gewicht eines durchschnittlichen Dracos.[16] Wer erscheint Ihnen nun drachenhafter?

Wie auch immer, Dracos können fast fliegen, während Komodos weit davon entfernt sind. Dracos benutzen Flughäute, Patagien genannt, um von Baum zu Baum durch die Luft zu gleiten, wobei sie Flugstrecken von bis zu 30 m zurücklegen. Man kann sich gut vorstellen, einen Draco mithilfe von Gen- oder Stammzelltechniken mit einer kräftigeren Muskulatur und längeren Knochen auszustatten und seine Flughäute in größere,

Abb. 2.1 Ein Gemeiner Flugdrache *(Draco volans)*. Stellen Sie sich diesen Kerl vor, aber die Flughäute (Patagien) mit den Armen verschmolzen, sodass richtige Flügel entstehen; zudem müsste er natürlich insgesamt viel größer sein und Feuer speien. (Creative Commons Image © H. Zell)

funktionsfähige Flügel zu verwandeln. Da diese Veränderungen wohl zu einer Gewichtszunahme führen und damit Gleiten und Fliegen erschweren würden, sollten wir es mit der Flügelgröße nicht übertreiben. Selbst so könnte unser aufgepeppter Drache vielleicht fliegen, statt nur zu gleiten, ganz ohne weitere umfangreiche physiologische Modifikationen und ohne die Gesetze der Physik zu verletzten.

Ein paar genetische Tricks anzuwenden, um ihm leichtere und längere Knochen zu geben, wie wir sie bei Vögeln finden, könnte ebenfalls hilfreich sein. Ein gentechnisch veränderter Draco wäre allerdings wohl noch immer erheblich kleiner als ein Komodo, was unseren auf einem Flugdrachen basierenden Drachen weniger eindrucksvoll machen würde.

Aber vielleicht könnten wir, wie bereits erwähnt, stattdessen eine ganze Armee von kleinen, feuerspeienden Draco-Drachen erschaffen, die koordiniert Feuer speien und gemeinsam angreifen könnten, wie die verrückten Vögel in Alfred Hitchcocks *Die Vögel*. Wir denken jedoch, dass wir weitere technologische Tricks – wie einen zusätzlichen Wachstumsfaktor – brauchen, um unsere Draco-Drachen deutlich größer zu machen, ohne dass sie ihre Flugfähigkeit verlieren.

Andererseits ist der Komodo riesig. Er ist ein eindrucksvolles Ungeheuer, das selbst Menschen umbringen kann. Auch ohne labortechnische Verbesserungen töten Komodos oft große Beutetiere. Und sie haben natürlicherweise die Größe und das furchterregende Äußere, das wir mit Drachen assoziieren, daher erscheint ihr „Drachenname" von vornherein passend. Praktisch betrachtet wäre diese Spezies ein gutes Ausgangsmaterial für unser Vorhaben.

Es ist nicht ganz leicht, sich Komodos wie Flugsaurier im Flug vorzustellen (siehe das fossile Pterosaurier-Skelett in Abb. 2.2). Wie, zum Teufel, bringt man einen Komodo in die Luft, außer mit einem Katapult (vielleicht ausgerüstet mit einem Fallschirm, um das potenzielle „Bauchklatscher-Problem" zu lösen)?

Um unseren komodo-basierten Drachen in die Luft zu befördern – zuverlässig und sicher und trotz seiner Masse auch nach der Landung noch in einem Stück –, bräuchte er Flügel mit einer Tragfläche wie die eines mittelgroßen Flugzeugs. Sollten wir uns für kleinere Flügel entscheiden, müssen wir andere Veränderungen vornehmen, zum Beispiel leichtere Knochen oder einen stromlinienförmigeren Körperbau. Die Liste lässt sich fortsetzen.

Somit haben wir umrissen, was zu tun ist, ganz gleich, ob wir nun ein kleines oder ein großes Tier als Ausgangspunkt zum Bau des Drachens benutzen. Wenn wir an unsere idealen Drachen denken, dann wünschen wir uns die Wildheit und Masse eines Komodos oder eines ähnlichen Geschöpfs – am besten mit noch größeren Killerkompetenzen (tut uns leid,

Abb. 2.2 Pterosaurier-Skelett in Flughaltung. (© Smithsonian's National Museum of Natural History: © Carolyn Kaster/AP Photo/picture alliance)

aber ein Drache muss töten können, selbst wenn er diese Fähigkeit niemals gegen Menschen einsetzt). Zudem wünschen wir uns, dass er so geschickt und gut fliegen kann wie ein Vogel oder eine Fledermaus.

Von Riesenflugsauriern lernen

Vielleicht ist es ja doch unmöglich, einen echten fliegenden Drachen zu schaffen?

Das glauben wir nicht.

Warum sind wir uns so sicher, dass es funktionieren wird? Wie bereits erwähnt, wissen wir, dass drachengroße, geflügelte und wahrscheinlich flugfähige Geschöpfe möglich sind, weil es *Quetzalcoatlus* gegeben hat *Quetzalcoatlus* gehörte zu den Azhdarchidae, von denen zumindest einige Arten höchstwahrscheinlich fliegen konnten.

Die beiden potenziell größten flugfähigen Geschöpfe in der Geschichte unseres Planeten waren *Quetzalcoatlus northropi* und sein Verwandter, *Hatzegopteryx*. Lassen Sie uns die beiden etwas näher anschauen. Wie im letzten Kapitel erwähnt, ist *Quetzalcoatlus* nach einem gefiederten meso-amerikanischen Schlangengott benannt (der durchaus ein Drache gewesen sein könnte), und *Hatzegopteryx*, der ebenfalls gegen Ende der Kreide-zeit lebte, verdankt seinen Namen seinem Fundort, dem Hateg-Becken in Transsylvanien, einer Region im Nordwesten des heutigen Rumänien. Wir werden diese beiden erstaunlichen Kreaturen fortan einfach als Quetz und Hatz bezeichnen.

Angesichts ihrer geschätzten mittleren Flügelspannweite von 11 m (und einer maximalen Flügelspannweite von 16 m) müssen Quetz und Hatz im Flug einen überwältigenden Anblick geboten haben, selbst wenn sie nicht Hunderte oder gar Tausende Kilometer am Stück zurücklegten. Wie groß waren diese Wesen genau? Zum Vergleich: Ihre Flügelspannweite war größer als viele Häuser heute hoch sind, daher waren sie drachengroß und sahen wahrscheinlich auch ziemlich drachenartig aus.

Ach, wenn sie nur heute noch lebten!

Komischerweise lebten einige dieser fliegenden Giganten wohl in einer Region, die wir heute Transsylvanien nennen, was sofort an Vampire denken lässt. Auch wenn wir bezweifeln, dass Quetz und Hatz Blut tranken (was wirklich ein Ding gewesen wäre!), ist die Vorstellung von einem sauriergroßen Vampir erschreckend. Verdammt, selbst wenn er kein Blut trank, würde ein fliegender Fleischfresser, groß wie ein Haus, mächtig Eindruck schinden. Auch wenn Quetz und Hatz zahnlos waren, stellen wir uns vor, dass ihre scharfen Schnäbel eine Beute problemlos durchbohren konnten. Möglicherweise haben sie einige ihrer recht großen Beutetiere auch am Stück verschlungen.

Wie gelang es Quetz und Hatz angesichts ihrer Gewichts (vermutlich rund 225 kg), sich in die Lüfte zu erheben? Ist es überhaupt sicher, dass sie tatsächlich fliegen konnten? Oder könnten sie ihre Flügel zu anderen Zwecken eingesetzt haben, wie Pinguine, die ihre Flügel beim Schwimmen als Paddel benutzen?

Auch wenn noch darüber gestritten wird, ob Quetz und Hatz tatsächlich fliegen konnten, da wir unsere Theorien ja nur auf ihre versteinerten Knochen stützen können, gehen die meisten Forscher davon aus, dass Pterosaurier wie Quetz und Hatz geschickte Flieger waren oder zumindest, einmal in der Luft, im Gleitflug kreisen konnten. Wir glauben, dass Quetz und Hatz durchaus fliegen konnten, aber auch einen beträchtlichen Teil ihrer Zeit am Boden jagend verbrachten und sich auf allen Vieren fortbewegten – vielleicht flogen sie gelegentlich auf, um eine besonders schmackhafte Beute zu fangen.

Ein Team von Forschern am California Institute of Technology (Caltech) unter Leitung von Luftfahrtingenieur Paul MacCready schuf vor 40 Jahren ein *Quetzalcoatlus*-Modell, das Berichten zufolge flugfähig war. MacCready beschrieb den Plan zum Bau des Quetz-Modells vor seiner Umsetzung sehr detailliert.[17]

Vor dem Bau gab es offenbar intensive Diskussionen über die Merkmale dieses Modells, und die Debatte über die Merkmale des realen Quetz hält bis heute an. Folgende Passage, in der MacCready beschreibt, was die Leute vor der Entdeckung von Quetz über die Biologie des Fluges dachten, fanden wir aus unserer Drachenbauperspektive ermutigend:

> Vor Entdeckung der riesigen Flugsaurier nahm man allgemein an, das Größenlimit für biologischen Flug liege deutlich unter einer 11-m-Spannweite. Aber die Natur respektiert keine Leistungsgrenzen, die der Mensch für biologische Geschöpfe annimmt.

Wir wollen unserem Drachen ebenfalls keine engen Grenzen setzen.

Quetz und Hatz sind womöglich mit unseren heutigen Vögeln enger verwandt als mit den Reptilien unserer Welt, wie den Flugdrachen oder den Komododrachen. Könnten wir unserem zukünftigen Drachen vielleicht Flugfähigkeit verleihen, indem wir uns die relativ enge Verwandtschaft von Quetz und Hatz zu Vögeln zunutze machen?

Wie fliegen Vögel, und wie unterscheidet sich ihr Flug vom dem der Fledermäuse und Insekten? Wir haben stets angenommen, dass diese Tiere mit den Flügeln schlugen, um Auftrieb zu erzeugen, oder dass sie sich ähnlich wie ein Spielzeugdrachen in der Luft hielten, aber es steckt eine ganze Menge mehr dahinter. Was genau ist ein Flügel, und warum hat er sich im Lauf der Evolution so entwickelt, dass er seinem Träger das Fliegen ermöglicht?

Flughäute

Wirbeltiere, die fliegen können, besitzen eine einzigartige Struktur, die als Patagium (Plural Patagia, eingedeutscht Patagien) bezeichnet wird. Dabei handelt es sich in der Regel um aufgespannte Hautflächen, unter denen sich die Luft fängt. Die meisten fliegenden Wirbeltiere besitzen solche Flughäute, erwachsenen bodenlebenden Tieren fehlen sie hingegen (allerdings verfügen einige wasserlebende Wirbeltiere über Schwimmhäute zwischen den Zehen, die ihnen das Paddeln erleichtern). Bei geflügelten Wirbeltieren wie Vögeln verspannen die Flughäute die verschiedenen Teile des Vogelflügels miteinander und sind befiedert. Leichter erkennen lassen sich Flughäute an den Flügeln von Fledertieren (Fledermäusen und Flughunden), da diese keine Federn tragen. (Abb. 2.3).

Selbst gleitende und segelnde Tiere wie Flugdrachen und Flughörnchen haben Flughäute (Abb. 2.4). Man beachte, dass der wissenschaftliche Name für Gleithörnchen *Pteromyini* lautet, also das Präfix *ptero-* (von griechisch *pteron*, „Flügel") enthält, wie bei Pterosauriern. (Es sei nicht verschwiegen, dass Forscher 2019 berichteten, einige Gleithörnchen würden offenbar im Dunkeln rosa fluoreszieren.[18] Stellen Sie sich bloß einen im Dunkeln glimmenden Drachen vor!) Und auch Pterosaurier besaßen Flughäute, die ihnen das Fliegen ermöglichten.

Das heißt, dass unser Drache auf jeden Fall große Flughäute braucht. Daher müssen wir als Ausgangmaterial für unseren Drachen entweder ein Geschöpf benutzen, das im Lauf seiner Entwicklung natürlicherweise Flügel ausbildet (und als erwachsenes Tier behält), wie ein Vogel, eine Fledermaus oder ein Flugdrache, oder wir müssen einen Weg finden, bei einem normalerweise ungeflügelten Tier Flügel zu generieren. Letzteres ist vielleicht nicht so schwierig, wie es auf den ersten Blick scheint, denn selbst Menschen weisen während ihrer Fetalentwicklung aufgespannte Häute zwischen ihren Fingern auf.

Abb. 2.3 Fledermausflügel (hier ein großes Mausohr, *Myotis myotis*) bestehen vorwiegend aus dünnen Knochen und zwischen ihnen ausgespannten Flughäuten, den Patagien. (© Carsten Braun/Zoonar/picture alliance)

Abb. 2.4 Man beachte die aufgespannten Flughäute bei diesem Gleithörnchen *(Glaucomys sabrinus)*. (© Stephen Dalton/Minden Pictures/picture alliance)

Was soll das heißen?

Nun, ein Patagium ist im Wesentlichen eine (oft zwischen Finger-knochen) aufgespannte Haut oder Membran Und die Finger eines mensch-lichen Fötus, die sich im Lauf der Schwangerschaft entwickeln, sind zunächst durch Membranen („Schwimmhäute") miteinander verbunden. Diese membranösen Verbindungen, die für jeden Fingerzwischenraum wie ein Patagium wirken, sollten noch vor der Geburt wieder verschwinden, doch manchmal sind die „Schwimmhäute" aufgrund von Entwicklungs-fehlern auch noch bei Neugeborenen zu finden. Und solche Finger ver-bindenden Membranen, die sich zu Patagien entwickeln könnten, findet man während der Embryonalentwicklung bei praktisch allen Wirbel-tieren, eben auch bei uns Menschen. Beim Menschen sterben die Zellen, die die Finger verbinden, eigentlich vor der Geburt einen so genannten programmierten Zelltod (Apoptose). Das geschieht auch bei anderen Tieren, für die evolutionär nach der Geburt keine Schwimmhände oder -füße vor-gesehen sind.

Bei Tieren wie uns, denen „Schwimmhäute" – weitgehend – fehlen, sterben die Zellen in diesen Häuten normalerweise wie vorgesehen ab, aber manchmal läuft etwas verkehrt. Deshalb weisen die Finger mancher Menschen noch Reste einer Hautfalte zwischen den Fingern auf, ein seltenes Problem, das sich jedoch chirurgisch leicht korrigieren lässt. (Tatsächlich spannt sich bei den meisten Menschen zwischen Daumen und Zeigefinger eine Hautfläche – fühlen Sie mal –, die man mit etwas Fantasie als Patagium betrachten könnte).

Und dann gibt es noch das Phänomen der Syndaktylie, bei der ein oder mehrere Finger oder Zehen eines Menschen oder anderen Tieres mit-einander verwachsen sind. Bei leichteren Formen der Syndaktylie (wenn nur wenige Finger/Zehen verwachsen sind) findet sich zwischen den nicht ver-wachsenen Fingern häufig immer noch verbliebenes überschüssiges Gewebe. Aus unserer Drachenbauperspektive könnten wir diese Häute zwischen den Fingern benutzen, um Patagien zu bilden, indem wir die Apoptose hemmen, und parallel könnten wir die „Finger"-Knochen so verlängern, dass sie Flügel bilden.

Aber wie können wir die Apoptose stoppen – diese programmierte Form des Zelltods? Nun, es gibt chemische Verbindungen, die die Apo-ptose hemmen können, und auch genetische Methoden, diesen Prozess zu blockieren; beide könnten wir einsetzen, um unseren Drachen mit Patagien auszustatten, wenn wir von einem flugunfähigen Tier ausgehen.

Einige Vögel, beispielsweise Enten, besitzen auch als adulte Tiere Schwimmfüße. Bei diesen Tieren findet die sonst auftretende Apoptose nicht statt, weil Schwimmfüße einen evolutionären Vorteil darstellen, der dem Überleben der Enten dient; so können sich Küken und Adulttiere leichter durchs Wasser bewegen. Da viele Vögel und manche Reptilien bereits mehr oder minder stark verbundene Zehen haben, wäre es eine Möglichkeit, diese Zwischenzehenhäute, die unser Starttier natürlicherweise entwickelt, zu erhalten oder zu vergrößern.

Patagien allein reichen jedoch nicht. Ein fliegendes Wirbeltier braucht zudem spezielle Knochen in seinen Unterarmen und „Händen" – Knochen, die so lang sind, dass eine zwischen ihnen aufgespannte Hautfalte beim Flügelschlag genügend Schub und Vortrieb erzeugen kann, um vom Boden abzuheben. Wir haben „Hände" in Anführungsstriche gesetzt, denn bei fliegenden Wirbeltieren sind die Handknochen oft Teil der Flügel. Man könnte das Wachstum von Unterarm und Hand in der Embryonalent-wicklung verstärken, um die stark verlängerten Arm- und Fingerknochen zu generieren, die das Gerüst unserer Drachenflügel bilden sollen. Es gibt mehrere Genfamilien, die an der Flügelentwicklung beteiligt sind; einige davon sind über ein breites Spektrum von Tieren konserviert, von Insekten (wie der Taufliege) bis zu Fledermäusen und Vögeln. („Konserviert" heißt in diesem Zusammenhang, dass manchmal ganz unterschiedliche Organismen dasselbe Gen teilen, gewöhnlich mit nur geringen DNA-Veränderungen).

Einige dieser konservierten Gene spielen bei der Ausbildung unserer eigenen Arme und Beine eine Rolle, doch bei fliegenden Tieren haben sie gewisse einzigartige und spezielle Funktionen. So können gewisse Gene beispielsweise bestimmte Knochen im Unterarm, vor allem in der Hand, dazu bringen, so auszuwachsen, dass Fliegen möglich wird, und sich stark zu verjüngen, um Gewicht einzusparen (Abb. 2.5). Bei fliegenden Tieren sind einige dieser Gene besonders aktiv (man sagt, diese Gene werden „angeschaltet" oder „exprimiert", also „ausgeprägt".) Das Muster dieser Genaktivität ist bei fliegenden Tieren ebenfalls typisch – wir sehen, dass sie während der Entwicklung von Unterarm und Fingern zu gewissen Zeiten und an speziellen Orten angeschaltet werden.

Insbesondere ein Gen, kurioserweise als Hox-D11 bezeichnet, kontrolliert, wo und wann einige Gene, die für die Extremitätenbildung zuständig sind, angeschaltet werden. So reguliert Hox-D11 beim Menschen und anderen Tieren die Knochenbildung während der Fingerentwicklung. Allerdings wird dieses Gen bei Vögeln an anderen Stellen aktiviert als bei flugunfähigen Tieren, wie bei sich entwickelnden Alligatoren und Mäusen[21] oder Menschen. Das heißt: Wenn es uns gelingt, die Expression von Genen wie Hox-D11 in bestimmter Weise herab- oder heraufzuregulieren, könnte es möglich sein, zuvor flügellose Geschöpfe mit Flügeln auszustatten.

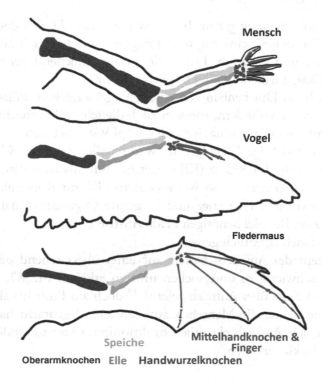

Abb. 2.5 Vergleichende Skizze der Arm- bzw. Flügelknochen von Mensch, Vogel und Fledermaus, teilweise basierend auf Dumont (2010)[19] und inspiriert von einer Zeichnung bei „Ask a Biologist" der Arizona State University[20]

Abheben

Kommen wir zu unserer Frage zurück, wie Vögel fliegen. Neben ihren Patagien besitzen sie weitere einmalige Merkmale, die fürs Fliegen eine wichtige Rolle spielen, darunter kräftige Brustmuskeln, geringes Körpergewicht, hohle und damit leichte Knochen und verschiedene Federtypen. Mit ihrer starken Brustmuskulatur bewegen Vögel ihre Flügel auf und ab (Schlagflug), und die Flügel mit ihren befiederten Flughäuten erzeugen Schub. Dadurch können sich Vögel in die Luft erheben und sich dann per Schlag- oder Segelflug fortbewegen.

Im Verlauf der Flügelevolution – von den Dinosauriern bis zu den Vögeln – sind bestimmte Flügelformen über Jahrmillionen weitgehend beibehalten worden.[22] So haben Vögel im Lauf ihrer Evolution Flügel entwickelt, bei denen die Luft über und unter die Tragfläche strömt, um Auftrieb zu erzeugen. Flugzeugflügel folgen demselben Prinzip. Wie jeder weiß, der einmal ein Papierflugzeug gebaut hat, sind Form und Design des Flugzeugs und seiner Tragflächen schwierig hinzukriegen – macht man's falsch, bricht der Flieger aus und stürzt ab. Das heißt, unsere Drachenflügel müssen ein bestimmtes Design haben, um flugtauglich zu sein.

Wenn wir beim Drachenbau von einem Vogel ausgehen, müssen wir die Flügel nicht weiter verändern, sondern sie lediglich größer machen. Starten wir jedoch mit einem flugunfähigen Geschöpf wie einer Echse, müssen wir den Flügeln die richtige Form geben. Wie schaffen wir das? Wir könnten natürlich künstliche Intelligenz (KI) einsetzen, um uns zu helfen, die besten Drachenflügel zu entwerfen, so wie Ingenieure KI zur Konstruktion neuer Flugzeuge verwenden. Flugzeuge und fliegende Organismen haben einiges gemeinsam, zum Beispiel benötigen beide Auftrieb.

Was ist Auftrieb eigentlich genau?

Das Konzept des Auftriebs basiert auf einer überraschend umstrittenen Theorie, die schwierig zu untersuchen und zu erklären ist. Wir haben viel von der NASA-Seite über Auftrieb gelernt,[23] doch am Ende hat sich gezeigt, dass selbst die Leute, die Menschen auf den Mond gebracht haben, nicht sicher wissen, wie Auftrieb eigentlich funktioniert. Oder zumindest können sie es uns nicht klar erklären.

Die Vogeloption

Nehmen wir für den Augenblick einmal an, wir gehen von Vögeln aus, dann sind noch immer zahlreiche Entscheidungen zu treffen. Welche oder wie viele Vogelarten sollten wir einsetzen? Eine neuere Studie hat die geschätzte Zahl der Vogelarten weltweit auf fast 20.000 Arten annähernd verdoppelt.[24] Eine große Zahl dieser prognostizierten Arten haben noch nicht einmal Namen, und es gibt keine Informationen über sie. Daher ist es schwierig zu entscheiden, welche Vogelart man verwenden sollte, um unseren Drachen zu bauen, doch wir haben einige allgemeine Ideen.

Da wir wollen, dass unser Drache fliegt, brauchen wir einen flugfähigen Vogel. Tut uns leid, liebe Pinguine! Ihr seid wirklich erstaunliche und sehr sympathische Vögel, aber ungeeignet als Ausgangspunkt für unseren Drachen. Es ist jedoch spannend, sich vorzustellen, wie ein drachenartiger Pinguin über die Eisfläche gleitet oder durchs Wasser jagt.

Damit fallen auch Strauße und Emus mitsamt ihrer Verwandtschaft durchs Raster. Vor kurzem haben wir in einem Naturfilm gesehen, wie Geparde Strauße jagten, was für einen bestimmten Strauß schlecht ausging.

Stellen Sie sich vor, dieser Strauß hätte sich plötzlich in die Luft erhoben oder sich umgewandt und den Gepard mit seinem Feueratem angehaucht!

Zudem brauchen wir einen recht großen Vogel, denn wir wollen Drachengröße erreichen. Das heißt, dass Kolibris ebenfalls wegfallen. Auch wenn wir uns gern vorstellen, wie ein feuerspeiender Kolibri den Futterspender in Brand setzt, wenn ihm das Angebot nicht zusagt. Aber selbst wenn wir Kolibris aus unserem Projekt ausschließen, lasen wir kürzlich einen Artikel in der *New York Times* und sahen dazu ein Video, das zeigte, dass die „niedlichen" Kolibris auch erstaunlich kämpferisch sind, wenn sie miteinander konkurrieren.[25] Diese Notwendigkeit zu kämpfen könnte sogar die Entwicklung ihres Schnabels beeinflusst haben.

Greifvögel wie Kondore oder andere große Vögel wie Albatrosse (Flügelspannweite bis fast 3,5 m) könnten aufgrund ihrer stattlichen Größe gute Optionen sein, aber wir wollen bei unserem Projekt keine stark gefährdete Vogelart einsetzen.

Wenn wir uns tatsächlich entschließen, mit einem Vogel zu beginnen, dann höchstwahrscheinlich mit einer Art, die groß ist, ein guter Flieger und sich überdies rasch fortpflanzt.

Federn

Würden Federn unserem Drachen helfen zu fliegen?

Vögel haben Federn, und einige alte, vogelähnliche Dinosaurier wie *Archaeopteryx lithographica* besaßen ebenfalls Federn (siehe Abb. 2.6, die ein cooles Fossil mit gefiederten Flügeln zeigt). Federn helfen sicherlich beim Fliegen, sind aber keine notwendige Voraussetzung (denken Sie an Fledermäuse, Libellen und andere ungefiederte Tiere, die elegante Flieger sind).

Auch wenn einige Vogelvorfahren, einschließlich Dinosauriern, Federn trugen, nimmt man an, dass Pterosaurier höchstwahrscheinlich keine echten Federn besaßen, sondern möglicherweise eine Art schüttere Hautbekleidung aus so genannten Pyknofasern. Ein neuerer Forschungsartikel argumentiert, dass diese Pyknofasern bemerkenswerte Ähnlichkeiten mit Federn aufwiesen und die Aerodynamik der Flugsaurier beeinflusst haben könnten.[26]

Wir könnten unseren Drachen natürlich zum Spaß mit Federn oder etwas ähnlichem wie Pyknofasern ausstatten. Aus utilitaristischer Sicht würden richtig gebaute Federn unserem Drachen sicher helfen zu fliegen, daher haben wir beschlossen, dass unser Drache wohl gefiedert sein sollte. Und ja, wir geben es zu: Federn könnten unserem Drachen ein wirklich verwegenes

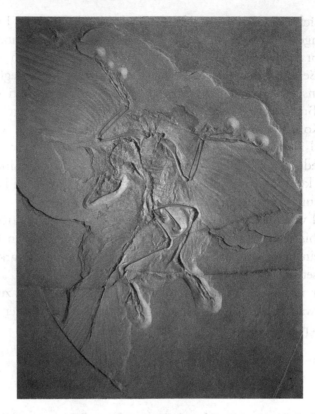

Abb. 2.6 *Archaeopteryx lithographica* im Museum für Naturkunde in Berlin. (© Ingo Schulz/imageBROKER/picture alliance)

Aussehen verleihen (wenn wir es allerdings vermasseln, könnte er auch eher dämlich oder trottelig wirken als furchterregend).

Aber was sind eigentlich Federn?

In gewissem Sinne können wir uns Federn als eine Art Kreuzung zwischen Haar und Haut vorstellen. Denken Sie daran, dass Haare und auch Fingernägel nichts anderes als Hautauswüchse sind. Überraschenderweise ist Haar auf struktureller Ebene eng mit Schuppen verwandt, wie man sie bei Echsen findet. Auf molekularer Ebene bestehen Federn aus einer Reihe verschiedener Stoffe, vor allem aber aus einem Protein namens Keratin, das auch das häufigste Protein in unserer Haut und unserem Haar ist.[27]

Eine Beschreibung von Federn der Audubon Society[28] fängt ihre erstaunliche und raffinierte Komplexität anschaulich ein:

Stellen Sie sich eine Feder als baumartige Struktur vor. Der Stamm: ein hohler zentraler Schaft, den Ornithologen Federschaft (Rhachis) nennen. Vom Federschaft gehen zahlreiche Äste aus, die als Federast bezeichnet werden. Bei vielen Federn wie denjenigen, die Flügeln und Schwanz ihre Form verleihen, sind die Federäste weiter in Zweige unterteilt, die Bogenstrahlen. Bei Schwungfedern wachsen alle Federäste in derselben Ebene, wie die Äste eines Spalierostbaums an einer sonnigen Wand. Die Bogenstrahlen benachbarter Federäste sind durch Häkchen eng miteinander verbunden, um eine glatte und bemerkenswert steife Oberfläche zu schaffen, die entscheidend ist, um eine dauerhafte, stromlinienförmige aerodynamische Form zu garantieren. Bei Daunenfedern sind die Federäste hingegen völlig unregelmäßig angeordnet; sie halten eine Luftschicht fest und bilden eine ausgezeichnet wärmeisolierende Schicht.

Haut, Nägel, Schuppen und Federn gehen alle aus einem gemeinsamen Zelltyp hervor, den Keratinocyten. Die Endung „-cyten" bedeutet so viel wie „Zellen", also handelt es sich wortwörtlich um „Keratinzellen". Millionen Keratinocyten bilden Zellschichten, und die Anordnung dieser Schichten geben teilweise vor, ob das sich entwickelnde Gewebe zu Haut, Federn oder Haaren wird. Wie Haare haben auch Federn Haarbälge (Follikel), die ausgefallene Federn ersetzen[29].

Vögel waren nicht die ersten Geschöpfe mit Federn. Die ersten gefiederten Organismen waren Dinosaurier aus der Gruppe der Theropoden, zu der auch der berühmte *Tyrannosaurus rex* gehört (obwohl unklar ist, ob er gefiedert war). Diese Dinos flogen nicht, und ihre Federn dienten ihnen wohl zur Wärmeisolation, spielten vielleicht aber auch in anderer Hinsicht eine Rolle, beispielsweise bei der Partnerwerbung.

Im Buch *The Tangled Bank* des Wissenschaftsautors Carl Zimmer findet sich ein umfangreicher Abschnitt über Federn und Flug[30]. Carl weist darauf hin, dass nur ein Jahr nach Darwins Veröffentlichung seines bahnbrechenden Werks *Über die Entstehung der Arten*, also 1860, in Deutschland ein versteinertes *Archaeopteryx*-Skelett gefunden wurde (Abb. 2.6). Dieses Fossil erstaunte die Forscher, die es untersuchten, sehr, denn es wies Vogel-wie auch Reptilienmerkmale auf. Im Lauf der Zeit gewannen Biologen aus diesem Fossil jedoch erstaunliche neue Erkenntnisse über die stammesgeschichtlichen Verwandtschaftsverhältnisse von ausgestorbenen Dinosauriern und modernen Vögeln.

Archaeopteryx stellt in gewissem Sinne ein Bindeglied zwischen Vögeln und Dinosauriern dar und könnte eine Art evolutionäre Übergangsform zwischen beiden Gruppen gewesen sein. Konnten diese geflügelten und gefiederten Geschöpfe wirklich fliegen? Eine Reihe wissenschaftlicher Untersuchungen, darunter auch ein aktueller Artikel aus dem Jahr 2018, stützen die Idee, dass *Archaeopteryx* tatsächlich flugfähig war[31]; das ist ermutigend für uns, denn unser Drache soll ja fliegen.

Wie wir von Vögeln wissen, können Federn noch vielen anderen Zwecken dienen, wie Wärmeisolation und Werbeverhalten, und wahrscheinlich wurden sie auch von Dinosauriern so genutzt. Wenn unser Drache gefiedert wäre, könnte er sein Gefieder ebenfalls für andere Funktionen als zum Fliegen einsetzen.

Es mag wie Ironie erscheinen, dass Dinosaurier zwar die ersten gefiederten Lebewesen auf Erden waren, ihr Gefieder aber größtenteils nicht zum Fliegen gebrauchten. Flugsaurier (die, systematisch gesehen, keine Dinosaurier sind) waren vermutlich geschickte, aber ungefiederte Flieger. Dazu schreibt Carl Zimmer:

> Da diese gefiederten Dinosaurier die engsten bekannten Verwandten der Vögel sind, können Wissenschaftler sie studieren, um Hypothesen über den Ursprung des Fliegens zu entwickeln … Möglicherweise entwickelten einige gefiederte Theropoden, schon bevor sie fliegen konnten, das Flügelschlagen, um so rascher vor Fressfeinden flüchten oder besser Beute fangen zu können. Und in einer Stammlinie kleiner, gefiederter Dinosaurier entwickelte sich dieses beschleunigende Mit-den-Flügeln-Schlagen zum echten Flug.

Wie spannend, dass sich Flügel und Federn vielleicht schon vor dem Fliegen entwickelt haben, um anderen Funktionen zu dienen!

Gene und gefiederter Flug

Wenn wir einen geflügelten wie auch gefiederten Drachen schaffen wollen, dann sollten wir uns mit spezifischen Veränderungen der Genaktivität („Genexpression") beschäftigen, die wir in unserem sich entwickelnden Drachen möglicherweise mit der CRISPR/Cas-Methode induzieren könnten. Ein Forschungsteam unter Leitung des Biologen C. M. Chuong hat spezielle Gene entdeckt, die nötig sind, um eine Hautschuppe in eine Feder umzuwandeln[32]. Diese wachstumsinduzierenden Moleküle und federnmachenden Gene tragen so merkwürdige Namen wie Sox2, Zic1,

Grem1, Spry2 und Sox18. Den Forschern zufolge können diese Moleküle
Zellen anweisen, so genannte „filamentöse Anhänge" (lange, dünne röhren-
förmige Strukturen, die aus der Haut herausragen) zu bilden, wie man sie
bei gefiederten Dinosaurierfossilien gefunden hat. Diese Filamente könnten
so etwas wie winzige „Babyfedern" gewesen sein. Die Forscher vermuten,
dass diese Gene eine Schlüsselrolle bei Schritten dieser Art in der Feder-
evolution gespielt haben.

Es ist viel darüber spekuliert worden, wie Flugsaurier die Fähigkeit zum
Fliegen entwickelten und wie sie zum ersten fliegenden Wirbeltier wurden.
Wahrscheinlich läuft es wieder darauf hinaus, wie zwei spezifische Gene
ihr Aktivitätsmuster veränderten, um – aus bereits existierenden Geweben,
Knochen und Muskeln – die verschiedenen größeren Körperteile zu
generieren, die zum Fliegen nötig sind[33].

Welche Gene besaßen die ausgestorbenen Dinosaurier?

Leider werden wir das wohl nie erfahren. Auch wenn in dem Film *Jurassic
Park* (und sogar in einigen wissenschaftlichen Publikationen[34] behauptet
wurde, es sei möglich, Dinosaurier-DNA aus Fossilien zu extrahieren, ist das
tatsächlich unmöglich. Man kann Dinosaurier-DNA nicht zurückgewinnen,
untersuchen oder verwenden, nicht einmal in winzigen Fragmenten, denn
sie ist längst völlig zerfallen[35]. Auch wenn DNA ein sehr starkes Rückgrat
hat, zerfällt selbst dieses im Lauf von Hunderten von Jahrmillionen vollständig.

Zwar können wir etwas jüngere DNA untersuchen, doch es ist grundsätz-
lich unmöglich, Dinosaurier-DNA zu analysieren oder zu verwenden. Der
einzige Vorbehalt ist eine zukünftige technische Neuerung, die das Lesen
fossiler Dinosaurier-DNA ermöglicht, oder wir könnten auf ein bislang
unbekanntes Reservoir besser erhaltener Dinosaurier-DNA stoßen.

Andererseits vertreten manche Experten die Ansicht, dass das Genom
von Vögeln wahrscheinlich auch nützliche Informationen über Dinosaurier
liefert, während andere so weit gehen zu sagen, dass Vogel-DNA im Kern
Dinosaurier-DNA *ist*, weil die Vögel moderne Dinosaurier sind.

Wenn wir weiter in die Vergangenheit reisen, treffen wir auf die wohl
ersten fliegenden Lebewesen unseres Planeten, die Insekten. Mit Fliegen
meinen wir, dass die Lebewesen über Schlagflug verfügen und nicht nur
gleiten oder vom Wind verdriftet werden. Man kann sich vorstellen, dass
die flugunfähigen Vorfahren der Insekten durch ihre Erdgebundenheit stark
eingeschränkt waren – durch die Evolution von Flügeln und Flugfähigkeit
eröffneten sich für ihre Abkömmlinge völlig neue Möglichkeiten. Durch
Aktivierung bestimmter Gene ist es Forschern gelungen, Insekten mit extra

Flügelpaaren auszustatten.[36] Daher ist es zumindest hypothetisch denkbar, unseren Drachen mit völlig neuen Flügeln zu versehen.

In den 1980er- und 1990er-Jahren identifizierten Forscher, die an einer Taufliegenart arbeiteten, eine Palette von Genen, die an der Flügelentwicklung beteiligt waren. (Wahrscheinlich haben Sie diese kleinen, harmlosen, aber manchmal lästigen Fliegen schon häufiger zu Hause über Ihren Bananen oder anderem Obst kreisen sehen. Für Forscher sind sie ein beliebtes „Haustier"). Vor allem die Art *Drosophila melanogaster* wird in den meisten Forschungslabors eingesetzt. Indem sie einige dieser Flügel-Gene durch einen „Knockout"-Prozess eliminierten, gelang es den Forschern, den Flug der Taufliegen zu stören oder ganz auszuschalten – sie schufen sogar völlig flügellose Fliegen. Das klingt gemein, aber dadurch konnten die Forscher die Schlüsselfaktoren identifizieren, die für den Insektenflug eine Rolle spielen.

Ein Gen, das sich als entscheidend für den Flug herausstellte, erhielt den Namen *wingless* (flügellos), denn wenn es per Knockout ausgeschaltet wurde, hatten die resultierenden Fliegen keine richtigen Flügel (in Abb. 2.7 sehen Sie die flügellose Version einer anderen Taufliegenart, *D. hydei*). Und das führte zur Entdeckung weiterer *wingless*-artiger Gene bei Insekten und vielen anderen Tieren (selbst bei Tieren wie uns, die nicht fliegen können). Diese *wingless*-artigen Gene sind einander sehr ähnlich und bilden eine so genannte „Genfamilie". Beim Menschen und bei anderen Tierarten, denen natürlicherweise Flügel fehlen, erhielten diese Gene den Namen *Wnt*.

Wie sich herausgestellt hat, spielen *Wnt*-Gene eine entscheidende Rolle für viele Aspekte der tierischen Entwicklung (sie machen nicht nur Flügel)[37]. Das heißt, dass es ernste Konsequenzen haben kann, an ihnen herumzubasteln – es kann die Entwicklung eines Tieres stark stören und darüber hinaus auch noch zu anderen Problemen führen, zum Beispiel zu Krebs, vor allem dann, wenn *Wnt* zu aktiv ist. Wenn wir diese Gene daher – beispielsweise mithilfe der CRISPR/Cas-Methode – in irgendeiner Weise verändern würden, müssten wir sehr vorsichtig sein, um keine unerwünschten Effekte zu produzieren.

In dem Action-Abenteuerfilm *Rampage – Big Meets Bigger* von 2018 führt ein CRISPR-Unfall zur Schaffung von Monstern, darunter einem geflügelten Wolf, der fliegen oder zumindest segeln kann. Damals wurde der Film noch in vielen Kinos gezeigt, und ich (Paul) schrieb über die Darstellung von CRISPR im *Rampage*, sie grenze ans Lächerliche.[38] Theoretisch könnte ein wohldurchdachtes Experiment, das CRISPR einsetzt, um beispielsweise Echsenembryonen zu modifizieren, jedoch Echsen mit Patagien schaffen, die unter Umständen flugfähig sind.

Abb. 2.7 Ungeflügelte (a) und normale, geflügelte (b) Taufliegen der Art *Drosophila hydei*. Zusammengesetztes Bild aus zwei Creative-Commons-Bildern von © Brian Gratwicke

Doch halt – warum sollten ungeflügelte Tiere über Gene verfügen, die bei anderen Tieren Flügel generieren? Die Antwort lautet, dass die Natur Gene zur Regulierung einer Vielzahl von Prozessen einsetzt. Daher kann ein einzelnes Gen oder eine Genfamilie viele Prozesse kontrollieren oder beeinflussen. Die Evolution ist auf diese Weise sehr effizient. *Wnt*-Gene sind breit übers Tierreich verteilt und nicht so sehr direkte „Flug-Gene" oder „Flügel-Gene", sondern helfen Tieren vielmehr in einem weiteren Sinne, bestimmte Körperregionen mit der richtigen Identität und Funktion zu entwickeln. Dennoch könnten uns Gene der *Wnt*-Familie dabei unterstützen, einen geflügelten Drachen zu schaffen, der vielleicht fliegen kann.

Drachengröße

Einmal ganz abgesehen von unseren Überlegungen zum Flugvermögen – wie groß wünschen wir uns unseren Drachen? Da es uns darum geht, einen Drachen zu schaffen, der bei den Leuten eine Reaktion wie „Ein Drache!

Rette sich, wer kann!" auslöst, denken wir, unser Drache sollte etwa so groß wie ein *Pteranodon* sein, also etwa so groß wie ein altmodisches kleines Flugzeug. Sein Gewicht würde deutlich geringer sein, als man meinen könnte, so im Bereich von ein paar Hundert Pfund. In der Mythologie und selbst in zeitgenössischen Dramen treten Drachen sehr unterschiedlicher Größe auf – von riesig bis menschen- oder katzengroß (sehen Sie sich nur den kleinen Drachen in Abb. 1.2 an, der vom heiligen Georg erschlagen wird).

Theoretisch könnten wir auch kleinere Versionen unseres Drachens herstellen – eine solche Änderung unseres Plans könnte angesichts der Gesetze der Physik und biologischen Einschränkungen im Hinblick auf das Fliegen praktisch, nützlich oder gar unumgänglich sein. Tatsächlich könnten wir Minidrachen schaffen, nicht größer als kleine Vögel. Unsere Minidrachen könnten noch immer ziemlich tödlich sein – sie könnten koordiniert handeln, fast wie eine Flotte von Drohnen, und Feuer speien. Angesichts der Beziehung zwischen Oberfläche und Masse eines Tieres (die Masse wächst stets schneller als die Oberfläche eines Modellorganismus, der an Größe zunimmt) funktionieren kleinere Lebewesen in der Regel besser.

Wenn die potenzielle Zielgröße unseres Drachens steigt, sinkt das Verhältnis von Oberfläche zu Masse, was die Masse physikalisch größeren Belastungen aussetzt, was wiederum den Drachen physisch verwundbarer macht und auch alltägliche Belastungen wie das Fliegen erschwert. Da Pteranodonten jedoch tatsächlich existiert haben und die meisten Forscher davon ausgehen, dass sie geschickte Flieger waren, fühlen wir uns dadurch nicht abgeschreckt.

Ein Zuhause für den Drachen

Fliegende Drachen von *Pteranodon*-Größe oder größer stellen uns vor weitere, eher praktische Herausforderungen. Eine der größten könnte sein, einen Platz zu finden, den unser Drache als sein Zuhause betrachtet, denn ein großer Drache braucht ein entsprechend großes Heim. Auch wenn es cool ist sich vorzustellen, dass unser Drache einen abgelegenen offenen Horst auf einer Bergspitze hat, wäre dies ziemlich unpraktisch. Stellen Sie sich bloß vor – immer wenn unser Drache da oben ist und wir hier unten sind, müsste er kommen und uns holen. Oder wir müssten auf irgendeine Weise zu ihm hinaufkommen, was nicht einfach wäre, es sei denn, wir würden routinemäßig Jetpacks tragen oder ein schnelles Skiliftsystem bzw. einen superschnellen Aufzug haben. Zudem könnte unser Drache selbst dort oben in seinem Horst von Feinden angegriffen oder per Flugzeug gekidnappt werden. Dennoch, ein Horst oben in den Bergen wäre eindrucksvoll und könnte unserem Drachen aufgrund seiner Abgelegenheit einen gewissen Schutz bieten.

Daher wollen wir einen Horst zwar nicht vollständig ausschließen, aber unser Drache braucht einen geschützteren Ort oder zumindest so etwas wie eine Höhle in den Bergen, möglichst nahe an unserem Heim. Solange wir unseren Drachen erschaffen und ihn dann aufziehen und trainieren, müssen wir ihn so gut wie möglich verborgen halten, denn wir müssen nicht nur seine Sicherheit, sondern auch die der anderen im Auge behalten. Ein sehr großes Lagerhaus oder ein Hangar könnten geeignet sein und genügend Platz für Flugstunden und Feuerspeiübungen liefern. Das Zuhause unseres Drachens wird also eine besonders gute Belüftung benötigen!

Mögliche Komplikationen beim Flug

Wir haben bereits einige der Probleme erwähnt, auf die wir beim Bau eines fliegenden Drachens stoßen könnten, doch es gibt im Zusammenhang mit dem Drachenflug noch viele weitere Herausforderungen. Erstens könnte es sein, dass unser Drache leider gar nicht fliegen kann, was wirklich enttäuschend wäre, doch er wäre noch immer ein furchterregendes Ungeheuer. Eine hypothetische Flugunfähigkeit könnte darauf zurückgehen, dass unser Drache zu schwer ist, sodass seine Flügel nicht den nötigen Auftrieb erzeugen können. Vielleicht übertreiben wir es auch einfach mit seiner Größe und machen ihn so groß wie einige Drachen in Filmen oder im Fernsehen. Wenn das der Fall ist, könnten ihm wahrscheinlich keine Flügel – ganz gleich, wie groß – ermöglichen zu fliegen.

Alternativ könnten wir einen Drachen mit einem vernünftig großen Körper schaffen, 50 bis 100 kg schwer, aber seine Flügel könnten zu klein oder seine Muskeln zu schwach sein, um ihn abheben zu lassen. Möglicherweise könnte unser Drache auch fliegen, würde aber niemals lernen, richtig zu landen, was mit allen Varianten zwischen einer moderaten Bruchlandung und einem ausgewachsenen „Bauchklatscher" enden könnte.

Die meisten anderen Katastrophen in diesem Zusammenhang beziehen sich auf uns, die wir unseren Drachen reiten, während er bei seinen Flugversuchen verschiedene Pannen erleidet, was zu unserer eigenen Variante des „Bauchklatscher"-Problems führen könnte (man stelle sich einen Fallschirmspringer vor, dessen Fallschirm sich nicht öffnet).

Einige der größten flugfähigen Lebewesen, die je gelebt haben, hoben wahrscheinlich nicht einfach vom Boden ab, weil sie zu groß waren und nicht genug Auftrieb erzeugen konnten.[39] Wahrscheinlich bewegten sie sich im Gleitflug fort, nachdem sie, um zu starten, einen Abhang hinuntergerannt waren oder sich von einer Klippe gestürzt hatten, ganz ähnlich wie es menschliche Hanggleiter heute tun.

Hier ist ein interessantes Zitat aus dem bereits früher erwähnten *Gizmodo*-Artikel, in dem es um einen der größten flugfähigen Vögel geht, der jemals gelebt hat: *Pelagornis sandersi* hatte eine Flügelspannweite von 6–7,4 m:

> *P. sanderi* zog vor rund 25 bis 28 Millionen Jahren am Himmel seine Kreise und hatte papierdünne hohle Knochen, Stummelbeine und riesige Flügel – alles Indikatoren für Flug. Forscher benutzten ein Computerprogramm, um den Flug des großen Vogels bewerten zu können, und kamen zu dem Schluss, er sei so etwas wie ein riesiger lebender Hanggleiter gewesen, der Geschwindigkeiten bis zu 64 km/h erreicht haben könnte.

Es ist auch möglich, dass unser Drache zwar problemlos fliegen und landen könnte, aber wütend auf uns oder unserer überdrüssig würde und sich entschließen würde, uns aus großer Höhe fallen zu lassen. In der Frühphase unseres Drachenreitens und vielleicht, während wir ihm das Fliegen beibringen, könnten wir als reine Vorsichtsmaßnahme einen Fallschirm tragen. Aber das würde uns unter Umständen nicht helfen, zum Beispiel, wenn wir aus einer Höhe abstürzen, aus der ein Fall uns töten würde, die unserem Fallschirm aber nicht genug Zeit lässt, sich zu öffnen.

Fliegen ist also für beide Seiten gefährlich, für den Drachen wie für uns. Doch wir bleiben dabei: Fliegen ist unverzichtbar für einen Drachen, es ist sehr cool und tatsächlich machbar.

Wie wir beim Drachenflug schummeln könnten

Wir prophezeien, dass unser Drache ein geschickter Flieger werden wird, aber bis wir es versuchen, können wir nicht sicher sein. Es könnte nötig sein, auf dem Weg dahin ein bisschen zu schummeln. Eine Möglichkeit wäre es, unseren Drachen mit Flügelverlängerungen auszustatten, um seine Chancen zu verbessern, den nötigen Auftrieb zu erzeugen. Wir könnten ihn auch mit irgendeinem Antriebssystem, einer Art Jetpack, ausrüsten, wenn er den erforderlichen Auftrieb allein durch Flügelschlagen nicht erzeugen kann. Unserem Drachen ein satellitenbasiertes GPS-System zur Navigation einzubauen (wie in vielen Autos und Handys), könnte als verzeihlich kleine Schummelei angesehen werden, wenn er allein nicht gut in der Lage ist, sich zurechtzufinden.

Abgehoben

So oder so werden wir dafür sorgen, dass unser Drache ein guter Flieger wird, idealerweise ohne Schummeleien. Es ist schon aufregend, sich einen fliegenden Drachen bloß vorzustellen oder ihn im Film zu betrachten, aber einen echten Drachen zu sehen, wäre einfach umwerfend. Stellen Sie sich vor, wie es sich anfühlen würde, auf dem Rücken eines echten Drachen zu fliegen.

Literatur

Asara JM et al (2007) Protein sequences from mastodon and Tyrannosaurus rex revealed by mass spectrometry. Science 316(5822):280–285

Barrowclough GF et al (2016) How many kinds of birds are there and why does it matter? PLoS ONE 11(11):e0166307

Dumont ER (2010) Bone density and the lightweight skeletons of birds. Proc Biol Sci 277(1691):2193–2198

Morell V (1993) Difficulties with dinosaur DNA. Science 261(5118):161

Tokita M (2015) How the pterosaur got its wings. Biol Rev Camb Philos Soc 90(4):1163–1178

Vargas AO et al (2008) The evolution of HoxD-11 expression in the bird wing: insights from Alligator mississippiensis. PLoS ONE 3(10):e3325.9

Voeten D et al (2018) Wing bone geometry reveals active flight in Archaeopteryx. Nat Commun 9(1):923

Wu P et al (2018) Multiple regulatory modules are required for scaleto-feather conversion. Mol Biol Evol 35(2):417–430

Yang Y (2003) Wnts and wing: Wnt signaling in vertebrate limb development and musculoskeletal morphogenesis. Birth Defects Res C Embryo Today 69(4):305–317

Yu M et al (2004) The biology of feather follicles. Int J Dev Biol 48(2–3):181–191

Zimmer C (2014) The Tangled Bank: an introduction to evolution, 2. Aufl. Roberts and Company, Greenwood Village, Colorado

3

Feuer!

Feuerspeien erwünscht

Wenn unser Drache wie ein echter Drache aussieht und dank unserer Bemühungen im letzten Kapitel überdies ein eleganter Flieger ist, haben wir auf unserem Weg zum Bau eines Drachens bereits gute Fortschritte gemacht. Es existieren jedoch bereits zahllose flugfähige Lebewesen, und es gibt auch verschiedene Tiere, die zumindest eine gewisse Ähnlichkeit mit Drachen aufweisen. Wir haben bereits einige davon, wie Komododrachen und Fledermäuse, diskutiert. Selbst wenn es uns daher gelingt, ein neues Geschöpf mit dem Aussehen und den Flugfähigkeiten eines Drachens zu schaffen, haben wir dann tatsächlich eine historische Leistung vollbracht?

Mag sein, aber wir wollen mehr!

Wenn wir an diesem Punkt Halt machen, wäre unter Teil-Drache noch immer ein völlig neues Lebewesen, und das ist aufregend, doch wir müssen noch viel mehr erreichen.

So erstaunlich es auch ist, unserem Drachen Flugfähigkeit zu verleihen, es fühlt sich weniger schwierig an als der nächste Posten auf unserer Wunschliste – etwas, das unseres Wissens noch kein Lebewesen jemals geschafft hat: Feuer zu speien.

Wir Menschen haben seit Jahrtausenden Als-ob-Versionen feuerspeiender Drachen entwickelt – manche davon recht eindrucksvoll, wie diejenigen, die während des chinesischen Neujahrsfests zu feuersprühendem Leben erwachen (Abb. 3.1) – und wir (menschliche Wesen im Allgemeinen, nicht Ihre Autoren allein) haben sogar vorgegeben, selbst Feuer zu spucken

© Springer-Verlag GmbH Deutschland, ein Teil von Springer Nature 2021
P. Knoepfler und J. Knoepfler, *Drachenzucht für Einsteiger,*
https://doi.org/10.1007/978-3-662-62526-2_3

Abb. 3.1 Ein feuerspeiender Drache auf einem chinesischen Neujahrsfest in Shanghai. (© PETER PARKS/AFP Creative/picture alliance)

(Abb. 3.2). Aber wir fordern Sie heraus, sich einen echten, lebenden Organismus vorzustellen, der nach Bedarf Feuer spucken kann. Wir hoffen, dass schon allein diese imaginäre Vorstellung Ihnen die Schuhe auszieht. Und was wäre, wenn tatsächlich ein feuerspuckender Drache direkt vor Ihnen stünde? Sie könnten die Hitze seines Atems spüren (natürlich aus sicherer Entfernung)!

Da es niemals echte, feuerspeiende Lebewesen gegeben hat, wie fangen wir es an, unserem Drache Feuer zu geben? Es gibt kein heute lebendes Tier, welches einem da sofort als Ausgangspunkt in den Sinn kommt, (und auch kein historisches, sei es in den letzten paar Jahrhunderten oder im Fossilbericht), aus dem man biotechnisch einen Feuerspucker entwickeln könnte. Tatsächlich ist anzunehmen, dass kein Lebewesen Feuer spucken kann.

Zugegeben, es ist wirklich eine Herausforderung, aber kein unmögliches Unterfangen. Wenn wir uns professionelle menschliche Feuerschlucker anschauen, wie die Streetperformerin in Ascona (Tessin) in Abb. 3.2, dann ist das ein Beweis, dass Feuerspeien machbar ist und den Feuerspeier nicht umbringt. Menschliche Feuerschlucker könnten uns vielleicht sogar einige wertvolle Hinweise geben, wie sich unserem Drachen diese Fähigkeit verleihen ließe.

Abb. 3.2 Menschliche Feuerschlucker setzen spezielle Techniken ein, um sicherzu-stellen, dass sie sich beim Erzeugen solch eindrucksvoller Flammenwolken nicht ver-brennen. Solche Techniken können sich als nützlich erweisen, wenn man über die Herstellung eines feuerspeienden Drachen nachdenkt. (© Bildagentur-online/Tips-Images/picture alliance)

Zur Inspiration haben wir natürlich auch gelesen, wie andere Autoren feuerspeiende Drachen beschrieben haben, zum Beispiel den Drachen Smaug in *Der kleine Hobbit,* und wie man dies umsetzen könnte. Wir möchten dem Autor Kyle Hill für einen besonders nützlichen *Scientific-American*-Beitrag danken, der unsere Überlegungen zum Drachenfeuer und dieses Kapitel stark beeinflusst hat.[40] Aber wir hatten auch selbst ein paar zündende Ideen.

Wir gehen das Feuerspeiproblem an, indem wir es in einzelne Schritte unterteilen.

Die Energiequelle

Als erstes haben wir uns gefragt, womit wir die Flammen unseres Drachen speisen sollten. Wie kann unser Drache Feuer speien, ohne einen großen Brennstoffvorrat mitzuschleppen oder ständig „tanken" zu müssen?

Es ist nicht so. als könnten wir ständig Kleinholz in den Schlund des armen Tieres schaufeln, nicht ohne zu riskieren, unseren Arm oder sogar unser Leben zu verlieren. Die Vorstellung von Splittern im Hals ist auch für unseren Drachen schrecklich, und er kann Treibstoff nicht in seinen Flügeln speichern wie ein Strahlflugzeug. Und es wäre ärgerlich für den Drachen und auch für uns, wenn er regelmäßige Boxenstopps einlegen müsste, um zu tanken, wie wir es mit unseren Autos machen.

„Volltanken, bitte!", würden wir dem Tankwart sagen, der angstvoll hinter der Zapfsäule kauert, während wir auf dem Rücken des Drachens sitzen. Andere Autos, die bereits warten, machen sich davon, und solche, die sich nähern, halten Abstand, als sie den Drachen sehen, aus dessen Nüstern Rauchringe aufsteigen. Der Tankwart quiekt mit letzter Kraft: „Rauchen verboten!"

Nein, das wird nicht funktionieren, und zudem würde uns jede Tankfüllung wohl Tausende von Dollar kosten.

Womit sollten wir unseren Drachen also betanken?

Nicht mit Benzin, sondern mit Gas!

Die nächste Frage ist natürlich, wie wir das Gas in den Drachen bekommen. Und auch, wie es zu einer „erneuerbaren Energie" wird. Unser Drache sollte jederzeit, wenn ihm danach ist, Feuer speien können, und dies idealerweise so oft wie nötig, sei es im Kampf oder wenn er für uns am Lagerfeuer Würstchen grillt.

Methan wäre eine Idee.

Methan ist ein leicht entflammbaren Gas, das beim Verdauungsprozess vieler Tiere, einschließlich uns Menschen, entsteht, was es zu einer logischen und praktischen Wahl macht, da es natürlich im Körperinneren unseres Drachens produziert werden kann, und dies ohne großen Aufwand, Biotechnologie oder Cyborg-Hacking.

Aber unser Drache müsste eine ganze Menge Gas produzieren.

Und das geht in Ordnung, denn einige Lebewesen erzeugen viel mehr Methan als andere. Rinder, beispielsweise. Auch wenn Rinder so weit von Drachen entfernt sind, wie man sich nur vorstellen kann, sollten wir uns in dieser Hinsicht möglicherweise an ihnen orientieren, oder besser, an ihrem Methan produzierenden Verdauungstrakt.

Unser Motto hier könnte sein: „Der Pansen macht's!"

Rinder vorverdauen zunächst die zähen Rohfasern in Gras und anderen Pflanzen im Pansen (dem ersten Teil ihres Verdauungstrakts) und erzeugen dort „Pansensaft" (was für ein Name!). Bei diesem Prozess wird eine große Menge Methan frei. Tatsächlich gilt das allein von Rindern freigesetzte

Methan als wichtiger Beitrag zur Treibhausgasproduktion und damit potenziell zum Klimawandel.

Diese völlig natürliche Methanproduktion per Verdauung wird von Mikroorganismen im Pansen des Rindes katalysiert. Anders als Menschen haben Rinder vier Mägen, und zum ersten Mal wird die Nahrung, wie für Wiederkäuer typisch, im Pansen – dem ersten „Vormagen" – bearbeitet. Hier beginnt die Verdauung, hier wird schwer verdauliches Material aufgebrochen und vergoren, ein Prozess, der von einer Vielzahl an Mikroorganismen unterstützt wird.

Wir überlegten, unseren Drachen vielleicht mit einer Art Pansen zur Gärung auszustatten, besiedelt von freundlichen Mikroben. Die meisten Tiere – selbst solche, denen ein Pansen fehlt – beherbergen in ihrem Verdauungssystem eine Fülle charakteristischer Mikroorganismen, die zur Produktion entflammbarer Gase beitragen können, indem sie Nahrung abbauen und fermentieren. (Nebenbei bemerkt: Als Fermentierung bezeichnet man den Prozess, durch den Mikroorganismen einige chemische Verbindungen in den Alkohol Ethanol umwandeln, den man z. B. auch in Wein oder Bier findet. Und Alkohol wirkt nicht nur berauschend, sondern ist auch leicht entflammbar).

Seltsamerweise sollen einige Tiere keine Mikroorganismen im Darm beherbergen, aber das ist umstritten. So nahm man früher an, der Darm von Vögeln enthalte keinerlei Mikroben, doch neuere Studien sprechen dagegen[41]. Dennoch scheinen einige der häufigsten Pflanzenfresser – Raupen und ähnliche Geschöpfe – tatsächlich keine Darmflora zu besitzen.[42] Ist es möglich, dass die Mikroben in Insektendärmen bislang einfach noch nicht gefunden worden sind?

Was uns Menschen angeht, so verursachen unsere Darmmikroben zwar gelegentlich einen Blähbauch, aber sie gelten als unverzichtbar für die Gesundheit! Wir können uns jedoch nicht sicher sein, ob das stimmt, denn wir können dieses Szenario nicht experimentell testen. Es wäre unethisch und zudem sehr schwierig zu verhindern, dass sich ein Baby von Geburt an mit Mikroorganismen infiziert (und es könnte das Baby ernsthaft krank machen). Ein solcher keimfreier Mensch müsste sich sein ganzes Leben in einer gegen Keime abgeschotteten „Blase" aufhalten, wie Menschen, die an der „Bubble boy"-Krankheit leiden, einer schweren Immunschwäche (Severe Combined Immune Deficiency, kurz SCID).

Solche Experimente sind jedoch bei anderen Tieren durchgeführt worden, darunter Mäusen. Wie sich herausgestellt hat, braucht unser Drache möglicherweise ein ganzes Spektrum von Darmmikroben (bekannt als Darmmikrobiom, auch wenn sich dieser Begriff eigentlich nur auf das

Genom dieser Mikroorganismen bezieht), damit er Feuer spucken kann und gesund bleibt. Die meisten Mäuse, die im Labor eingesetzt werden (einschließlich der im Knoepfler-Labor), sind „hyper-hygienisch", also unnatürlich sauber und ohne vielfältiges Darmmikrobiom. Wildmäuse sind nicht besonders sauber und verfügen über ein reiches Spektrum an Darmmikroben, was sie augenscheinlich bei bester Gesundheit hält. Tatsächlich könnte es sein, dass selbst ein limitiertes Darmmikrobion Labormäuse ebenfalls gesünder halten könnte.[43] Nicht alle Labormäuse, die Freilandmikroben (besonders den üblen, die als Pathogene bezeichnet werden) ausgesetzt sind, überleben den Kontakt, aber diejenigen, denen es gelingt, sind anschließend oft fitter und gesünder. Zumindest in einigen Experimenten.

Fürze, Rülpser und andere Brennstoffquellen

Was genau sind Fürze und Rülpser?

Jedes Mal, wenn wir etwas essen oder trinken, schlucken wir ein wenig Luft, und die meisten Leute schlucken auch bei anderen Gelegenheiten Luft. Und all diese Luft muss irgendwohin, nicht wahr? Daher rülpsen wir sie einfach aus, oder sie passiert unseren Darmtrakt, bis wir sie schließlich ausfurzen.

Dasselbe gilt für all die Bläschen in sprudelnden Softdrinks. Sie müssen entweder nach oben (Rülpser) oder nach unten (Furz) abgegeben werden. Auch Magenprobleme können zu exzessivem Rülpsen (Aufstoßen) führen, und Darminfektionen zu wiederholtem Furzen (wie viele Menschen mit Magen-Darm-Problemen aus eigener leidvoller Erfahrung wissen).

Aber kommen wir auf das Problem zurück, den für das Feuer nötigen Brennstoff im Darm unseres Drachens zu produzieren. Neben Methan entstehen im Rahmen der Verdauung noch weitere Substanzen, die unserem Drachen nützlich sein könnten, darunter auch leicht entzündliche oder höchst gefährliche Gase wie Schwefelwasserstoff, gasförmiger Wasserstoff und Sauerstoff sowie Verbindungen wie Alkohole. Diese Substanzen machen Fürze deutlich interessanter, was ihre chemische Zusammensetzung angeht. Wenn das für Sie nach einer toxischen Mischung klingt, dann haben Sie ganz recht. Tatsächlich riechen Fürze nicht nur schlecht, sondern sind oft auch giftig. Vielleicht überrascht Sie das nicht. Damit unser Drache Feuer speit, müssen seine Rülpser daher – chemisch gesehen – eher wie Fürze sein.

Wie könnten wir die Rülpser unseres Drachens in Fürze verwandeln und diesen Prozess in einem gewissen Maße kontrollieren?

Ob im Pansen oder in einem einfachen, ungeteilten Magen – die Mikroben unseres Drachens zu aktivieren, könnte genug leicht entzündliche Gase bzw. eine Gasmischung generieren, um Feuer zu erzeugen. So wie einige Forscher Mikroben zur Produktion von Biogas benutzen, stellen wir uns vor, dass gewisse Mikrobengesellschaften ein mikrobielles Ökosystem schaffen könnten, das unseren Drachen mit einem ständigen Biogas-Nachschub für sein Feuer versorgen würde.

Wir möchten diese besonders feuerfreundliche Kombination von Mikroben als „Feuerom" bezeichnen, da die Endung „-om" hübsch nach Hightech klingt, auch wenn dieser Trend zum „-om"-Anhängen allmählich aus dem Ruder läuft.[44] Die nächste Frage ist daher: Welche spezifischen Mikroorganismen könnten das Feuerom produzieren?

Es gibt eine Gruppe von Mikroorganismen, die als Archaea oder Archaeen bezeichnet werden, und eine Gruppe innerhalb dieser Archaeen sind die Methanbildner, die emsig das namentliche Gas produzieren. Daher sollte unser Drache solche Methanbildner beherbergen.[45]

Unser Drache müsste seinen leicht entzündlichen Brennstoff entweder getrennt vom übrigen Verdauungssystem speichern oder die an der Gasproduktion beteiligten Mikroben irgendwie von den Flammen fernhalten, die in den Magen des Drachen zurückschlagen und sie töten könnten. (Nur bestimmte Mikroben sind sehr hitzeresistent. Wahrscheinlich überlebt kein Bakterium die direkte Einwirkung von Feuer).

Im menschlichen Verdauungstrakt gilt ein bestimmter Methanbildner, *Methanobrevibacter smithii*, als Hauptgasproduzent, wenn wir Nahrungsmittel wie Bohnen essen,[46] doch es gibt eine ganze Schatztruhe anderer Mikroorganismen (Bakterien, Pilze und Archaeen), die den Darm unseres Drachens besiedeln und für eine ausreichende Produktion von Methan und anderen leicht entzündlichen Gasen zur Flammenspeisung nötig sein könnten.

Wenn wir unseren Drachen dazu bringen könnten, genügend Wasserstoff zu produzieren, könnte ihm das auch beim Fliegen helfen? Wasserstoff ist leichter als Luft; er könnte so die Dichte des Drachens deutlich verringern und gleichzeitig seinen Feueratem speisen. Denken Sie an einen Luftballon, aber gefüllt nicht mit Helium, sondern mit dessen Nachbarn im Periodensystem. Aber das ist nicht nur eine zugegebenermaßen verrückte Idee (würde ein wasserstoffgefüllter Drache tatsächlich besser fliegen?), sondern auch eine sehr riskante.

Haben Sie schon einmal von der *Hindenburg* gehört? Sie war eine gigantische, starre, zigarrenförmige Flugmaschine, ein Zeppelin, und wurde Anfang des 20. Jahrhunderts in Deutschland gebaut. Gefüllt wurde der Zeppelin mit so viel Wasserstoff, dass er in der Luft schweben konnte, obwohl er ziemlich groß war und Passagiere, Gepäck und eine Crew zu tragen hatte. Als Luftschiff funktionierte das Gefährt ziemlich gut, bis es durch eine schreckliche Explosion in einen Feuerball verwandelt wurde (Abb. 3.3). Falls unser Drache zu viel Wasserstoff speichern und dieser Wasserstoff sich im Inneren des Drachens entzünden sollte, könnte er ein ähnlich explosives und grausiges Ende wie die *Hindenburg* nehmen (hoffentlich nicht, wenn wir gerade auf seinem Rücken reiten). Wir müssen bei unserem Brennstoffplan und auch beim Design unseres Drachens also vorsichtig sein, wenn er leicht entzündliche Gase (Wasserstoff oder andere) in sich tragen soll.

Wo könnte der Drache all dies Gas speichern?

Jeder, der schon einmal zu viel Gas im Darm hatte, weiß, dass so etwas sehr unbequem oder sogar schmerzhaft sein kann, auch ohne ungeplante Gasexplosion. Falls unser Drache in etwas dasselbe Körpervolumen (nicht

Abb. 3.3 Foto der *Hindenburg,* die in einem Feuerball explodiert. Warum sich das Wasserstoffgas im Inneren des Zeppelins – dem größten jemals von Menschen gebauten Luftfahrzeug – entzündete, ist bis heute unklar. (© STR/PHOTOPRESS-ARCHIV/KEYSTONE/picture alliance)

Körpermasse, die viel geringer wäre) wie ein großes Rind hätte und dazu ein rinderähnliches Darmmikrobiom, könnte unser Feueratmer vielleicht eine beachtliche Menge Methan produzieren und in einem speziellen Verdauungsorgan speichern, und zwar in komprimierter Form, sodass es kein Unbehagen bereitet.

Selbst ein durchschnittlicher Wiederkäuer wie ein Rind kann pro Tag bis zu 50 L Methangas produzieren[47]. Wir prophezeien, dass wir diese Menge via Mikrobiom-Engineering in einem Drachen, dessen Verdauungstrakt ähnlich groß oder sogar kleiner als der eines Rindes ist, verdoppeln oder gar verdreifachen könnten. Wie in Kap. 2 erklärt, müssen wir die Körpermasse unseres Drachens insgesamt so gering wie möglich halten, damit er gut fliegen kann ist.

Eine weitere Hürde, die wir – zumindest theoretisch – überwinden müssen, besteht darin, dass ein Teil dieses entflammbaren Gases nicht etwas aus dem Maul, sondern zudem aus dem Hinterteil entweichen könnte! Und das wäre für unseren Drachen nicht besonders nützlich. Aber wenn wir uns anschauen, wie Rinder mit Darmgasen umgehen, dann dürfe wir annehmen, dass dies kein allzu großes Problem sein sollte. Ein verbreiteter Irrglaube über Rinder ist, dass sie das meiste Methan, das sie produzieren, ausfurzen, während sie es doch größtenteils ausrülpsen. Diese Laune der Natur kommt uns beim Bau eines feuerspeienden Drachens entgegen. Unserer Meinung nach könnten wir den Drachen mithilfe einiger Modifikationen dazu bringen, methanreiche, rülpsartige Emissionen zu produzieren – ein guter Startpunkt zum Feuerspeien. Im Gegensatz dazu entledigen wir Menschen uns vornehmlich durch Furzen der Darmgase, während unsere Rülpser eher auf verschluckte Luft zurückgehen.

Wenn unser Drache versehentlich eine wirklich extreme Gasmenge produzieren sollte, bräuchte er einen Weg, um einen Teil abzulassen. Wenn er das nicht täte und das Gas nicht aus dem einen oder anderen Ende austreten könnte, würde der Drache aufgrund des Gasüberdrucks womöglich – oh Schreck! – explodieren. Vielleicht könnte unser Drache manchmal ganz einfach rülpsen, ohne dass es brennt?

Übrigens waren Dinosaurier vermutlich emsige Furzer, deren kollektive Gasemissionen möglicherweise das globale Klima ihrer Zeit verändert haben.[48] Wir Menschen können hingegen durchschnittlich nur 20 Mal pro Tag furzen.[49]

Aber wenn unser Drache allen Bemühungen zum Trotz seine Gase vorwiegend via Hinterende emittiert (also eher ein Furzer als ein Rülpser ist), nun, dann hätten wir es im Endeffekt mit einem feuerfurzenden Ungeheuer zu tun. Das könnte sehr unterhaltsam sein, aber nicht besonders praktisch –

es könnte zu einigen unerwarteten Problemen führen, wie einem versengten Hinterteil unseres Drachens, der so etwas wahrscheinlich gar nicht lustig fände. Zudem ist Feuerfurzen als Waffe nicht so effizient wie Feuerspeien (und stellen Sie sich vor, wie der Drache in so einer Situation zielen soll ... mehr dazu später).

Der Drache als Schnapsbrenner?

Ja, es gibt neben Methan und Wasserstoff noch andere leicht brennbare Substanzen. Unsere Recherchen führten uns zu einem seltsamen menschlichen Leiden, das sich bei unserer Suche nach alternativen Quellen für Drachentreibstoff als nützlich erweisen könnte. Es handelt sich um eine Heimsuchung namens Eigenbrauer-Syndrom. Wie bei fast allen Menschen ist der Darm der Betroffenen von einem weit verbreiteten Hefetyp *(Saccharomyces cerevisiae)* besiedelt, der eine gewisse Menge Alkohol produziert. Doch das selbstgebrannte (genauer: im Verdauungstrakt hergestellte) Ethanol berauscht die Leidenden, denn ihnen fehlt in der Regel die Fähigkeit, Alkohol richtig abzubauen[50].

Manche Tiere produzieren von Natur aus mehr Alkohol als andere. So gibt es einen seltenen Fisch, der der in Nevada in einer natürlichen Warmwasserquelle lebt, Devil's Hole genannt. Dieser Teufelskärpfling produziert Berichten zufolge mehr als sieben Mal so viel Alkohol wie jede andere, in kaltem Wasser lebende Fischart.[51] Der Alkohol (in Form von Ethanol) ist ein Nebenprodukt des einzigartigen Stoffwechsels des Teufelskärpflings, eine Anpassung an seinen heißen und ungewöhnlichen Lebensraum[52].

Wenn der Darm unseres Drachens mittels Gärung genügend Alkohol produzieren könnte und sein Körper diesen nicht zu rasch ausscheiden oder abbauen würde (der Drache müsste den Alkohol so speichern, dass er nicht mit einem natürlicherweise Alkohol abbauenden Enzym, der Alkoholdehydrogenase, in Kontakt kommt, oder er dürfte nur wenig von diesem Enzym produzieren), dann könnte Alkohol Methan und Wasserstoff ersetzen oder gemischt mit ihnen als Brennstoffquelle dienen.[53]

Wie würde das funktionieren? Stellen Sie sich einen Rülpser von einem Rind vor, das sich gerade am Schwarzgebrannten des Bauern bedient hat – ein Alkohol-Methan-Rülpser. Und nun stellen Sie sich vor, dass sich der Bauer in der Nähe des Rindermauls eine Zigarre ansteckt. Die Sache könnte interessant werden ...

Schummeln beim Brennstoff

Wenn es trotz aller Anstrengungen nicht gelingen sollte, dass unser Drache genügend eigenen Brennstoff fürs Feuerspeien erzeugt, könnten wir vielleicht schummeln und ihm leicht entzündliches Material besorgen, das er kurz vorm Feuerspeien ins Maul nehmen kann, ähnlich wie ein menschlicher Feuerschlucker (Abb. 3.2). Aber wie soll das in der Praxis funktionieren? Könnte unser Drache einen Flachmann mit Brennstoff in der Tatze halten und hin und wieder einen Schluck nehmen, wenn er Feuer speien will? Das wäre nicht ganz das Wahre.

Alternativ könnte unser Drache einen viel größeren Brennstoffvorrat mit sich führen, zum Beispiel in einem kleinen Fass auf dem Rücken oder um den Hals, aber das sieht entschieden uncool und unpraktisch aus. Wahrscheinlich gibt es noch andere betrügerische Wege, den Drachen mit Brennstoff zu versehen, aber wir würden doch lieber davon absehen.

Das richtige Futter

Fast jeder Aspekt unseres Projekts wird dadurch beeinflusst, was der Drache frisst und wie die Nahrung mit seinem Verdauungssystem interagiert. Es sind nicht nur die Mikroorganismen im Verdauungstrakt, sondern auch die aufgenommene Nahrung, die unserem Drachen hilft, Brennstoff und damit auch Feuer zu produzieren.

Die Ernährung des Drachens muss eine bestimmte Qualität und Quantität aufweisen, um seinen Feueratem zu speisen, aber er muss auch so ernährt werden, dass seine anderen wichtigen Eigenschaften nicht darunter leiden. Wenn unser Drache beispielsweise zu viel oder zu kalorienreiches Futter frisst, wird er vielleicht bald zu schwer zum Fliegen, ganz davon zu schweigen, dass er dann auch an Land zu langsam wird. Doch angesichts der Tatsache, dass er sehr viel Energie fürs Feuerspeien und Fliegen benötigen wird, besteht das eigentliche Problem vermutlich eher darin, ihm genügend Kalorien zu liefern. Wenn unser Drache nicht richtig frisst und viele Kalorien verbraucht, endet er vielleicht als dürres Gerippe.

Unser Drache soll auch recht schlau sein, was gemeinhin ein ziemlich großes, zuckerhungriges Gehirn bedeutet (mehr dazu in Kap. 4). Aber wie bereits in Kap. 2 diskutiert, finden wir es ermutigend, dass einige wirklich clevere Vögel, wie Raben und Krähen, großartige Flieger sind, aber dennoch ein relativ geringes Gehirngewicht haben.

In Mythologie und Literatur werden Drachen meist als Fleischfresser mit gewaltigem Appetit beschrieben, die problemlos große Lebewesen wie Kühe, Schafe und Menschen verschlingen. Wenn unser Drache ein strikter Fleischfresser ist, ist das kompatibel mit Feuerspeien und anderen Drachenattributen? Beispielsweise sind gasproduzierende Wiederkäuer strikte Vegetarier und verzehren große Mengen an niedrigkalorigem Futter wie Gras. Die Verdauung pflanzlicher Nahrung erzeugt offenbar das meiste Gas.

Könnte ein Fleischfresser daher genügend Methan und andere entflammbare Gase produzieren, die zum Feuerspucken nötig sind?

Wir denken ja, aber vielleicht müssen wir unserem Drachen gelegentlich eine Portion Bohnen servieren oder „Salatsonntage" einführen, um sicherzugehen. Am besten fürs Feuerspeien und den allgemeinen Gesundheitszustand unseres Drachens wäre es wohl, wenn wir ihn darauf trainieren könnten, sich als Allesfresser (omnivor) zu ernähren.

Eine andere Frage ist, was passiert, wenn unser Drache all sein Futter verdaut hat. Regnet es dann große Brocken Drachenkot vom Himmel? Es ist schon ärgerlich, wen einem ein relativ kleiner Vogel auf die Windschutzscheibe oder die Schulter macht, aber stellen Sie sich einen kiloschweren Drachenköttel vor, vielleicht mit teilweise verdauten Knochen darin! Wir können nur hoffen, dass der Drache nur dann seine Notdurft verrichtet, wenn er gerade nicht fliegt oder sich gerade über menschenleeren Landstrichen befindet.

Zündung (hoffentlich)

Unserem Plan zufolge soll unser Drache im Darm seine eigene, leicht entzündliche Mischung aus Gasen und vielleicht Alkohol produzieren, um seinen Feueratem zu speisen. Aber Augenblick mal, wie wird er das Feuer entzünden? Wir wollen nicht, dass er zum Kettenraucher wird, nur um ständig über Glut zu verfügen, und wir können ihm nicht regelmäßig brennende Streichhölzer in den Rachen werfen, denn das ist weder praktisch noch cool. Und natürlich wäre es zudem höchst gefährlich für uns.

Daher müssen wir uns etwas anderes einfallen lassen. Da kamen uns Streichhölzer in den Sinn (selbst wenn wir sie unserem Drachen nicht in den Rachen werfen wollen). Wir wollten also wissen, wie diese Hölzchen Feuer erzeugen, denn solches Wissen könnte sich als nützlich erweisen. Und Folgendes haben wir gelernt: Der Kopf eines Zündhölzchens besteht aus rotem Phosphor. Wenn roter Phosphor starker Reibung ausgesetzt wird, findet eine chemische Reaktion statt, bei der roter in weißen Phosphor (P_4)

umgewandelt wird. Kommt weißer Phosphor in Kontakt mit Luft, entzündet er sich, und daher fängt ein Streichholz an zu brennen, wenn man es über die Reibfläche zieht.

Dieser Vorgang brachte uns auf eine zündende (!) Idee für unser Abenteuer. Beispielsweise könnten wir roten Phosphor in die Zähne des Drachens einbauen (vielleicht als Füllung?), sodass er sein Feuer entzünden kann, wenn er sie gegeneinander reibt, ganz ähnlich, wie man ein Streichholz anstreicht. Oder wir könnten die Zunge des Drachen mit Phosphor überziehen, sodass er, wenn er mit seiner Zunge gegen das Gaumendach streicht, via Reibung Hitze erzeugt und so das Feuer entzündet. Das wiederum erscheint uns ziemlich plump.

Welche anderen Ideen gibt es also, um den Feueratem unseres Drachen zu entzünden?

Wir könnten ihn natürlich ständig mit Gesteinsbrocken „füttern", die roten Phosphor enthalten. Diese könnten dann aneinander reiben, während der Drache sie zerkleinert. Das ist nicht so seltsam, wie es sich anhören mag. Vögel und andere Lebewesen besitzen einen so genannten Muskelmagen, der Steine enthält, mit denen sie ihre Nahrung zerkleinern. Vielleicht könnte unser Drache ein ähnliches Organ unter seiner Kehle aufweisen, um darin roten Phosphor enthaltende Gesteinsbrocken so aneinander zu reiben, dass weißer Phosphor entsteht und es „funkt".

Hier ein interessanter Fakt über Muskelmägen. Die Steine, die man im Inneren von Muskelmägen findet und die bei der Nahrungszerkleinerung helfen, werden als „Gastrolithen" – wörtlich „Magensteine" – bezeichnet. Wie sich herausgestellt hat, benutzten auch Dinosaurier solche Magensteine, um ihre Verdauung zu unterstützen. Daher ist es durchaus vorstellbar, dass wir unseren Drachen mit speziellen Steinen ausstatten, mit denen er Funken produzieren und seinen Feueratem entzünden kann – und vielleicht unterstützen sie sogar seine Verdauung.

Vielleicht reicht es sogar, einfach Feuersteine zu fressen – diese könnten ebenfalls in einer Art Muskelmagen gespeichert und im Maul zerkleinert werden, wenn der Drache Feuer spucken will. Feuerstein wäre auch sicherer für ihn als weißer Phosphor, der nicht nur sehr instabil und pyrophorisch (selbstentzündend) ist, sondern auch toxisch für die Leber und andere Organe.

Stellen Sie sich vor, unser Drache wäre in der Lage, eine Menge leicht entzündliche Gase und Alkohol zu speichern, die er auf Kommando aus dem Maul ausstoßen kann. Wenn unser Plan gelingt, könnte er dann Feuerstein-Gastrolithen – die er in einem muskelmagenähnlichen Organ in der Nähe des Pansens aufbewahrt – aneinander reiben, um diese gasförmige

Mixtur auf ihrem Weg ins Freie zu zünden. Wow, das könnte tatsächlich funktionieren! Und mit ein bisschen Experimentieren ließen sich diese Methoden mit der Zeit sicher perfektionieren.

Zu einigen anderen pyrophorischen Verbindungen, die für Drachen nützlich sein könnten, aber auch selten sind, zählen Iridium, Phosphorwasserstoff und Kombinationen weiterer Stoffe wie Eisen und Schwefelwasserstoff.[54]

Elektrische Zündung

Wir sehen auch noch eine völlig andere Möglichkeit für unseren Drachen, sein Feuer zu entzünden – und zwar elektrisch statt chemisch. In dieser Version könnte unser Drachen auf Kommando ein hübsches Gemisch aus leicht entflammbaren Gasen ausrülpsen und es dann elektrisch entzünden.

Zwar ist uns kein irdisches Lebewesen bekannt, dass allein mithilfe seiner Physiologie Feuer speien oder auch nur Funken schlagen könnte, doch es gibt Geschöpfe, die starke elektrische Entladungen erzeugen können. Tatsächlich laufen im Körper eines jeden Lebewesens elektrochemische Prozesse ab, zum Beispiel in seinem Nervensystem und in seiner Muskulatur, aber bei den meisten von uns ist der dabei erzeugte elektrische Strom, wenn auch wichtig, doch nur schwach.

So basiert das menschliche Nervensystem auf elektrischen Prozessen, und Ärzte messen gelegentlich die elektrische Aktivität unserer Muskulatur und unseres Gehirns, etwa per Elektrokardiogramm (EKG, das die Herzaktivität aufzeichnet) oder Elektroenzephalogramm (EEG, das die Gehirnaktivität aufzeichnet). Neuere Forschungsergebnisse sprechen sogar dafür, dass die per EEG registrierte Information die Art der Gedanken widerspiegeln könnte, die uns gerade durch den Kopf gehen, im Hinblick auf unsere Privatsphäre eine recht beunruhigende Vorstellung. Unsere Nerven und Muskeln interagieren auch untereinander elektrisch.

Manche Lebewesen können die von ihnen erzeugte Elektrizität (so genannte Bioelektrizität) in einer weitaus dramatischeren Weise nutzen, die uns Anregungen für unseren Drachen liefern könnte. Zitteraale können beträchtliche Mengen an Elektrizität produzieren und freisetzen. Wenn unser Drache dazu in der Lage wäre, könnte er die nötige Energie erzeugen, um die entflammbaren Gase zu entzünden, die er ausatmet.

Der Zitteraal *Electrophorus electricus* (Abb. 3.4) und andere bioelektrische Organismen (wie Zitterrochen) können die von ihnen erzeugte Elektrizität vielfältig einsetzen, sei es, um untereinander zu kommunizieren, oder um

Abb. 3.4 Ein Zitteraal, dessen Elektrocyten im Inneren von Drachen erzeugt und von ihnen benutzt werden könnten, um ihren gasförmigen Brennstoff zu zünden und so Feuer zu spucken. (© Norbert Wu/Minden Pictures/picture alliance)

ihrer Beute einen elektrischen Schlag zu versetzen. Ein ähnlicher Mechanismus könnte außerhalb des Wassers einen Funken generieren, der ausreichen würde, um das Brennstoffgemisch unseres Drachen zu zünden.

Wie erzeugen Zitteraale – und andere bioelektrische Lebewesen, von denen einige Elektrizität lediglich zur Orientierung benutzen – Elektrizität und setzen sie frei?

Diese Tiere verfügen über spezielle Zellen, so genannte Elektrocyten, die gemeinsam ein elektrisches Organ bilden, das im Inneren ihrer Körpers Elektrizität produziert[55]. Elektrocyten, die Ähnlichkeiten mit Muskel- wie mit Nervenzellen haben, weisen bestimmte ionale Eigenschaften auf, die ihnen erlauben, überraschend starke Stromstöße auszuteilen. Diese ungewöhnlichen Zellen bilden Platten, die in den elektrischen Organen der Fische zu Säulen angeordnet sind, ähnlich wie verschiedene chemische Materialien innerhalb einer Batterie organisiert sind. Tatsächlich studierten die Pioniere der Elektrizitätsforschung stromerzeugende Lebewesen wie Zitteraale und lernten eine Menge von ihnen.

Wir denken, dass es uns gelingen wird, Maul oder Rachen unseres Drachen mit einem oder zwei elektrischen Organen (vielleicht einem auf jeder Seite) auszustatten, die genug Ladung produzieren, um seine entflammbaren Gase zu entzünden. Während die meisten elektrischen Fische ihre elektrischen Organe an den beiden Körperseiten tragen, sitzen sie bei den Himmels-guckern im Gesicht. Das bestärkt uns in unserer Überzeugung, dass es uns möglich sein wird, die elektrischen Organe unseres Drachens im Inneren oder am Rand seines Mauls zu platzieren, damit sie als elektrisches Kontrolllicht funktionieren.

Nun stellt sich die Frage, wie unser Drache seine Zündfunken kontrollieren könnte.

Wieder können wir uns Ideen beim Zitteraal holen. Der Fisch kann seine elektrischen Organe aktivieren, sodass sie einen koordinierten Stromstoß erzeugen, wenn er ein Beutetier wahrgenommen hat. Mit genügend Übung sollte unser Drache lernen können, seine elektrischen Zündfunken in Koordination mit dem Ausatmen entflammbarer Gase freizusetzen. Strom erzeugende Tiere können zudem kontrollieren, wann und wo sie ihre produzierte Elektrizität freisetzen, und zwar mithilfe eines so genannten Schrittmachers, eines Bündels spezialisierter Zellen, die andere Zellen triggern, Elektrizität abzugeben. Diese Schrittmacher ähneln den kardialen Schrittmachern in unserem Herz, die die Herzschlagfrequenz kontrollieren – oder den künstlichen Schrittmachern, die Menschen eingesetzt werden, deren Herz nicht richtig schlägt.

Eine andere coole Idee, die von elektrischen Tieren inspiriert ist, ist die Verwendung von Elektrocyten und elektrischen Organen als Batterien, um kybernetische Implantate beim Menschen zu speisen, falls sich die richtigen Zellen und Organe per Bioengineering herstellen lassen. Sollten wir uns entschließen, unseren Drachen mit elektrischen Organen auszurüsten, um seinen Feueratem zu zünden, so könnten wir solche Organe auch einsetzen, um jedes beliebige kybernetische Implantat zu speisen, mit dem wir die Fähigkeiten unseres Drachen in Zukunft upgraden möchten.

Mehr zu dieser Idee finden Sie in Kap. 5 über mögliche Upgrades und andere Merkmale für unseren Drachen. Summa summarum denken wir, dass eine elektrische Zündung wohl zuverlässiger wäre, um wiederholte Feuerstöße sicherzustellen, als das Zerkleinern von Feuerstein im Muskel-magen. Aber vielleicht sollten wir beides ausprobieren, um zu sehen, was in der wirklichen Welt am besten funktioniert.

Eine weitere Idee, die auf Elektrizität basiert, vor allem, wenn das Feuer-speien einfach nicht funktioniert, besteht darin, dass unser Drache Elektrizi-tät, die von seinen Elektrocyten produziert wird, „ausatmet" oder vielmehr spuckt, um sie als Waffe einzusetzen.

Wie wir bei der Zündung schummeln könnten

Was das Entzünden entflammbarer Gase angeht, so könnten wir sogar schummeln und einen auf Feuerstein basierenden mechanischen Zünd-mechanismus in unseren Drachen einbauen – vielleicht eingebettet in ein Lippen- oder Zungen-Piercing? (Denken Sie nur an die mechanischen Anzünder für Gasherde oder Grills). Alternativ könnte unser Drache ein-fach ein Feuerzeug in einer kleinen Tasche bei sich führen (okay, wir sollten uns wirklich noch nicht den Kopf darüber zerbrechen, welche Kleidung er tragen wird … wie zieht man einen Drachen überhaupt korrekt an?).

Selbst wenn wir nicht schummeln wollen, ist unser Drache möglicher-weise einfach schlau genug, um sich einen Trick auszudenken, wenn sein eigenes Zündsystem eines Tages nicht richtig funktioniert. Er können ein-fach ein Feuerzeug oder ein Streichholz benutzen, aber das wäre ein bisschen unspektakulär, oder?

Schutz vor dem eigenen Feuer

Erinnern Sie sich an das letzte Mal, als Sie ein höllenheiße Pizza aßen und sich dabei den Gaumen verbrannten? Autsch!

Das macht ein weiteres Hindernis auf dem Weg zu einem Lebewesen deutlich, das Feuer speit, denn das ist nun einmal nicht ungefährlich. Eigentlich sogar extrem gefährlich, viel gefährlicher, als heiße Pizza zu essen. Wie statten wir unseren Drachen aus, um ihn vor seinem eigenen Feuer zu schützen?

Calciumsilikat ist eine natürliche feuerfeste Substanz, die man in Kalk-stein findet und mit der wir das Maul unseres Drachens auskleiden könnten. Eine andere Möglichkeit ist, per Bioengineering eine Art feuerfesten Schleim in seinem Maul herzustellen. Solche Schutzmethoden müssten natürlich getestet werden, doch eine Kombination dieser Ansätze könnte funktionieren.

Wir haben auch einiges über Menschen recherchiert, die „Feuer schlucken", denn wir haben uns gefragt, wie in aller Welt so etwas mög-lich ist, ohne sich schwer zu verbrennen und zu sterben. Laut Wiki How (einer sehr zuverlässigen Informationsquelle) spuckt ein Feuerschlucker eine entflammbare Substanz aus (wie Maisstärke oder Alkohol), die er (oder sie) dann mit einer brennenden Fackel anzündet. Die Flammen weisen zur Sicherheit gewöhnlich nach oben und weg vom Mund des Feuerschluckers.

In ähnlicher Weise könnte unser Drachen ein entflammbares Gas „ausspucken" und erst außerhalb seines Körpers anzünden, um ernsthafte Verletzungen zu vermeiden. Das würde fast denselben Effekt hervorrufen, als wenn das Feuer direkt aus seinem Maul käme. Allerdings ist das noch immer gefährlich und wird überdies viel Übung verlangen. Stellen Sie sich nur vor, wie unser Drache an seiner Feuerspeitechnik arbeitet, etwas schiefgeht und ein Missgeschick resultiert, das für die Zuschauer tödlich ist. Unser Drache könnte aufgrund eines solchen Fehlers sogar sterben.

Zudem achten menschliche Feuerschlucker darauf, niemals einzuatmen, während sie Feuer spucken, und legen ihren Kopf in den Nacken, weil Wärme aufsteigt. Unser Drache könnte sein Feuer aber nicht immer aufwärts blasen, denn sein Maul wird sich oft auf der Höhe seiner Beute oder höher befinden.

Wir sollten vielleicht in Erwägung ziehen, nicht nur unsere ganze Forschungseinrichtung feuerfest zu machen, sondern auch die Außenseite des Drachens selbst. Wenn der Drache etwas übereifrig wird und sich aus Versehen selbst in Brand setzt (zum Beispiel seine Füße oder seinen Schwanz), käme es zu einer Katastrophe, wenn er nicht feuerfest wäre. Wir könnten den Drachen mit dem bereits erwähnten feuerfesten Calciumsilikat oder Schleim (mehr darüber gleich) überziehen, oder vielleicht könnten wir seine Schuppen auch so dick machen, dass sie ihm genügend Schutz bieten.

Wir haben uns gefragt, ob wir Inspirationen für weitere Feuerschutzstrategien bei verschiedenen Tiergruppen finden könnten, die den Kontakt mit Feuer gut überstehen. Der Pompejiwurm war unser erster Fund. Dieser Wurm benutzt filamentöse Bakterien als feuerresistente Barriere. Vielleicht könnte unser Drache das auch tun. Vielleicht könnten wir auch etwas von jenen thermophilen Bakterien lernen, die wir in diesem Kapitel bereits erwähnt haben.

Schnabeligel sind kleine eierlegende Säuger und sehen aus wie Stachelschweine. Sie können Brände überleben, indem sie in einen sogenannten Torpor verfallen. In diesem Zustand drosselt ein Tier seinen Stoffwechsel und – im Fall des Schnabeligels – verbirgt sich unter einer dicken Schicht von Gestrüpp. Offenbar hilft dieser winterschlafartige Zustand dem Schnabeligel, der extremen Hitze des Feuers zu widerstehen.

Insgesamt helfen uns diese Strategien, die Innen- wie auch die Außenseite unseres Drachens zu schützen.

Lernen vom Hintern eines Käfers

Der Bombardierkäfer ist schon ein verrücktes Geschöpf.

Er verschießt ein heißes ätzendes Spray aus seinem Allerwertesten.

Wie schafft er das, ohne sein Hinterteil und damit sein Überleben zu gefährden? Und was können wir von ihm lernen, um unseren Drachen besser vor den Auswirkungen von Feuer zu schützen?

Wie sich zeigte, ist Schleim ein Teil der Lösung.

Das ergibt Sinn, denn unser eigener Magen setzt ebenfalls auf Schleim, um sich vor dem „Feuer" der Magensäure zu schützen.

Was genau ist eigentlich Schleim, beispielsweise das Zeug, das aus unserer Nase läuft? Wir alle wissen, dass Schleim klebrig, zähflüssig und eklig ist, doch er besteht aus einer speziellen Mischung von Proteinen, Salzen und in einigen Fällen keimtötenden Substanzen. Ohne die natürliche Schleimschicht, die bestimmte Teile unseres Körpers auskleidet, wie unsere Atemwege und unseren Darmtrakt, würden wir rasch sterben. Aber kann Schleim auch vor echtem Feuer schützen? Das lässt sich nicht mit Sicherheit sagen, doch wir werden es versuchen und überdies verschiedene Ersatz-Pläne entwickeln.

Natürlich sind die fast feurigen Emissionen, die der Bombardierkäfer aus seinem Hinterteil ausstößt (Abb. 3.5), auch im Hinblick auf das Feuerspeien interessant, da sie einen völlig anderen Ansatz zur Schaffung eines Drachens liefern, der Feuer oder etwas Ähnliches speien kann. Da diese Käfer zudem fliegen können, sind sie in mancher Hinsicht Drachen überraschend ähnlich.

Was können wir Nützliches von Bombardierkäfern lernen? Diese kleinen Kerle sind die Chemiker unter den Käfern. Im Chemieunterricht haben wir gelernt, dass man bestimmte Chemikalien niemals mischen oder auch nur nah nebeneinander aufbewahren darf, da es sonst zu gefährlichen Reaktionen kommen kann. Nun, Bombardierkäfer speichern zwei reaktive Chemikalien, Wasserstoffperoxid und Hydrochinon, im Körperinneren und mischen sie bei Bedarf zusammen.

Unsere alten Chemielehrer würde das erstaunen, aber Bombardierkäfer können dieses „Chemieexperiment" durchziehen und haben schon oft ihr Leben gerettet, indem sie Angreifern dieses fast kochende, explosionsartig aus dem Hinterende austretende Gasgemisch entgegenschleuderten[56]. Bombardierkäfer haben sogar schon Menschen Verbrennungen zugefügt.

Statt ein solches gefährliches Gasgemisch aus dem Hintern zu schießen, soll unser Drache so etwas aus dem Maul speien. Wenn er sich Bombardier-

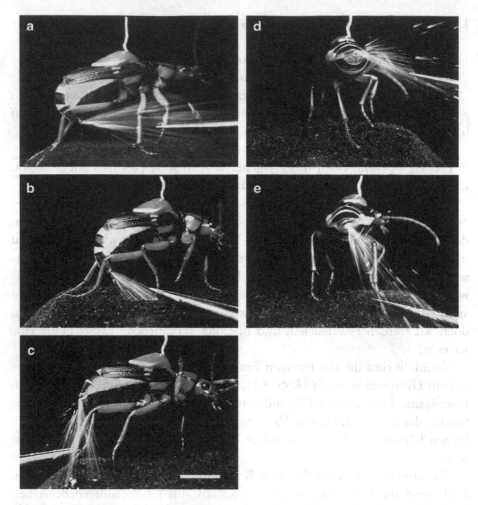

Abb. 3.5 Ein Bombardierkäfer versprüht aus seinem Hinterende eine fast kochend heiße, ätzende Flüssigkeit. Aus Eisner T, Aneshansley DJ (1999) Spray aiming in the bombardier beetle: Photographic evidence. *Proc Natl Acad Sci USA* 95(17)9705–9709, Abb. 1a, © (1999) National Academy of Sciences, U.S.A., Abdruck mit freundlicher Genehmigung

käfer zum Vorbild nehmen würde, sollte er eine bestimmte Kombination gefährlicher Chemikalien separat in verschiedenen Kammern speichern, wie es die Käfer tun, oder in seinem Schlund oder einem anderen Organ. Aber wir möchten, dass der Chemikalienmix unseres Drachens über den des Bombardierkäfers hinausgeht und leicht entflammbare Substanzen enthält, die sich beim Erreichen höherer Temperaturen tatsächlich entzünden.

Obgleich Bombardierkäfer in ihrem Hinterleib einen chemischen Mix fabrizieren und von dort abschießen, können sie sehr gut zielen und, wie Untersuchungen gezeigt haben, auch treffsicher nach vorne sprühen[57]. Wir stellen uns vor, dass unser Drache das Feuer, das aus seinem Maul schießt, durch Wenden seines Halses auf sein Ziel richten und die Intensität seines Feuerstroms kontrollieren kann.

Wenn es uns nicht gelingt, unseren Drachen tatsächlich Feuer spucken zu lassen, dann wäre eine andere Option, dass er einfach dieselben gefährlichen Chemikalien wie der Bombardierkäfer ausstößt. Das wäre immer noch eine effektive Waffe. In einem Worst-Case-Szenario könnte unser Drache die Mischung wie der Käfer vielleicht sogar aus seinem Hinterteil abfeuern und dennoch recht zielgenau sein, aber wir hoffen, dass es nicht dazu kommt.

Hitze als Waffe

Eine andere Alternative zum Feuer wäre für unsern Drachen, Sturmwinde aus dem Maul auszustoßen, wie es einigen mythologischen Drachen nachgesagt wurde (siehe Kap. 1). Oder er könnte lediglich eine Welle superheißer Luft ausblasen. Manche Tiere und Pflanzen können eine überraschende Menge an Wärme durch Thermogenese erzeugen. Wenn unser Drache in seinem Körper genug Hitze erzeugen könnte, könnte er diese auf ein Ziel oder eine Beute richten, damit sie Feuer fängt.

Es ist zumindest theoretisch möglich, dass unser Drache in einem bestimmten Körperteil, wie Pansen oder Lunge (wenn diese vor der Hitze geschützt werden könnten), extreme Hitze aufbaut und diese dann explosionsartig ausstößt. Das wäre noch immer eine mächtige und zerstörerische Waffe, wenn auch kein eigentliches Feuerspeien.

Warmblütige Tiere können ihre Körpertemperatur regulieren und Wärme erzeugen, zum Beispiel Fieber bei Infektionen und Muskelzittern, um sich zu erwärmen, aber es gibt noch andere Mechanismen zur Wärmebildung.

Braunes Fettgewebe spielt in unserem Metabolismus eine charakteristische Rolle, denn es kann verstoffwechselt werden, um Wärme zu erzeugen (Thermogenese). Beim Menschen kommt braunes Fettgewebe vorwiegend bei Neugeborenen vor und unterstützt die Regulierung der Körpertemperatur.

Erwachsene verfügen stattdessen fast nur über weißes Fettgewebe, daher interessiert sich die Wissenschaft dafür, ob es möglich ist, weißes in braunes Fettgewebe umzuwandeln, das als gesünder gilt. Eine solche Umwandlung könnte dafür sorgen, dass weniger Leute fettleibig werden[58]. Aber es könnte Erwachsene, nach allem was wir wissen, auch krank machen.

Säuger und Vögel können ihre Körpertemperatur über der Umgebungstemperatur halten (Endothermie oder Warmblütigkeit). Die meisten Tiere und sonstigen Lebensformen auf der Erde sind jedoch „kaltblütig" (wechselwarm), darunter auch das potenzielle Ausgangsmaterial für unseren Drachen, die Reptilien.

Während junge Menschen (vorwiegend im Kleinkindalter) auf braunes Fettgewebe zurückgreifen können, um ihre über der Umgebungstemperatur liegende Körpertemperatur aufrecht zu erhalten, verfügen Vögel, soweit wir wissen, nicht über braunes Fettgewebe. Dennoch gelingt es vielen Vögeln überraschend gut, eine konstante Körpertemperatur zu halten, ganz gleich, wie kalt es ihre Umgebung ist.

Sie benutzen eine Kombination cleverer Tricks, um die Kälte von sich fern zu halten; so plustern sie beispielsweise ihr Federkleid auf, legen sich im Winter ein dichteres Gefieder zu, stellen sich auf ein Bein (ihre Füße sind ja ungefiedert und daher nicht wärmeisoliert), stecken den Kopf unter einen Flügel und kuscheln sich in Gruppen zusammen, wie es Pinguine in der Antarktis tun.[59]

Wenn es uns nicht gelingt, Echsen oder Vögel mit braunem Fettgewebe auszustatten, könnte es schwierig werden, aus ihnen einen Drachen zu schaffen, der Hitzewellen produziert. Inzwischen wird untersucht, wie sich braunes Fettgewebe entwickelt, daher lässt sich weißes Fett zukünftig vielleicht in braunes Fett umwandeln, und wenn dies beim Menschen gelänge, wäre es wohl auch bei anderen Tieren möglich.

Die meisten Pflanzen haben dieselbe Temperatur wie ihre Umgebung, doch ein paar können Wärme erzeugen, die sie zu verschiedenen Zwecken verwenden, etwa zur Verbesserung der Bestäubung, zur Verbreitung ihrer Samen oder um sich vor Kälte zu schützen.

Darunter sind zwei spezielle Beispiele für wärmeerzeugende Pflanzen, die wir Ihnen gerne vorstellen würden, weil sie außerordentlich ungewöhnlich und wirklich eindrucksvoll sind.

Die amerikanische Zwergmistel Arceuthobium americanum kann sich aufheizen. Insbesondere heizt sie ihre Früchte auf, die dann durch Überdruck bersten und ihre Samen in alle Richtungen schleudern. Das haben wir zwar noch nie selbst gesehen, doch die Vorstellung, dass eine Pflanze einen Teil ihrer selbst zur Explosion bringt, um ihre Samen möglichst weiträumig zu verteilen, ist extrem cool[60]. Auch im Hinblick auf den Arterhalt erscheint diese Strategie, die Samen so weit wie möglich von der Mutterpflanze entfernt zu platzieren, durchaus plausibel. Vielleicht könnte unser Drache diese

thermogene Strategie benutzen, um Schrapnelle auf seine Feinde abzu-
feuern, während er gleichzeitig einen Flammen- oder Hitzestrahl ausstößt.

Das zweite Beispiel ist ebenso eindrucksvoll, wenn auch ziemlich eklig.
Die riesige Titanenwurz *(Amorphophallus titanum)* riecht wie faulendes
Fleisch, was an sich schon ziemlich ungewöhnlich ist. Wir haben an der
University of California in Davis an einer dieser Blüten gerochen, und sie
stinkt tatsächlich ausgesprochen intensiv nach Aas. Es dauerte ein paar
Stunden, bis wir den Geruch wieder vollständig aus der Nase hatten.

Die Pflanze sieht wirklich sehr prähistorisch aus und passt bestens in eine
Drachenumwelt (Abb. 3.6). In freier Wildbahn verbreitet die Riesenblüte

Abb. 3.6 Eine riesige Titanenwurz *(Amorphophallus titanum)*. Diese Pflanze erzeugt
Wärme, um ihren Geruch zu verbreiten; dieser erinnert an faulendes Aas, was Aas-
fresser wie gewisse Käfer anlockt. (© Chris_Young/dpaweb/dpa/picture-alliance)

ihren „tödlichen" Duft im Urwald besonders effizient, indem sie Wärme benutzt, um Beute anzulocken[61]. Zu ihren Beutetieren gehören vor allem Käfer, die Aasgeruch attraktiv finden, weil sie sich von zerfallendem tierischen Gewebe ernähren, darum macht es uns nicht ganz so viel aus, dass die Pflanze sie austrickst und verzehrt.

Wenn wir diese Idee auf unseren Drachen anwenden wollten, könnten wir vielleicht ein Ungeheuer schaffen, das seine Feinde mithilfe seines heißen, fauligen Atems töten kann. Das ist so verrückt, dass es tatsächlich funktionieren könnte. Es macht überdies Spaß, sich andere Optionen zu überlegen, bei denen man den Atem des Drachens als Waffe einsetzen könnte.

Dennoch wollen wir uns primär auf Feuerspeien als die Waffe erster Wahl für unseren Drachen konzentrieren.

Was könnte schiefgehen und wie könnten wir sterben?

Es ist inzwischen völlig klar, dass unsere Versuche, unseren Drachen mit Feuer auszustatten, in vielerlei Weise fehlschlagen könnten, und man kann sich leicht vorstellen, dass dies zu unserem Tod führen könnte. Beispielsweise könnte unser Drache uns ganz unabsichtlich in Asche verwandeln, weil er das Zielen beim Feuerspeien noch nicht richtig im Griff hat. Er könnte auch versehentlich genug Feuer rülpsen, um uns zu kochen, oder um unser Haus oder das Labor in Brand zu setzen, in dem wir uns gerade aufhalten. Natürlich könnte er uns auch absichtlich grillen, wenn er der Meinung ist, dass wir ihm zu sehr auf die Nerven gehen.

Daher könnten Wissenschaft und Physiologie des Feuer-Machens leicht zurückfeuern (ha, ha) und uns ins Jenseits befördern. Wie bereits früher in diesem Kapitel erwähnt, könnte der Drache eine Menge gasförmigen, leicht entzündlichen Brennstoff in seinem Körper speichern, und statt ein kontrolliertes Feuer zu speisen, könnte sich das Gas versehentlich entzünden, sodass er zu einer lebenden Bombe wird. Wenn wir uns in diesem Moment zufällig in seiner Nähe befinden, wäre das wohl ziemlich sicher unser Ende. In etwas größerer Entfernung würden wir die Explosion vielleicht überleben, aber unter halb gegarten Drachenteilen begraben werden.

In einem anderen unerfreulichen Szenario könnte unser Drache versehentlich (oder auch mit Absicht) so viel nicht gezündetes Gas freisetzen, dass wir ersticken, vor allem in geschlossenen Räumen. Wir würden nicht gern auf unserem Grabstein lesen „Gestorben durch einen Drachenfurz" oder „Getötet durch Drachenrülpser", auch wenn das recht ungewöhnliche und kreative Todesursachen wären.

Diese Gefahren im Hinterkopf, haben wir immer noch verschiedene Ideen, wie man versuchen könnte, das Risiko zu minimieren oder es zumindest auf ein nicht vollkommen irrwitziges Maß zu begrenzen. Die Speimethode könnte die beste und sicherste Möglichkeit für unseren Drachen sein, um Flammen zu entfachen und zielgerichtet einzusetzen. Wir könnten einige Zielscheiben einrichten und ihn zunächst mit etwas Harmlosem üben lassen, zum Beispiel seinem Speichel, bis er die Sache im Griff hat. Wenn es mit dem Speien nicht so richtig klappt, könnte unser Drache üben, indem er seine Gasmischung ausstößt, ohne sie zu entzünden, und erst zu echten Flammenstößen übergehen, wenn er genügend Sicherheit beim Zielen gewonnen hat.

Letztlich müssen wir uns jedoch wohl mit der Tatsache abfinden, dass der Bau eines lebendigen Flammenwerfers nun einmal schon vom Konzept her gefährlich ist.

Feuer: Unser Fazit

Alles in allem sind wir zuversichtlich, dass wir den Drachen mit einiger Übung dazu bringen können, Feuer zu speien, ohne sich selbst zu verletzen, und wir hoffen, ebenfalls ungegrillt davon zu kommen.

In diesem Kapitel haben wir auch über einige Alternativen zum Feuerspeien gesprochen, die ebenso eindrucksvoll sein könnten, etwa per Atmung Stürme zu erzeugen oder elektrische Strahlung auszusenden. So oder so braucht unser Geschöpf eine wirklich zerstörerische Waffe, um wirklich ein Drache zu sein.

Literatur

Aneshansley DJ et al (1969) Biochemistry at 100°C: explosive secretory discharge of Bombardier beetles (Brachinus). Science 165(3888):61–63
Barthlott W et al (2009) A torch in the rain forest: thermogenesis of the Titan arum (*Amorphophallus titanum*). Plant Biol (Stuttg) 11(4):499–505
Bruyn de RA et al (2015) Thermogenesis-triggered seed dispersal in dwarf mistletoe. Nat Commun 6:6262

Eisner T, Aneshansley DJ (1999) Spray aiming in the Bombardier beetle: photographic evidence. Proc Natl Acad Sci USA 96(17):9705–9709

Hafez EM et al (2017) Auto-brewery syndrome: ethanol pseudotoxicity in diabetic and hepatic patients. Hum Exp Toxicol 36(5):445–450

Heuton M et al (2015) Paradoxical anaerobism in desert pupfish. J Exp Biol 218(Pt 23):3739–3745

Markham MR (2013) Electrocyte physiology: 50 years later. J Exp Biol 216(Pt 13):2451–2458

Pimentel M, Mathur R, Chang C (2013) Gas and the microbiome. Curr Gastroenterol Rep 15(12):356

Seale P, Lazar MA (2009) Brown fat in humans: turning up the heat on obesity. Diabetes 58(7):1482–1484

Videvall E et al (2018) Measuring the gut microbiome in birds: comparison of faecal and cloacal sampling. Mol Ecol Resour 18(3):424–434

4

Nichts als Drachen im Kopf

Hirnschmalz

Ja, es stimmt – wir haben nichts als Drachen im Kopf. Wir sind besessen davon, einen Drachen zu erschaffen.

Und dabei spielt das Gehirn des Drachens für uns eine große Rolle; wir finden es höchst aufregend und können mit Fug und Recht behaupten, dass wir viel Hirnschmalz auf das Drachenhirn verwenden.

Das Gehirn unseres Drachens soll nicht nur den gesamten Organismus am Laufen halten (und so grundlegende Dinge wie Herzschlag, Atmung usw. kontrollieren), sondern auch höhere Funktionen steuern, wie Denken, Problemlösung, Sprechen und – wenn unsere Pläne funktionieren (siehe die vorangegangenen Kapitel) – auch Fliegen und Feuerspeien. Wir sind von dem Gehirn unseres zukünftigen Drachens fast schon krankhaft besessen, und so können Sie sich wohl vorstellen, dass es uns sehr verlockt, die Dinge technologisch auf die Spitze zu treiben. Beispielsweise könnten wir versuchen, unseren Drachen so schlau wie möglich zu machen, vielleicht so intelligent wie Albert Einstein oder Marie Curie oder noch gescheiter. Das ist jedoch nicht nur technisch wohl so gut wie unmöglich, sondern es gibt zudem gute Gründe (die wir im Folgenden noch diskutieren werden), warum der Versuch, ein Drachengenie zu schaffen, wahrscheinlich eine sehr schlechte Idee wäre. Nur eines der vielen potenziellen Probleme könnte sein, dass unser Drache womöglich zu der Ansicht kommt, er wäre uns überlegen – und dann könnte er uns einfach fortpusten und sich davonmachen oder uns gar umbringen.

© Springer-Verlag GmbH Deutschland, ein Teil von Springer Nature 2021
P. Knoepfler und J. Knoepfler, *Drachenzucht für Einsteiger,*
https://doi.org/10.1007/978-3-662-62526-2_4

Wenn das Gehirn unseres Drachens hingegen am anderen Ende des Spektrums landet und er ziemlich dumm bleibt, würden wir uns vermutlich ebenfalls großen Problemen gegenüber sehen. Er wäre vielleicht untrainierbar. Er könnte uns versehentlich mit seinem Feueratem grillen oder uns beim Fliegen fallenlassen, weil er zu dumm ist, die Konsequenzen zu bedenken.

Aus diesen Gründen ist ein gewisses Intelligenzniveau unabdingbar für unseren Drachen. Beim Gehirn geht es nicht nur um die Kontrolle des Körpers und eine gewisse Intelligenz, sondern auch um Geist und Persönlichkeit – einige würden vielleicht sogar sagen, um die Seele unseres Drachens. Diese Merkmale darf man zweifellos nicht vermasseln, doch sie sind gleichzeitig ziemlich schwer zu fassen.

Wie groß ist der Einfluss der Genetik auf Geist und Persönlichkeit im Vergleich zu Umwelt und Erziehung? Wahrscheinlich ist es eine Kombination dieser Faktoren. Wie beeinflusst die Struktur des menschlichen Gehirns Persönlichkeit und Identität? An dieser Stelle zucken Hirnforscher meist kollektiv die Achseln und meinen „Wer weiß?" oder „Wir machten Fortschritte bei dieser Frage, aber fragen Sie doch in zehn Jahren nochmal nach".

Was genau ist eigentlich ein Gehirn?

Es ist nicht nur der „Sitz der Seele", so episch das klingt, sondern auch ganz praktisch der „Computer", der sicherstellt, dass unser Körper (und die Körper aller Tiere mit einem Gehirn) richtig funktionieren.

Nebenbei bemerkt, es gibt tatsächlich einige Geschöpfe, die de facto hirnlos sind, wie die Vogelscheuche aus dem *Zauberer von Oz*, die „Wenn ich nur ein Gehirn hätte" sang. (Tatsächlich erfordert schon Singen allein einige komplexe Hirnfunktionen, daher ist die Vorstellung einer hirnlosen Vogelscheuche, die singt, noch unsinniger, als es im ersten Moment scheinen mag!).

Doch wir schweifen ab. Wie steht es nun mit den realen Lebewesen, denen ein Gehirn fehlt? Nun, einige Meeresbewohner, wie Quallen, Seesterne und Schwämme, sind buchstäblich hirnlos. Und überraschenderweise nehmen Forscher an, dass einige dieser hirnlosen Tiere, wie Schwämme, früher in ihrer Evolution einmal ein Gehirn besaßen. Das heißt, dass diese Tiere an irgendeinem Punkt ihrer Stammesentwicklung ihr Gehirn „aufgegeben" haben, was bedeutet, dass es für evolutionär sinnvoller war, kein Gehirn zu besitzen.[62]

Tiere ohne Gehirn sind jedoch relativ selten. Alle Wirbeltiere besitzen ein Gehirn, wie wir Menschen auch. Bei Wirbeltieren ist der Grundaufbau (also die Organisation der wichtigsten Hirnteile) sehr stark konserviert, das heißt, er ist im Wesentlichen im Lauf der Evolution unverändert geblieben und daher vielen Wirbeltieren gemeinsam (Abb. 4.1). Generell sitzt das Großhirn beim Wirbeltiergehirn vorn, das Kleinhirn (Cerebellum) hinten, ebenso das Rückenmark, mit dessen Hilfe das Gehirn mit dem übrigen Körper kommuniziert. In der Mittel liegt ein Teil, der passenderweise als Mittelhirn bezeichnet wird.

Zwar gibt es Gehirne in ganz verschiedenen Formen und Größen (Abb. 4.2), doch bei allen Wirbeltieren ist die Großhirnrinde (Cortex cerebri) zuständig für höhere kognitive Funktionen. Andere Hirnregionen übernehmen bei unterschiedlichen Tieren ebenfalls prinzipiell ähnliche Funktionen. So spielt das Kleinhirn (Cerebellum), das hinten im Gehirn sitzt, bei allen Wirbeltieren eine wichtige Rolle für die Bewegungskoordination. Die Körperbewegungen des Menschen sind sehr präzise und fein abgestimmt (zumindest meistens, doch bei einigen von uns besser als bei anderen). Aus diesem Grund kann Zittern ein typischer Hinweis auf Probleme mit dem Kleinhirn sein.

Manche Experten glauben auch, dass das Kleinhirn darüber hinaus eine bedeutende Rolle bei der Kognition spielt. Aber Gehirne sind komplexe Strukturen und bislang noch nicht völlig verstanden – so geht die Debatte darüber weiter, wie seine Anatomie mit seiner Funktion verknüpft ist.

Das Drachengehirn

Da das Gehirn der Spielmacher ist, müssen wir genau darauf achten, welche Art Gehirn unser Drache bekommt. Wenn es uns gelingt, einen Drachen herzustellen, der fliegen und Feuer speien kann und der wie ein Drache aussieht und funktioniert, wäre das ein großer Erfolg. Aber wir sind noch lange nicht am Ziel.

Er braucht auch eine bestimmte Art von Gehirn, sonst wird er nicht wie ein richtiger Drache funktionieren und vielleicht nicht lange überleben. Und wir möglicherweise auch nicht.

Was könnte mit dem Gehirn unseres Drachens schief gehen?

Vieles!

Erstens kontrolliert das Gehirn den übrigen Körper. Wenn unser Drache kein gesundes Gehirn hat, das ihn steuert, wäre daher all die Arbeit, die wir in die Flügel – und in die Biologie hinter dem Feuerspeien – gesteckt haben, umsonst gewesen. Die Bedeutung des Gehirns wird durch die Tatsache unterstrichen, dass der Körper eines Menschen gesund sein kann, dieser aber, wenn der „Hirntod" festgestellt wird, weil sein Gehirn nicht länger

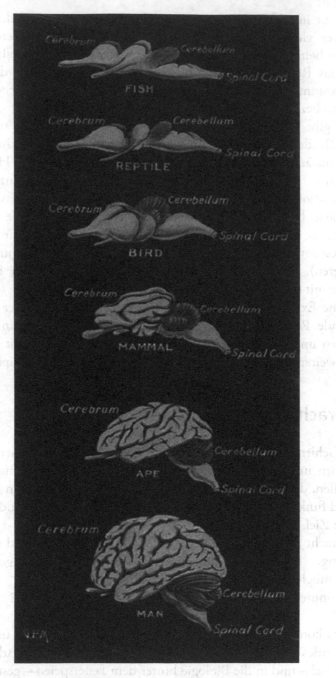

Abb. 4.1 Darstellungen verschiedener tierischer Gehirne, deren Komplexität von oben nach unten zunimmt. Public-Domain-Bild aus *The Outline of Science* von J. Arthur Thomson, 1922. Die Gehirne von Reptilien und Vögeln sind glatt und einfach gebaut, was im Allgemeinen für geringer ausgeprägte kognitive Fähigkeiten im Vergleich zu anderen Gehirnen spricht, wie denjenigen von Primaten, die größer und stärker gefaltet sind

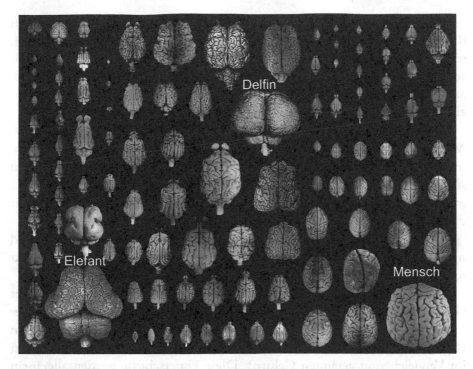

Abb. 4.2 Illustration verschiedener tierischer Gehirne. Man beachte die Vielfalt der Formen und Größen. (Aus *Sizing up the Souls Seat* von Florian Maderspacher.[63] Die Hirnbilder stammen von The Brain Museum, Abdruck mit freundlicher Genehmigung. Das Gesamtbild wurde leicht verändert, um die Namen der Tiere mit den größten Gehirnen zuzufügen: Elefant, Mensch und Delfin)

arbeitet, als klinisch tot gilt. Für uns Menschen wie für alle anderen Tiere ist ein funktionierendes Gehirn lebenswichtig. Und das gilt natürlich auch für unseren Drachen.

Zunächst wollen wir uns darauf konzentrieren, unseren Drachen mit der „genau richtigen" Intelligenz auszustatten, denn viel Übles, einschließlich unseres eigenen Todes (ein immer wiederkehrendes Thema in diesem Buch), könnte daraus resultieren, dass unser Drache zu dumm oder zu klug ist. Aus diesem Grund wünschen wir uns ein Intelligenzniveau, das „genau richtig" ist, nicht zu schlau und nicht zu einfältig (denken Sie an Goldlöckchen und ihren Lieblingsbrei). Wir glauben, dass die „Genau-richtig"-Intelligenz für unseren Drachen die besten Ergebnisse zeitigen wird – für uns als seine Schöpfer und auch für die Zufriedenheit des Drachens ... womöglich sogar für die ganze Welt, darunter auch Sie.

Mit diesem Ziel einer „Genau-richtig"-Intelligenz im Kopf stellt sich die Frage: Welche Art Gehirn braucht unser Drache, und wie, zum Teufel, sollten wir es ihm oder ihr verschaffen? Tierische Gehirne unterscheiden sich so dramatisch in Größe und Architektur (werfen Sie nochmals einen Blick auf Abb. 4.2), dass viele Optionen für unseren Drachen zur Auswahl stehen, zumindest theoretisch.

In Abb. 4.2 stammen die drei größten abgebildeten Gehirne von Elefant, Mensch und Delfin. Es stimmt, Menschen haben nicht das größte Gehirn, und es ist sogar möglich, dass wir nicht die klügsten Geschöpfe auf Erden sind. Ist ein großes Gehirn überhaupt wichtig für Intelligenz? Oder ist es manchmal – unter ganz bestimmten seltenen Umständen – ein Nachteil für das Überleben (ähnlich wie bei dem bereits erwähnten Schwamm)? Selbst Tiere mit recht kleinem Gehirn kommen sehr gut zurecht, und man könnte gewissermaßen sagen, dass jedes Tier ein Gehirn hat, das für seinen Bedarf genau richtig ist.

Etwas anderes, das in Abb. 4.2 auffällt, ist die Unterschiedlichkeit der Gehirne, wenn man ihren Bau miteinander vergleicht – das Ausmaß ihrer Faltung, ihre allgemeine Form und ihre unterschiedlich stark ausgeprägten Regionen, die in ihren relativen Proportionen variieren (wie das Kleinhirn im Vergleich zum gesamten Gehirn). Diese Unterschiede werden allgemein auf die unterschiedlichen Lebensumstände oder Bedürfnisse einer jeden Art zurückgeführt und bilden sich zum Teil aufgrund spezifischer Muster der Genaktivität während der Embryonal- und Fetalentwicklung heraus.

In Abb. 4.3 sehen Sie ein Beispiel für ein Kleinhirn – es ist der stärker gefurchte und runzligere Teil hinten am Gehirn (in allen Ansichten des Gehirns liegt das Kleinhirn Richtung Bildmitte). Diese Gehirnabbildungen stammen von einem Fledertier, einem Indischen Riesenflughund (*Pteropus giganteus* – wir erinnern uns, dass sich die Vorsilbe *Ptero-* auf Flügel und Fliegen bezieht, wie in *Pteranodon*).

Auch wenn der wissenschaftliche Name dieses Flughunds wörtlich „riesiger Flügelfüßer" bedeutet, hat er ein relativ kleines Gehirn – kaum länger als einen Zoll (und auch sein Körper ist recht klein). Daher reicht diese Gehirngröße für diese Fledertierart offenbar völlig, um zu fliegen. Ohne andere Veränderungen seines Körpers würde es diesem Flughund nichts nützen, plötzlich ein doppelt so großes Gehirn zu haben, es könnte ihn vielmehr sogar umbringen. Alles ist eben relativ.

Dabei interessiert uns nicht so sehr die Größe seines Gehirns, sondern vielmehr dessen Funktion, wie etwa die Intelligenz. Auch wenn die Gehirngröße eine Rolle spielt, ist sie nicht immer mit Intelligenz verknüpft, was die Sache kompliziert. Wie bereits an früherer Stelle erwähnt, würde ein

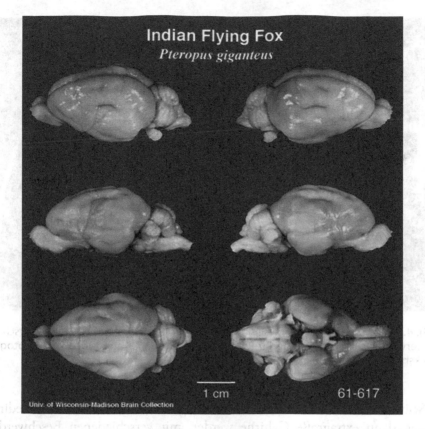

Indian Flying Fox
Pteropus giganteus

1 cm   61-617

Univ. of Wisconsin-Madison Brain Collection

Abb. 4.3 Gehirn des Indischen Riesenflughundes *(Pteropus giganteus)*. Gehirnbild von The Brain Museum, Abdruck mit freundlicher Genehmigung

extragroßes Gehirn nicht nur viel Energie verbrauchen, sondern auch eine zusätzliche Belastung für unseren Drachen beim Fliegen darstellen.

Jenseits der absoluten Gehirngröße ist das Verhältnis von Gehirn- und Körpermasse als Determinante für Intelligenz wahrscheinlich wichtiger. Beispielsweise gilt im Allgemeinen: je größer das Tier, desto größer sein Gehirn. Diese Art biologisches Axiom ist breiter anwendbar. Beispielsweise hat ein größeres Tier in der Regel größere Organe, mit einigen bemerkenswerten Ausnahmen – von einigen Dinosauriern wissen wir, dass sie sehr große Körper, aber winzige Gehirne hatten.

Dennoch trifft diese Regel im Allgemeinen zu. So hat ein Blauwal beispielsweise ein Herz, das deutlich größer ist als ein Mensch (Abb. 4.4) und mehr als 450 kg wiegt.[64] Aber sein Herz ist nicht *besser* als das eines Menschen (das weniger als 0,5 kg wiegt) oder selbst als das einer Maus (das weniger als 200 mg wiegt), nur weil es so groß ist.

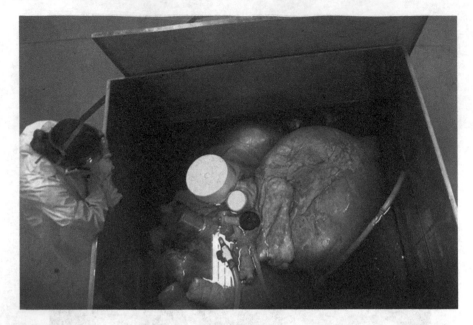

Abb. 4.4 Das riesige Herz eines Blauwals (von oben gesehen), das von Forschern konserviert wird, die kleiner als ihr Präparat sind. Royal Ontario Museum. (© Fotograf Apeksha Roy, CC-Lizenz)

Selbst was das menschliche Gehirn angeht, ist größer nicht unbedingt besser, denn extragroße Gehirne werden mit verschiedenen Beschwerden in Verbindung gebracht. So haben Menschen mit Autismus gewöhnlich ein ungewöhnlich großes Gehirn und im Vergleich zu ihren nicht-autistischen Geschwistern eine größere corticale Oberfläche (was bei Nicht-Autisten sonst generell mit höheren kognitiven Fähigkeiten in Verbindung gebracht wird).[65]

Auch wenn Autisten eine normale oder sogar überdurchschnittliche Intelligenz haben können, weisen sie oft eine beeinträchtigte Kognition und andere mit dem Gehirn verknüpfte Probleme auf. Daher ist größer nicht unbedingt besser, wenn es ums Gehirn geht, und das gilt wahrscheinlich auch für unseren Drachen.

Später in diesem Kapitel diskutieren wir verschiedene Hirnmerkmale, die in besonderer Weise zur Intelligenz beitragen könnten, und wie sie in den Entwurf unseres Drachengehirns einbezogen werden können.

Unser Ausgangsgehirn

Wenn man seinen ersten Computer kauft, hat man spezielle Vorstellungen, zum Beispiel, was die Marke (Apple, Dell etc.), die Größe (z. B. Laptop oder Desktop), Speicherplatz und so weiter angeht. Auf welche Schlüsselfaktoren sollten wir beim Gehirn unseres Drachens achten, und von welcher Art Gehirn sollten wir am besten ausgehen?

In seinem Artikel *Sizing up the Soul* meint der Biologe Florian Maderspacher zum Thema Gehirn, ein Versuch, die Gehirne herauszupicken, die besonders „leistungsfähig" sind (was auch immer das bedeutet), sei zum Scheitern verurteilt:

> Wenn ein eingelegtes menschliches Gehirn zwischen den Gehirnen anderer Säuger platziert wird, springt es nicht direkt ins Auge. Jedenfalls nicht in einer Weise, die unsere kognitiven Leistungen adäquat widerspiegeln würde. Wenn ein Außerirdischer durch ein Museum voller Behälter mit Gehirnen schlenderte und aufgefordert würde, das Gehirn der intelligentesten Art herauszupicken – derjenigen, die in der Lage war, all die anderen Gehirne einzulegen –, welches Gehirn würde er wohl wählen?[66]

Es ist schwierig, in einer solchen Situation allein aufgrund des Äußeren das „beste" Gehirn herauszupicken, insbesondere wenn man über die Körpermasse des früheren Besitzers nichts weiß. Und selbst wenn man über mehr Informationen verfügte, was macht letztlich das „beste" Gehirn aus?

Angenommen, es gäbe ein seltsames, aber bemerkenswertes Museum, in dem lebende, transplantierbare Gehirne verschiedener Geschöpfe in Behältern mit Nährlösung ausgestellt würden. Welches dieser Gehirne würden wir für unseren Drachen wählen und warum? Ja, wir sind uns klar darüber, dass das ein wenig nach Frankenstein klingt (wir könnte sogar unser Faktotum „Igor" losschicken, uns ein Gehirn zu besorgen). Aber wir müssen uns über die Wahl eines Gehirns für unseren Drachen ernsthaft Gedanken machen.

Eine Option wäre ein Vogelgehirn, und wir halten das nicht für eine schlechte Wahl, auch wenn der Begriff „Spatzenhirn" oft abwertend verwendet wird. Tatsächlich gibt es einige außerordentlich intelligente Vogelarten; das belegen wissenschaftliche Studien. Besonders intelligent sind Raben und Krähen. Sie benutzen Werkzeuge und erinnern sich an die Gesichter von Menschen, die sie geärgert oder verletzt haben. Manchmal versuchen sie sogar, sich zu rächen; aus diesem Grund müssen Forscher, die mit Krähen und Raben arbeiten, manchmal eine Maske tragen, um ihre

Identität vor diesen schlauen Vögeln zu verbergen, die vielleicht keine Lust auf ihre Rolle als Versuchstiere haben.

Was kennzeichnet ein intelligentes Tier? Nun, da gibt es einiges: ein gutes Gedächtnis, Werkzeuggebrauch, Bindung an einen Geschlechtspartner, Bildung von Familiengruppen, Spielen, Erkennen des eigenen Spiegelbilds und schließlich Singen oder eine andere Form der Sprache. Vögel „singen" und einige von ihnen benutzen Werkzeuge, was sie auf eine relativ hohe Intelligenzstufe stellt. Andere Vögel wiederum sind nicht allzu helle. Zudem haben die Gehirne mancher Vögel und anderer potenzieller „Starter"-Tiere wie Echsen eine relativ einfache Form (Abb. 4.1).

Wie wäre ein Echsengehirn aus Ausgangspunkt für unser Drachengehirn? Wir haben keine Belege dafür gefunden, dass bestimmte Echsen in irgendeiner Weise besonders clever wären, wenn sie auch nicht ganz so einfältig sind, wie manche Leute annehmen. Wenn wir also von einem Echsengehirn ausgingen, müssten wir uns darauf konzentrieren, es für unseren Drachen zu verbessern.

Je länger wir darüber nachdachten, desto besser schien es uns, das Gehirn eines Vogels als Basis für unser Drachengehirn zu nehmen, aber nicht irgendeines Vogels. Zu den intelligentesten Vögeln zählen die Angehörigen der Rabenvögel (Familie Corvidae).[67] Wir wissen nicht, was sie so klug macht, klüger als die meisten anderen Vögel, doch das Verhältnis von Gehirn- zu Körpermasse ist bei ihnen relativ groß, was eine Rolle spielen könnte.

Wir stellen uns vor, unseren Drachen mit einem Gehirn ähnlich dem eines klugen Vogels auszustatten, aber etwas größer und vielleicht mit einer stärker gefalteten Oberfläche, die Primaten wie uns auszeichnet und die mit Intelligenz in Verbindung gebracht wird. Wir möchten mehr, aber nicht zu viele dieser Windungen (Gyri genannt), denn wir wollen keinen allzu schlauen Drachen, weil das zu Problemen führen könnte. Um es nochmals zu sagen: Wir suchen nach dem idealen Punkt, was das Gehirnwachstum angeht. Nicht zu groß und nicht zu klein.

Und dann gibt es noch Persönlichkeit und andere cerebrale Merkmale, die nichts mit Intelligenz zu tun haben. Was, wenn wir das ideale Maß an Intelligenz für unseren Drachen finden, diese Intelligenz aber mit einer pathologischen Persönlichkeit einhergeht? Oder was wäre, wenn unser Drache zwar nicht direkt pathologisch wäre, sich aber als hochfunktionaler Soziopath oder zumindest extrem nerviges Geschöpf herausstellen würde?

Was wäre, wenn er sich aus Pazifist entpuppte, dem es gar nicht in den Sinn kommt, sich wie ein echter Drache zu verhalten? Mit einer solchen Einstellung ist er vielleicht gar nicht gewillt, herumzufliegen und die Welt zu terrorisieren (nicht, dass wir uns das wünschen würden). Denkbar auch, dass er versehentlich ein Kind erschreckt und niemals mehr Feuer spucken will. Niemals!

Wir möchten ja gar nicht, dass unser Drache Leute tötet, aber wenn er die nächste Mutter Teresa oder der nächste Gandhi würde, dann könnte das ganze Abenteuer viel weniger Spaß machen. Merkwürdigerweise hat eine aktuelle Studie für Komododrachen erbracht, dass sie extreme Stubenhocker sind.[68] Was ist, wenn unser Drache die ganze Zeit auf der Couch verbringen und Fernsehen gucken oder mit seinem iPhone spielen will? (Abb. 4.5)

Aus diesen Gründen wird ist es schwierig sein, per Bioengineering ein Drachengehirn herzustellen. Wie schaffen wir es, alles richtig zu machen?

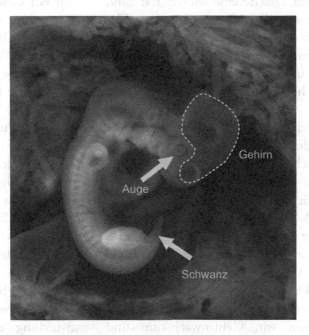

Abb. 4.5 Ein außergewöhnliches Foto eines sich entwickelnden menschlichen Embryos in der 7. Schwangerschaftswoche, der außerhalb der Gebärmutter heranwuchs, was für die Mutter lebensgefährlich ist. Wikimedia Open Source-Bild von Ed Uthman, M.D.[69] Das Farbbild wurde in Schwarzweiß umgewandelt und spezielle Strukturen wurden hervorgehoben, darunter Gehirn und Schwanz (wir erinnern uns, dass wir Menschen im Lauf unserer Embryonalentwicklung eine Weile lang Schwanz tragen)

Wie man ein Gehirn züchtet

Wenn man darüber nachdenkt, stellt sich zunächst eine allgemeinere, simplere Frage: Wie schaffen es Tiere (also auch wir) überhaupt, ein Gehirn auszubilden?

Der natürliche Prozess, ein Gehirn in der richtigen Größe und mit der korrekten Organisation auszubilden ist bei normalen Tieren – von Würmern über Fliegen bis zum Menschen – ausgesprochen knifflig. Ganz gleich, wie einfach das Gehirn ist, es handelt sich stets um einen höchst komplexen Ablauf, bei dem eine Menge schief gehen und zu neurologischen Störungen oder sogar zum Tod führen kann.

Unser Drache muss eine ganz normale Embryonal- und Fetalentwicklung durchlaufen, denn größere Probleme können das sich entwickelnde Gehirn schädigen und natürlich dazu führen, dass uns überhaupt kein Drache geboren wird.

Wenn unser Drache eine Mutter hat (und was für ein Geschöpf würde diese Mutter sein? Wir diskutieren dieses Thema kurz in Kap. 6) und seine Mutter während ihrer Trächtigkeit gesundheitliche Probleme hätte, könnte dies das heranwachsende Gehirn des Drachenfetus in vielfältiger Weise beeinflussen und Probleme wie Mikrozephalie auslösen (das bedeutet, Kopf und Gehirn haben eine geringe Größe, was meist zu geistiger Behinderung führt).

In der wirklichen Welt kann Mikrozephalie von Stechmücken hervorgerufen werden, die das Zika-Virus übertragen. Wenn eine mit Zika-Viren infizierte Stechmücke eine Schwangere sticht, kann die resultierende Virusinfektion die Gehirnentwicklung des Ungeborenen so schädigen, das eine Mikrozephalie resultiert. Aber Mikrozephalie kann auch von Mutationen in der DNA-Sequenz bestimmter Gene ausgelöst werden. Daher müssen wir uns nicht nur um die Gesundheit unseres sich entwickelnden Drachens kümmern, sondern auch um die seiner (Leih-) Mutter. All das wird mehr verlangen als Geburtsvorbereitungskurse und Drachenvitamine.

Statt ein Drachengehirn ganz von Anfang an aufzubauen (beispielsweise durch Züchten gehirnähnlicher Strukturen im Labor, mehr über Organoide unten), planen wir, Gehirnwachstum und -entwicklung eines bereits existierenden Lebewesens (wie einer Echse oder eines Vogels), das wir als Ausgangspunkt für unseren Drachen nehmen, zu modulieren. Wir können zu verschiedenen Zeiten beginnen, in seine Gehirnentwicklung einzugreifen, und dabei unterschiedliche Ansätze verfolgen.

So könnten wir dies im Embryo oder im mütterlichen Ei tun oder Stammzellen verwenden (also spezielle Zellen, die unter bestimmten Umständen, wenn sie die richtigen Signale erhalten, so gut wie jeden Zelltyp im Körper ausbilden können). So würden wir dafür sorgen, dass der resultierende lebende Drache etwas schlauer wird. Diese Feineinstellung der Gehirnentwicklung wäre viel einfacher als der Versuch, ein Gehirn von Grund auf neu herzustellen.

Hirntransplantate halten wir ebenfalls nicht für eine realistische Option – und das, obwohl der italienische Arzt Sergio Canavero behauptet, er sei auf dem besten Weg, Kopftransplantationen durchzuführen,[70] in Zukunft möglicherweise auch Hirntransplantationen. (Kopftransplantate sind im Lauf der Jahre auch in vielen Filmen thematisiert worden, zum Beispiel 2017 in dem Film *Get out*). Es wäre wohl nicht besonders praktisch, unserem Drachen ein Kopf- oder Hirntransplantat zu verpassen, wenn man bedenkt, dass selbst der draufgängerische Dr. Canavero schätzt, dass eine erfolgreiche Transplantation mindestens 100 Mio. US$ kosten würde.[71]

Normalerweise ist die Gehirnentwicklung ein höchst komplexer und stark konservierter Prozess; viele Tiere entwickeln ihr Gehirn also auf ähnliche Weise, selbst Menschen und Taufliegen! Daran sind viele ganz ähnliche Zelltypen, Regulationsfaktoren und Strukturen beteiligt und auch dieselben Gentypen und Proteine.

Wie entwickelt sich unser Gehirn normalerweise „in utero" (also während wir im Bauch unserer Mutter heranwachsen)?

Zunächst wird eine kleine Gruppe von Zellen „ausgeguckt" oder spezifiziert, die das Zentralnervensystem bilden soll, einschließlich des Gehirns. In der Wissenschaft bedeutet „Spezifizierung", Zellen zu sagen, was sie werden sollen, sodass sie schließlich das richtige Gewebe oder Organ an der richtigen Stelle bilden. Das ist so ähnlich wie bei jungen Leuten, die eine spezielle Schule besuchen, um Computerprogrammieren, Maschinenbau oder Klempnern zu lernen, Fertigkeiten, die sie später zu ihrem Beruf machen wollen. Es gibt eine Menge Moleküle, die diesen entscheidenden Prozess für das Gehirn kontrollieren. Und was diese Zellspezifizierung erreicht, ist wirklich erstaunlich – mit ihrer Hilfe lassen sich einfache Zellen darauf programmieren, komplexe Strukturen wie Gehirn und Nervensystem auszubilden.

Zellen, die schließlich Gehirn und Rückenmark bilden, sehen zunächst nicht anders aus als ihre Nachbarzellen, die sich zu anderen Strukturen entwickeln. Im Inneren der zukünftigen Hirnzellen wird jedoch ein spezielles Programm zur Genaktivierung in Gang gesetzt. Einige Gene zur Gehirnentwicklung werden zunächst ein wenig aktiviert oder bereiten sich auf ihre spätere Aktivierung vor. Andere Gene werden abgeschaltet oder herunter-geregelt – diese unterdrückten Gene würden den Zellen sonst befehlen, sich in Blut-, Knochen- oder Darmzellen zu entwickeln. Im Lauf der Embryonal- und Fetalentwicklung reicht es nicht, Zellen anzuweisen, ein spezielles Organ zu bilden; der sich entwickelnde Körper muss ihnen auch untersagen, andere Gewebe in einer bestimmten Region zu bilden.

Kommen wir noch einmal auf die Analogie von der menschlichen Berufs-wahl zurück: Es ist, als erkläre man einem jungen Menschen, dass er nur einen einzigen Hauptberuf haben kann und nicht versuchen sollte, gleich-zeitig als Arzt, Maler, Forscher, Klempner und Computerfachkraft zu arbeiten. Beim Menschen stößt ein derartiger elterlicher Rat nicht immer auf offene Ohren, aber Stammzellen verwandeln sich meist tatsächlich in den einen „richtigen" finalen Zelltyp, den sie „angewiesen" werden zu bilden.

Die zukünftigen Hirnzellen wachsen und teilen sich rasch; sie ver-doppeln ihre Anzahl manchmal mehr als einmal pro Tag. Das klingt vielleicht nicht besonders eindrucksvoll, doch denken wir an die in Indien spielende Geschichte *One Grain of Rice* der Kinderbuchautorin Demi über das Mädchen, das den Rajah darum bat, die Anzahl seiner Reiskörner einen Monat lang jeden Tag zu verdoppeln. Es begann mit einem einzigen Korn, doch diese Zahl wuchs schließlich in die Milliarden.

Dasselbe gilt für die Zellen, die das Gehirn bilden. Mittels Zellteilung können aus einer Zelle rasch Milliarden Zellen werden.

An diesem Punkt in der Frühentwicklung werden bei den zukünftigen Hirnzellen (und den anderen Zellen des Zentralnervensystems) einige Gene angeschaltet (oder darauf vorbereitet), die sie anweisen, Hirnzellen zu werden. Andere Gene werden hingegen abgeschaltet – Gene, die sie in andere Zellen, wie Leben- oder Herzzellen umwandeln würden.

Trotz all dieser Aktivität bieten das Gehirn und das gesamte Zentral-nervensystem in der Frühphase der Entwicklung keinen besonders ein-drucksvollen Anblick und ähneln sich bei den unterschiedlichsten Tieren in diesem Stadium stark. Tatsächlich sieht ein früher menschlicher Embryo den Embryonen anderer Wirbeltiere in einem vergleichbaren Entwicklungs-stadium sehr ähnlich. Nichts deutet in dieser frühen Phase auf das macht-volle Gehirn hin, das sich später aus diesen Anfängen entwickeln wird.

Im weiteren Verlauf der Entwicklung läuft ein anderes Programm an. Infolgedessen beginnen die zukünftigen Hirnzellen neue Zellen zu bilden, die das reife Gehirn formen werden, statt sich nur zu teilen und zu ver-mehren. Wenig später tauchen die ersten unreifen Nervenzellen (Neurone) auf und später auch andere Zelltypen. All das läuft nach einem strengen

Programm ab, sodass Zellen verschiedener Typen nur zu bestimmten Zeit-
punkten und an bestimmten Orten auftreten – als habe jeder Typ seine
eigene Adresse. Selbst wenn ein ausgewachsenes Gehirn daher über alle
nötigen Zelltypen im richtigen Verhältnis verfügt, kann es nicht so arbeiten,
wie es soll, wenn sie am falschen Platz sitzen.

Ist es Ihnen schon einmal passiert, dass Sie sich trotz GPS verirrt haben?
Uns schon.

Stellen Sie sich vor, Sie befänden sich irgendwo auf Reisen, doch statt sich
in zwei Dimensionen zu bewegen (wie auf einer Straße oder in einem Boot
übers Meer) müssten Sie in drei Dimensionen navigieren, um Ihr Ziel zu
erreichen. Tatsächlich geht es eher um vier Dimensionen, weil Sie zudem
pünktlich sein müssen, sonst geht einiges schief. So ähnlich ist die Situation
im sich entwickelnden Gehirn.

Die verschiedenen Zelltypen im sich entwickelnden Gehirn haben verschiedene Lieblingstreffs, Bestimmungsorte und Heimstätten. So hängen
Hirnstammzellen bevorzugt an bestimmten Plätzen ab, zum Beispiel in
der Nähe der flüssigkeitsgefüllten Hirnventrikel oder von Blutgefäßen.
Wir nennen diese Plätze „Stammzellennischen". Wenn eine Stammzelle
auswandert, kann sie sich entweder selbst per Apoptose vernichten (siehe
Kap. 2) oder sich in einen reiferen Zelltyp wie ein Neuron verwandeln. Eine
gewisse Zahl von Stammzellen verlässt ihre Nische mit dem Ziel, sich in die
reifen Zelltypen des Gehirns zu verwandeln.

Während das Gehirn heranwächst, muss es drei wichtige Zelltypen
bilden: Neurone, Gliazellen und Oligodendrocyten. Oligodendrocyten
(ja, ein echter Zungenbrecher) sind Zellen, die sich um die Nervenaus-
läufer wickeln und eine Schutzhülle aus Myelin bilden; eine solche Schutzhülle brauchen viele Nervenzelltypen, um neuronale Signale korrekt
weiterleiten zu können. Diese Signalweiterleitung wird gestört, wenn die
Oligodendrocyten bei gewissen Krankheiten verloren gehen. Und die
Komplexität erhöht sich, denn jeder dieser drei wichtigsten Zelltypen weist
eine ganze Reihe von Untertypen auf; beispielsweise nimmt man an, dass es
Hunderte verschiedener Neuronentypen gibt.

Während sich die Stammzellen im Gehirn teilen und das heranwachsende
Gehirn besiedeln, beginnen die Millionen und dann Milliarden von Zellen,
die aus ihnen hervorgehen, untereinander Billionen von Verbindungen auszubilden, die man als Synapsen bezeichnet. Diese Synapsen sind genauso
wichtig für eine normale Gehirnfunktion wie die richtige Anzahl unterschiedlicher Zelltypen am richtigen Ort, doch wie diese Verbindungen
genau funktionieren, ist noch nicht geklärt. Selbst wenn unser Wissen um
das Gehirn rasch wächst, bleiben noch immer große Lücken – daher sind

die Ursachen vieler häufiger neurologischer Probleme, wie Störungen aus dem autistischen Spektrum, noch immer rätselhaft.

Ein Mini-Gehirn oder „Hirnorganoid" im Labor züchten

Kürzlich haben Wissenschaftler einen neuen Weg gefunden, mittels Stammzellen Miniaturversionen von praktisch allen menschlichen Organen, einschließlich großer Teile des Gehirns, im Labor herzustellen.

Diese Mini-Organe werden als Organoide bezeichnet und sind wunderbare Gebilde (siehe das menschliche Hirnorganoid in Abb. 4.6, das im Knoepfler-Labor gezüchtet wurde). Wir glauben jedoch nicht, dass wir mittels Organoiden in naher Zukunft ein vollständiges, funktionstüchtiges Menschen- oder Drachengehirn züchten können, und wir sind recht ungeduldig, unser Drachenprojekt voranzutreiben.

Hirnorganoide oder Mini-Gehirne lassen sich im Labor aus speziellen Stammzellen züchten, indem man diese Zellen in einer Kulturschale wachsen lässt und sie Faktoren aussetzt, von denen bekannt ist, dass sie die Zellen zu hirnähnlichen Entwicklungen anregen. Mein (Pauls) Labor züchtet menschliche Hirnorganoide im Rahmen unserer Forschung über menschliche Mikrozephalie und Hirntumoren. Meist stellen wir sie aus einem coolen

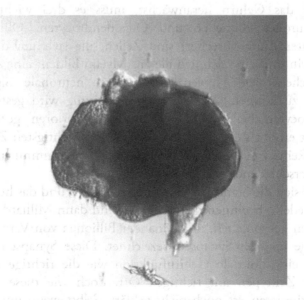

Abb. 4.6 Frühe menschliche Hirnorganoide aus Stammzellen, im Knoepfler-Labor gezüchtet von Medical Student Fellow Jacob Loeffler

Stammzellentyp her, den „induzierten pluripotenten Stammzellen" (mehr zu diesen Zellen in Kap. 6). Diese Mini-Gehirne sind jedoch unvollständige Gebilde und nicht annähernd so komplex wie ein echtes Gehirn.

Sind Hirnarchitektur und Intelligenz miteinander verknüpft?

Nun, zur Intelligenz hätten wir einige Fragen, etwa diese: Wie tragen verschiedene cerebrale Merkmale zur Intelligenz eines Menschen bei? Und in welcher Beziehung steht die Gehirnentwicklung – in der Schwangerschaft und nach der Geburt – zur Intelligenz?

Was die Gehirngröße angeht, so werden größere Gehirne im Allgemeinen mit einer höheren Intelligenz assoziiert (wie bereits weiter oben diskutiert). Das ist jedoch nicht immer so. In seltenen Fällen weisen einige Menschen mit Mikrozephalie oder Personen, die einen beträchtlichen Teil ihres Gehirns durch Unfall oder Krankheit verloren haben, überraschenderweise eine völlig normale Intelligenz auf. Hingegen kann ein ungewöhnlich großes Gehirn manchmal mit kognitiven Problemen oder einer verminderten Intelligenz einhergehen.

Ein anderes potenzielles Maß für geistige Leistungsfähigkeit ist die Gesamtzahl der Neurone, die ein Gehirn enthält. Das kann man sich so vorstellen, als wären Neurone Mikrochips in einem Computer. Mehr Chips bedeuten in der Regel eine höhere Rechenleistung, und mehr Neurone oft mehr Gehirnleistung. Aber diese Analogie stimmt nicht immer. Beispielsweise enthält das Kleinhirn die meisten Neurone aller Hirnregionen.

In sehr seltenen Fällen können Menschen jedoch ohne Cerebellum einigermaßen gut überleben. Die Gesamtzahl der Neurone gibt somit wohl nicht immer einen Hinweis auf Intelligenz. Diese hängt vielmehr auch davon ab, wo die Neurone liegen und zu welchem speziellen Neuronentyp sie gehören. Vielleicht haben Sie von der Chinesin ohne Cerebellum gelesen (man spricht dann von zerebellärer Agenesie)[72]. Zwar hat sie einige Probleme, zum Beispiel bei der Bewegungskoordination, aber sie kommt angeblich erstaunlich gut zurecht.

Bislang sind erst neun Menschen bekannt, die ohne Kleinhirn überlebt haben.[73] Und wir können uns nicht vorstellen, dass unser Drache ohne Kleinhirn auskommt (auch wenn es vielleicht nicht immer überlebenswichtig ist), denn er braucht eine hoch entwickelte Bewegungskoordination, um zu fliegen.

Sie können sich die Komplexität des Cerebellums vielleicht besser anhand der Mikrofotografie vorstellen, die in meinem (Pauls) Labor im Rahmen unserer Untersuchungen der Kleinhirnentwicklung bei der Maus aufgenommen wurde (Abb. 4.7)[74]. Die leuchtenden Farben stammen von speziellen fluoreszierenden Molekülen, die an Proteine verschiedener Zelltypen des Mäusekleinhirns binden. Jede Farbe sagt uns, welchen Zelltyp wir auf dem Bild vor uns haben. Die rot gefärbten Zellen sind Oligodendrocyten, die Neurone mit einer Schutzhülle umgeben. Grün gefärbt sind Neurone, so genannte Purkinjezellen, die im Cerebellum sehr häufig sind und an der Bewegungskoordination beteiligt sind. Die blaue Färbung zeigt DNA an und „beleuchtet" die Zellkerne (die Strukturen, die die DNA beinhalten) der verschiedenen Zellen.

Eine weitere Möglichkeit, Intelligenz zu messen und vorherzusagen, ist die Neuronendichte. Genauso wie das Verhältnis von Gehirn- zu Körpermasse für die Intelligenz wichtig ist, gilt dies offenbar auch für die Neuronendichte, d. h. die Anzahl der Neurone pro Hirnvolumen. Ein Beispiel: Auch wenn ein

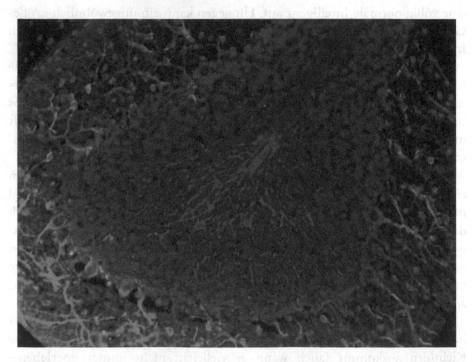

Abb. 4.7 Mikrofotografie einer Lamelle (einer dünnen, blattartigen Struktur) des Kleinhirns einer Maus. Die grüne Färbung kennzeichnet einen speziellen Neuronentyp im Cerebellum, Purkinjezelle genannt, die Oligodendrocyten sind rot. Blau markiert die DNA einer jeden Zelle. (© Knoepfler Lab)

Tier scheinbar ein kleines Gehirn hat, kann es sein, dass sein ganzes Gehirn (oder ein bestimmter Teil davon, wie der Cortex) mit Neuronen vollgepackt ist. Und ein mit Neuronen vollgepackter Cortex gilt als Kennzeichen für Intelligenz – daher kann ein Tier mit einem kleinen Gehirn schlauer sein, als wir denken, und intelligenter als ein anderes Tier mit einem größeren Gehirn, aber weniger Neuronen pro Volumeneinheit (beispielsweise einem Kubikzentimeter).

Neuere Studien stützen diese Sicht. Intelligente Vögel, wie Papageien und Rabenvögel, können ebenso viele (manchmal sogar mehr) dicht gepackte Neurone in ihrem Vorderhirn haben wie einige Tieraffen mit größerem Gehirn. Die kleinen Gehirne dieser Vögel sind vielleicht sogar kognitiv leistungsfähiger als die Gehirne mancher Säuger[75].

Auch die Organisation des Gehirns ist wahrscheinlich ein Schlüssel für Intelligenz. Die Anzahl der synaptischen Verbindungen zwischen Neuronen in bestimmten Gehirnregionen könnte die Intelligenz ebenfalls stark beeinflussen. Und nicht nur die Neurone, sondern auch die anderen Hirnzellen beeinflussen die Intelligenz. Wie sich beispielsweise herausgestellt hat, werden Maus-Chimären, deren Gehirn einen Mix aus Mäuse- und Menschen-Hirnzellen enthält, deutlich schlauer, wenn im Mäusegehirn nur unterstützende menschliche Hirnzellen (Gliazellen) und keine menschlichen Nervenzellen präsent sind[76].

All das bedeutet, dass die Schaffung unseres Drachengehirns eine große Herausforderung darstellt – und dass es schwierig werden wird, es „genau richtig" hinzubekommen.

Zu dumm

Mit Bravour scheitern könnte das Drachenprojekt auch, wenn unser Drache letztendlich einfach nicht schlau genug ist, etwa weil sein Gehirn zu klein oder nicht richtig strukturiert ist, zu wenig Neurone enthält oder andere Probleme auftauchen. Angenommen, unser Drache ist gerade einmal clever genug, zu fliegen (und zu landen) und sich nicht ständig im eigenen Saft zu garen, könnte er dennoch über zu wenig Intelligenz verfügen, um als Drache richtig zu funktionieren. Wir müssen in der Lage sein, ihm mehr als nur das Fliegen beizubringen, denn er wird eine Menge anderer Grundfertigkeiten benötigen, und wir können ihn nicht all diese wichtigen Dinge lehren, wenn er zu dumm ist, um uns zu verstehen.

Welche anderen Dinge wird unser Drache lernen müssen? Nun, zum Beispiel Geografie, sodass er sich beim Fliegen nicht verirrt. Zudem muss er lernen, sich zu beherrschen, was das Feuerspeien angeht, und nicht alles rundum zu plündern, zumindest nicht auf eigene Faust – auch wenn das zugegebenermaßen eher von seiner Persönlichkeit als seiner Intelligenz abhängen könnte.

Leider hatten oder haben viele der Geschöpfe, die Drachen in unterschiedlicher Weise am meisten ähneln – wie Dinosaurier, Vögel und Echsen – kleine oder einfach gebaute Gehirne (wieder mit Ausnahmen, wie einigen wirklich schlauen Vögeln). Das erste Fossil eines Dinosaurier-Hirnteils wurde erst vor ein paar Jahren entdeckt. Es gehörte einem riesigen *Iguanodon*.[77] Wir wissen nicht, wie es den Forschern gelungen ist, dieses versteinerte Stückchen Dinosauriergehirn zu finden, weil es so klein ist.

In Anbetracht ihrer enormen Größe hatten Iguanodonten ein relativ kleines Gehirn. Wir glauben, dass einige Dinosaurier mit einem solchen Verhältnis von Gehirn- zu Körpermasse wahrscheinlich recht dumm waren. Nochmals, das Gehirn ist intensiv damit beschäftigt, zahlreiche körperliche Prozesse am Laufen zu halten; daher ist ein Großteil der Hirnleistung (und -masse) den alltäglichen organisatorischen Dingen wie Stoffwechsel, Atmung und Nahrungsaufnahme gewidmet, sodass im Hirn von Iguanodonten wohl nicht viel Raum für Intellekt blieb.

Darum sollten wir beim Bau unseres Drachens im Zweifel für ein etwas größeres oder komplexeres Gehirn votieren, um zu vermeiden, dass er hinsichtlich der Intelligenz zu kurz kommt – denn wenn das der Fall wäre, könnte dies unsere Pläne in vielerlei Weise torpedieren.

Zu schlau

Wie bereits erwähnt, gibt es Tiere mit einem größeren Gehirn als dem unseren, darunter Elefanten, Wale und Delfine.[78] Sie haben auch andere hirntypische Merkmale, die auf eine hohe Intelligenz schließen lassen. Dennoch lässt sich nur schwer sagen, wie intelligent diese Lebewesen tatsächlich sind; das liegt zum einen an ihrer großen Körpermasse und zum anderen daran, dass Waltiere (Wale und Delfine, wissenschaftlich Cetacea) einen Großteil ihres Gehirns zur Echoortung benutzen. Trotzdem sprechen einige Studien dafür, dass Waltiere am extrem schlauen Ende des tierischen Intelligenzspektrums stehen. Nach allem, was wir wissen, könnten sie in mancher Hinsicht sogar intelligenter sein als Menschen[79]. Die Tatsache, dass wir nicht ohne weiteres mit diesen Tieren kommunizieren können, hindert uns ebenfalls, ihre Intelligenz richtig einzuschätzen.

Wie bereits in diesem Kapitel erwähnt, ist der Cortex ein Teil des Gehirns, der eng mit Intelligenz verknüpft ist,, insbesondere seine Oberfläche, die sich durch Einfaltungen stark vergrößern lässt. Wenn man sich die Gehirne intelligenter Lebewesen (wie Menschen, Walen und Delfinen) anschaut, erkennt man, dass ihr Cortex stark gefaltet ist (Abb. 4.8) Diese Faltung verweist auf eine höhere Intelligenz, denn so passt eine Menge mehr Hirnrinde in den Schädel. Tiere, denen man gemeinhin weniger Intelligenz zuspricht, wie etwa Mäuse, haben hingegen eine glattere Hirnrinde. Sie kommen damit gut zurecht, sind aber nicht unbedingt Geistesriesen.

Im letzten Abschnitt sorgten wir uns, einen eher dummen Drachen zu schaffen. Andererseits könnten wir in Teufels Küche geraten, wenn wir absichtlich oder unabsichtlich einen Drachen schaffen, der allzu schlau ist. Das wahrscheinlichste katastrophale Ergebnis, das uns bei der Schaffung eines Drachengenius droht, wäre wohl, dass wir ihm auf die Nerven gehen und er uns kurzerhand umbringt. Oder unser allzu schlauer Drache könnte auch einfach davonfliegen und niemals zurückkehren, weil er unabhängig von Menschen leben will.

Selbst wenn er dableibt und uns nicht umbringt, kommt er vielleicht zu dem Schluss, dass er keine Lust hat, sich so zu verhalten, wie wir denken, dass sich ein Drache verhalten sollte. Stellen Sie sich nur einen blitzgescheiten, veganen Drachen vor, der seine bemerkenswerte Fähigkeit

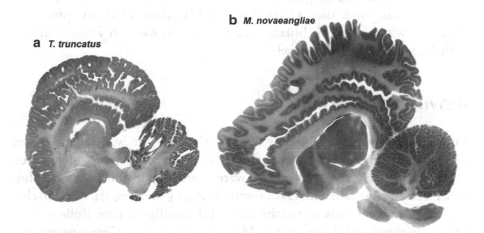

b *M. novaeangliae*

a *T. truncatus*

Abb. 4.8 Speziell angefärbte Hirnschnitte eines Großen Tümmlers (A) und eines Buckelwals (B). Man beachte die komplexe Faltung dieser großen Gehirne, die für ein ungewöhnlich hohes Maß an Intelligenz spricht. In beiden Fällen befinden sich die Vorderseite des Gehirns links und das Kleinhirn rechts. (Quelle: Marino et al. (2007) in *PLoS Biology,* eine Open-Source-Publikation mit einer Creative Commons License Policy)[80]

zum Feuerspeien nur dazu verwendet, Gemüse zu grillen und seine Tage mit Bücherlesen, Meditieren, Einsatz für den Frieden, Beschäftigung mit theoretischer Physik und Anschauen „lehrreicher" YouTube-Videos verbringt. Pfft!

Selbst wenn wir bei der Intelligenz das genau richtige Maß träfen, könnte unser Drache letztendlich eine ganze Reihe unerwünschter, schräger oder pathologischer Persönlichkeitsmerkmale entwickeln. Es ist nicht schwer, sich einen eindrucksvollen Drachen vorzustellen, der höchst narzisstische Züge zeigt. Vielleicht wird er seine Tage damit verbringen, in sozialen Medien Selfies zu posten oder sich im Spiegel selbst zu bewundern.

Man könnte sich auch leicht ausmalen, dass sich unser Drache als enthusiastischer Killer entpuppt, der selbst vor Menschen nicht Halt macht. Schließlich sind Drache vielen (wenn nicht gar den meisten) künstlerischen oder mythologischen Werken zufolge instinktive Killer. Unser Drache könnte sich letztlich sogar als wirklich böse herausstellen. Was täten wir dann? Einige dieser Triebe und Verhaltensweisen könnten angeboren und somit schwer zu beeinflussen sein. Die biologische Basis des Instinkts ist noch nicht gut verstanden, doch man nimmt an, dass sie bestimmten Genen zuzuschreiben ist.

J. R. R. Tolkien empfahl, einen lebenden Drachen niemals auszulachen, und das werden wir beherzigen. Aber wir meinen, dass unser neuer Drache auch über einen ausgeprägten Sinn für Humor verfügen sollte, vor allem, wenn ihm klar wird, dass wir zwei kleine Menschen seine Schöpfer sind. Leider ist wissenschaftlich bislang kaum erforscht, wie sich Humor in verschiedenen Hirntypen entwickelt.

Bewusst extraschlau

Inzwischen dürfte klar sein, was uns vorschwebt. Wir wollen, dass unser Drache schlau und gut trainierbar ist – vor allem, dass er uns nicht tötet, verbrennt oder auffrisst –, aber was wäre, wenn wir in mit menschenähnlicher Schläue ausstatteten? Das könnte schwierig werden, da wir Forscher noch immer nicht wissen, welche Gene für Intelligenz eine Rolle spielen (es sind wahrscheinlich eine ganze Menge). Von einigen Genen wissen wir jedoch, dass sie Hirnwachstum und Faltung des Cortex beeinflussen. Wenn wir diese Gene auf dem richtigen Level und am richtigen Ort aktivierten, könnten wir unseren Drachen unter Umständen mit deutlich mehr Hirnschmalz ausstatten.

Ich (Paul) habe mich den Großteil meines Berufslebens hindurch mit Hirnwachstum beschäftigt und daran gearbeitet, die Funktion dieser Gene zu verstehen. Eine solche Familie von Genen ist die *Mye*-Familie. Diese Gene lenken das normale Hirnwachstum. Wenn man sie aus den Hirnstammzellen von Mäusen eliminiert, entwickeln die Mäuse einen kleineren Kopf und ein kleineres Gehirn als normal (Abb. 4.9)[81].

Zudem habe ich vor Jahren herausgefunden, dass eine leichte Erhöhung des Levels eines bestimmten Gens der *Mye*-Familie namens *MYCN* bei Mäusen dazu führt, dass ihr Gehirn stärker gefaltet wird, was ihre Gehirn menschenähnlicher macht (ein faszinierender Befund, den ich jedoch nie publiziert habe, weil es die Mäuse niemals bis zur Geburtsreife schafften – vermutlich weil dieser Zustand kein Überleben erlaubte). Derartige Gehirnveränderungen–dieSchaffungeinesgroßenundleistungsfähigerenGehirns– könnten theoretisch auch im Gehirn unseres zukünftigen Drachens hervorgerufen werden.

Ein solcher Versuch würde allerdings einige Risiken bergen.

Beispielsweise könnte unser Drache statt nur eines größeren Gehirns Hirntumoren entwickeln (schließlich sind *MYC*-Gene Onkogene, also

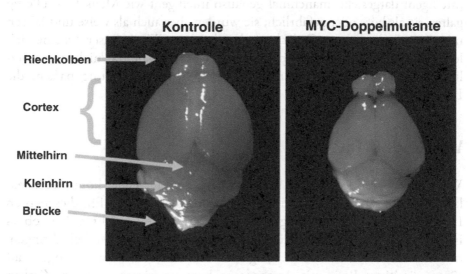

Kontrolle   **MYC-Doppelmutante**

Riechkolben

Cortex

Mittelhirn

Kleinhirn

Brücke

Abb. 4.9 Links ein normales Mäusegehirn (Kontrolle), rechts das Gehirn einer Maus desselben Alters, der zwei Gene der *Mye*-Familie fehlen, *c-Mye* und *N-Mye*. Beide Gehirne sind bei gleicher Vergrößerung aufgenommen und in Draufsicht abgebildet. Die verschiedenen Teile des normalen Gehirns sind durch Pfeile gekennzeichnet. Man beachte, dass die Maus, der das *c-Mye*- und *N-Mye*-Gen fehlen (die MYC-Doppelmutante), ein viel kleineres Gehirn als eine normale Maus hat, auch wenn alle wichtigen Teile des Gehirns noch immer vorhanden sind. (© Knoepfler Lab)

krebsverursachende Gene, denn sie sind nicht nur mit einem normalen Hirnwachstum verknüpft, sondern auch mit einer Vielzahl von Hirntumoren und anderen Krebsarten). Oder das Gehirn unseres Drachens könnte viel zu groß werden, was zu einer Makrozephalie führte – und die geht paradoxerweise mit einer veränderten oder verringerten Intelligenz einher.

Selbst wenn wir versuchen sollten, einen supergescheiten Drachen zu schaffen, und es uns gelänge, ein Drachengenie hervorzubringen, könnte er, wie schon gesagt, einfach davonfliegen und tun, was immer ihm gefällt. Aber er könnte auch einen Rollentausch vornehmen und uns zu seinen Haustieren machen!

Doch es könnte ebenso gut passieren, dass wir die Sache verpfuschen und unserem Drachen stattdessen ein kleines Gehirn verpassen. Wenn man mit Genen und Biologie herumspielt, sind paradoxerweise unerwartete Konsequenzen zu erwarten. Der Versuch, das Gehirn unseres Drachen mit mehr Intelligenz aufzupeppen, wird sich höchstwahrscheinlich als recht gefährliches Spiel von Versuch und Irrtum entpuppen. Biologie ist extrem kompliziert.

In Sagen und Legenden wurden Drachen oft aus außerordentlich intelligent dargestellt, manchmal genauso intelligent wie Menschen. Häufig galten sie als böse oder gefährlich; sie wurden aber auch als weise und Wesen mit einem sehr langen Gedächtnis beschrieben. Wenn unser Drache sich letztendlich als intelligent entpuppen sollte, dann wäre das nicht nur nützlich, sondern würde auch ganz allgemein zu der Vorstellung passen, die Leute von Drachen haben.

Worte und Taten

Wir müssen auf jeden Fall klar mit unserem Drachen kommunizieren können, was ein recht raffiniertes Gehirn erfordert und für die meisten Lebewesen keine leichte Aufgabe ist. So bin ich mir nicht sicher, ob es irgendeinem Halter bereits gelungen ist, seinen Heimreptilien beizubringen, mit ihm zu kommunizieren. Leguane und Komodowarane mögen auf einer primitiven Basis mit Artgenossen kommunizieren – durch Zischen oder Schwanzschläge. Aber wir stellen an unseren Drachen deutlich höhere Ansprüche. Er könnte mit uns auf Englisch kommunizieren, das wäre ideal (auch wenn es schwierig sein könnte, ihm Stimmbänder zu geben, mit denen er sowohl sprechen als auch brüllen könnte). Alternativ können wir uns mit dem Drachen in einer künstlichen Sprache unterhalten (sodass wir uns ganz privat austauschen können – das klingt cool, dürfte aber mit viel Arbeit verbunden sein). Oder auch auf andere Weise, zum Beispiel mithilfe von Gebärdensprache.

Diese Art Zweiwegekommunikation erfordert ein hoch entwickeltes Gehirn, aber auch eine bestimmte Zungenstruktur. Daher ist es ermutigend, dass einige Vögel sowohl komplexe Lieder singen als auch Englisch bzw. eine andere Sprache sprechen können (und wir meinen nicht nur den stereotypen Papageien, der „Polly will einen Keks!" oder „Hübsche Polly!" plappert.

Wir haben bereits diskutiert, dass Vögel angesichts ihrer Flugfähigkeit und ihrer engen genetischen Verwandtschaft mit Dinosauriern ein gutes Ausgangsmaterial für unseren Drachen abgeben könnten. Vielleicht käme ein Vogelhirn (diesmal nicht im Sinne von „Spatzenhirn") daher der Art Dinosauriergehirn, das wir brauchen, schon recht nahe, und wir könnten es womöglich mit einer vogelartigen Zunge kombinieren, die unserem Drachen zu sprechen ermöglicht.

Viele potenzielle Probleme ließen sich vermeiden, wenn wir fruchtbare Diskussionen mit unserem Drachen führen könnten. Stellen Sie sich beispielsweise vor, unser Drache namens Polly erklärt uns, „Polly möchte das Dorf niederbrennen und die Leute fressen wie Kekse!", und wir antworten dann: „Weißt du, Polly, nicht heute. Wenn du sowas machst, wirst du nicht lange auf dieser Welt weilen, denn dann werden sich die Leute wahrscheinlich aufregen. Sie werden vielleicht versuchen, dich zu töten. Und es ist auch nicht besonders nett, ein Dorf in Schutt und Asche zu legen."

Unser Drache wird jedenfalls nicht in der Lage sein, bereits am Tag seiner Geburt oder Erschaffung zu sprechen, und es wir uns (vielleicht auch andere) viel Zeit und Mühe kosten, unseren Drachen aufzuziehen (mehr dazu unten).

Einem Drachen Manieren beibringen

Eine Erkenntnis haben wir Menschen im Lauf der Jahre gewonnen: Biologie ist kein Schicksal. Nur weil man mit dem genetischen Programm für die Entwicklung einer gewissen Art von Gehirn (ob eher dumm oder eher genial) geboren ist, muss die ganze Sache nicht unbedingt auch genau so laufen.

Zweifellos können schwere Beeinträchtigungen – wie Mikrozephalie oder Schädel-Hirn-Traumata – dauerhafte und lebensverändernde Auswirkungen auf das Gehirn einer Person haben. Aber für uns alle hat die Umgebung, in der wir vom ersten Tag an leben und uns entwickeln, einen tiefgreifenden Einfluss auf unsere Intelligenz wie auch unsere Persönlichkeit.

Wenn die berühmte Nobelpreisträgerin Marie Curie zum Beispiel andere Eltern oder Lehrer, eine andere Ernährung, andere Krankheiten oder eine andere Erziehung gehabt hätte, dann hätte sie wahrscheinlich in einem diesen Szenarien einen weniger wachen Intellekt und nicht denselben Einfluss auf unsere Geschichte gehabt. (Zum Glück entwickelte sie sich so, wie sie es tat.) Gleiches gilt wahrscheinlich auch für unseren Drachen.

Aus unserer Perspektive heißt das, dass selbst dann, wenn wir alles richtig machen und ein optimales Drachengehirn schaffen, noch längst nicht alles in Butter ist. Sobald unser Drache geboren ist, müssen wir ihn erziehen und ihm die „richtige" Umgebung bieten, um eine gesunde Entwicklung zu gewährleisten.

Vor allem zu Anfang wird unser Drache im Grunde so etwas wie unser Kind sein und uns dieselben Möglichkeiten bieten, wie sie menschliche Eltern haben, um ihr Kind zu verziehen. Wir Autoren sind Vater und Tochter, daher wissen wir aus erster Hand, wie wichtig es ist, dass Kinder beim Aufwachsen ein bestimmtes Umfeld haben. Die Art und Weise, wie wir mit dem Babydrachen interagieren, wird sich nicht nur auf sein Gehirn auswirken, sondern auch ganz allgemein großen Einfluss auf seine Gesundheit und sein Wohlergehen haben.

Dazu fallen einem einige Beispiele ein. Hätte etwa unser Drache die physische und mentale Fähigkeit zu sprechen, so müssten wir ihm das Sprechen beibringen und ihn in einem Umfeld aufziehen, in dem er die Sprache (oder Sprachen), die er erlernen soll, wie ein Schwamm aufsaugen kann. Wir können uns gut vorstellen, wie wir stundenlang mit unserem Babydrachen plaudern, ihm Bücher vorlesen und ihn vielleicht sogar zu Hause unterrichten. Denn könnten wir den Kleinen in eine reguläre Schule schicken? Wir müssten ihm noch viele weitere grundlegende Dinge beibringen, darunter auch Manieren.

Wie in Kap. 2 und 3 bereits erwähnt, müssen wir unserem Drachen auch irgendwie beibringen, zu fliegen und Feuer zu speien, ohne sich selbst dabei umzubringen.

Probleme beim Großziehen eines Babydrachens

Während wir versuchen, unserem jungen Drachen alles beizubringen, was er wissen muss, werden sicherlich ziemlich verrückte Dinge passieren. Ein junger Drache kann seine Impulse wahrscheinlich noch nicht so recht kontrollieren. Selbst die Aufzucht eines Welpen (wie unserer Hündin Mica, Abb. 5.3) kann ein Abenteuer sein.

Micas Welpenzeit fiel zufällig mit dem Schreiben dieses Buches zusammen. Auf unserem Weg hatten wir einige verrückte (und manchmal auch lustige) Erlebnisse mit Mica, die uns darüber nachdenken ließen, wie es wohl sein würde, einen jungen Drachen großzuziehen und welche Herausforderungen dies mit sich brächte.

Da Mica es liebte, auf kleinen Spielzeugknochen herumzukauen, dachten wir uns, dass unser Babydrache ebenfalls kauen müsste. Möglicherweise würde ein heranwachsender Drache gern auf Riesenknochen herumkauen, vielleicht von einem Moschusochsen. Wenn Mica das Herumkauen auf Knochen oder Spielzeug zu langweilig wurde, kaute sie manchmal unsere Möbel an. Würde unser Jungdrache uns buchstäblich das Haus unter dem Dach wegkauen und große Löcher in der Wand hinterlassen? Oder ausgewachsene Bäume im Hof durchkauen? Vielleicht versehentlich unsere ganze Fernsehanlage verschlingen?

Mica interessierte sich auch immer sehr für menschliche Nahrung, sei es beim Kochen oder beim Essen. Würde unser schlauer Drache vielleicht den Kühlschrank öffnen und sich hemmungslos über dessen Inhalt hermachen? In Kap. 3 haben wir über die Ernährung des Drachens gesprochen und wie diese seine Leistungen einschließlich des Feuerspeiens beeinflussen könnte.

All diese Nahrung muss nach der Verdauung auch irgendwo bleiben. Gelegentlich, wenn auch selten, passierte Mica ein Malheur im Haus. Bei einem jungen, hungrigen Drachen, der massenhaft Nahrung verschlingt, könnten solche „Unfälle" zu einer Katastrophe werden. Der Drache könnte viele Liter Pipi oder gewaltige, kiloschwere Haufen in unserem Wohnzimmer hinterlassen. Würden wir Schutzanzüge und riesige Kotbeutel brauchen, um sauberzumachen?

Wir haben auch festgestellt, dass Mica sich viel besser benimmt, wenn wir ihr viel Bewegung verschaffen und mit ihr lange Spaziergänge machen. Dasselbe dürfte für Drachen gelten. Wenn unser Drache über massenhaft unverbrauchte Energie verfügt, wird er eher Unsinn stiften, und Drachenunsinn könnte wirklich übel werden.

Je mehr Bewegung der junge Drache erhält, desto mehr Nickerchen wird er machen und umso besser wird er sich nach dem Aufwachen benehmen, aber können wir es verantworten, mit ihm einfach so spazieren zu gehen? Wir können uns da Probleme aller Art vorstellen. Denn selbst die „Alpha-Hunde" unseres Viertels, die groß und kräftig sind, könnten es mit der Angst zu tun kriegen, wenn plötzlich ein Drache vorüberschlendert. Und auch ihre Halter werden wohl nicht allzu erfreut reagieren. Schließlich könnte unser Babydrache kleinere Hunde als potenzielle Beute ansehen! Sobald er gelernt hat zu fliegen, gibt es für ihn wohl eine praktischere Möglichkeit, sich Bewegung zu verschaffen.

Leider hat Mica dann und wann große Löcher im Hof und auch im Garten gegraben und dabei einige unser Gemüsepflanzen ausgebuddelt. Wenn unser Drache ebenfalls den Trieb zum Graben verspürte, könnte er womöglich kratertiefe Löcher ausheben und dabei versehentlich die städtischen Wasserleitungen freilegen (und beschädigen).

Mehrmals wurde Mica auch krank, und wir riefen den Tierarzt. Würde unser Tierarzt auch einen Drachen als Patienten akzeptieren? Einmal brauchte Mica sogar Augentropfen, was sie hasste, und sie wehrte sich, als wir ihr die Tropfen verabreichten. Versuchen Sie das einmal bei einem ungebärdigen Drachen!

Ein anderes Mal fraß Mica ein paar Weintrauben, und wie sich herausstellte, sind diese giftig für Hunde, daher riefen wir den Tierarzt. Dann begannen wir uns all die seltsamen Dinge vorzustellen, die ein junger Drache fressen könnte, und fanden einen Artikel über die kuriosen Dinge, die man in den Mägen von Haien gefunden hat.[82] Stellen Sie sich vor, dem Tierarzt am Telefon erklären zu müssen: „Unser Drache hat einen ganzen Hühnerstall verschlungen. Wird ihm das schaden?"

All diese potenziellen Missgeschicke ließ uns über Versicherungen nachdenken. Wäre wohl eine Versicherungsgesellschaft bereit, unseren Drachen zu versichern? Und wie sieht es mit unserem Labor aus? Wir zögern, dieses Thema bei unserem Versicherungsagenten überhaupt zur Sprache zu bringen!

Schummeln mit einem Cyber-Drachen

Statt unseren Drachen biologisch aufzurüsten und so mit einer guten Intelligenz auszustatten, könnten wir auf einen Cyborg zurückgreifen und die geistige Leistungsfähigkeit des Drachens durch ein Computerimplantat im Gehirn aufpeppen. Theoretisch könnten wir die Intelligenz unseres Drachens mithilfe eines solchen implantierten Chips sogar „feintunen". Doch würde das den Drachen nicht eher zu einem ferngesteuerten Geschöpf machen? Wir wissen es nicht, doch es ist eine interessante, wenn auch beunruhigende Idee. Und es wäre wohl eine Form von Schummelei. Allerdings hat sich eine Technologie zur Implantation bislang noch nicht etabliert.

Mehr zu solchen und weiteren Ideen bezüglich der Ausstattung unseres Drachens im nächsten Kapitel.

Was könnte schief gehen und uns das Leben kosten?

Wir haben bereits einige potenzielle Probleme besprochen, die aufkommen, wenn unser Drache zu schlau wird – er grillt uns, wirft uns auf großer Höhe ab oder vernichtet uns, weil wir zu dumm oder zu lästig sind. Und dann gibt es den Drachen, der zu dumm ist – er begreift vielleicht gar nicht, dass er uns mit seinem Feueratem in Asche verwandelt. Dieser Dummdrache könnte uns versehentlich abstürzen lassen und sich auf uns setzen.

Das genau richtige Drachengehirn

Und wie wir bereits besprochen haben, könnte unser Drache, selbst wenn wir das Intelligenzproblem optimal gelöst haben, ein pathologisches Ungeheuer sein, das alles daransetzt, uns umzubringen. Genau so gut aber könnte er ein friedliebendes Wesen sein, das buchstäblich keiner Fliege etwas zuleide tut. Sein Gehirn „richtig" hinzubekommen, vor allem, was seine Persönlichkeit angeht, ist so gut wie unmöglich, aber wir müssen zweifellos unser Bestes versuchen.

Literatur

Han X et al (2013) Forebrain engraftment by human glial progenitor cells enhances synaptic plasticity and learning in adult mice. Cell Stem Cell 12(3):342–353

Hazlett HC et al (2011) Early brain overgrowth in autism associated with an increase in cortical surface area before age 2 years. Arch Gen Psychiatry 68(5):467–476

Knoepfler PS, Cheng PF, Eisenman RN (2002) N-myc is essential during neurogenesis for the rapid expansion of progenitor cell populations and the inhibition of neuronal differentiation. Genes Dev 16(20):2699–2712

Marino L et al (2007) Cetaceans have complex brains for complex cognition. PLoS Biol 5(5):e139

Olkowicz S et al (2016) Birds have primate-like numbers of neurons in the forebrain. Proc Natl Acad Sci USA 113(26):7255–7260

Wey A, Knoepfler PS (2010) c-myc and N-myc promote active stem cell metabolism and cycling as architects of the developing brain. Oncotarget 1(2):120–130

Yu F et al (2015) A new case of complete primary cerebellar agenesis: clinical and imaging findings in a living patient. Brain 138(Pt 6):e353

5

Vom Kopf bis zur Schwanzspitze: die weitere Ausstattung

Eine ganze Palette an Möglichkeiten

Bislang haben wir uns vorwiegend auf die Flügel unseres Drachens (damit er fliegen kann), seine typische Physiologie (damit er Feuer speien kann) und sein Gehirn (das das ganze System steuern soll) konzentriert. Aber ein Drache braucht weit mehr als das. Vom Kopf bis zur Schanzspitze unseres Drachens gibt s viele weitere Merkmale, die ernsthafte Überlegungen verdienen. Sollten wir unseren Drachen mit Hörnern ausstatten? Oder mit ausgefalleneren Gadgets, wie elektrischen Organen? Oder mit Flossen und auch Kiemen zum Schwimmen? Und wenn wir für solche ungewöhnlichen Attribute votieren, wie sollten sie aussehen?

Da sind viele Entscheidungen zu treffen!

Selbst für andere, „standardmäßigere" Merkmale stehen wichtige Entscheidungen an.

Zwei Beine oder vier? Ein Kopf oder mehrere Köpfe?

Ein Horn oder viele Hörner? Oder gar kein Horn?

Natürlich Augenlider, aber vielleicht noch je ein drittes Lid, um die Augen unseres Drachens vor Feuer und anderen Gefahren zu schützen?

Die physiologischen Strukturen, die für eine Stimme nötig sind?

Diese und viele andere potenzielle Merkmale könnten großen Einfluss auf das Äußere unseres Drachens und seine Funktionsfähigkeit haben. Sie könnten sich auch auf die Hauptfunktionen unseres Drachens auswirken, wie Fliegen und das Feuerspeien, auf das wir keinesfalls verzichten wollen. Wir müssen zudem überlegen, ob die Entscheidungen, die wir hier treffen,

© Springer-Verlag GmbH Deutschland, ein Teil von Springer Nature 2021
P. Knoepfler und J. Knoepfler, *Drachenzucht für Einsteiger*,
https://doi.org/10.1007/978-3-662-62526-2_5

Einfluss auf seine anderen Eigenschaften nehmen, zum Beispiel auf seine Fruchtbarkeit, denn idealerweise soll sich unser Drache fortpflanzen und weitere Drachen produzieren.

Unsere Entscheidungen werden wahrscheinlich auch seine Gesundheit und Lebenserwartung beeinflussen. Wir wollen keinen kränklichen Drachen schaffen (selbst wenn er fantastisch aussieht), der nur ein paar Jahre alt wird. Und natürlich wollen wir auch nicht, dass es unserem Drachen schlecht geht und er unnötig leidet.

In diesem Kapitel wollen wir all die verschiedenen Eigenschaften und ihre Konsequenzen diskutieren, die wir für unseren Drachen in Betracht ziehen. Zudem gehen wir auf verschiedene Körperteile und ihre Funktionen ein, von denen einige auch bei realen Tieren zu finden sind.

Wir beenden dieses Kapitel mit einem Abschnitt über eine Reihe möglicher Drachenverbesserungen mit hohem Spaßfaktor, von uns Power-ups genannt.

Da diese Verbesserungen unseren Drachen mit großen oder gar Superkräften ausstatten könnten, ließe sich so ein noch erstaunlicherer Drache erschaffen. Mit derartigen Verbesserungen gehen jedoch auch höhere Risiken einher – so könnten wir die Sache vermasseln oder dabei den Tod finden. Dennoch mögen wir auf diese Verbesserungen auch nicht per se verzichten, daher werden wir zumindest in Betracht ziehen, einige von ihnen zu realisieren.

Ein Kopf oder mehrere Köpfe?

Fangen wir oben an: Wie viele Köpfe soll unser Drache haben? Offen gesagt, das Leben wäre einfacher, wenn er nur einen einzigen Kopf hätte. Bei einem Kopf und einem Gehirn zu bleiben, wäre der sicherste Weg.

Da es bei mehr als einem Kopf zu einigen großen Problemen kommen kann, würde ein Drache mit zahlreichen Gehirnen innerhalb zahlreicher Köpfe vermutlich in böse Schwierigkeiten geraten. So würde er womöglich multiple Persönlichkeiten entwickeln, die zuweilen miteinander in Konflikt geraten könnten.

Los, nach links! Nein, nach rechts!

Lasst uns Toledo niederbrennen! Nein, nehmen wir uns zuerst Los Angeles oder Tokio vor!

Ich mag Julie und Paul. Nein, sie sind eine Plage. Wir sollten sie auf der Stelle grillen und auffressen.

Sie dürften verstanden haben, worum es hier geht.

Auch Fliegen könnte mit, sagen wir, drei Köpfen deutlich schwieriger werden. Diese erhöhen den Luftwiderstand, und auch das Navigieren wird komplizierter. Welcher Kopf übernimmt bei der Flugnavigation die Leitung? Drei Köpfe erhöhen auch den Energieverbrauch und würden den Stoffwechsel unseres Drachens belasten; er würde mehr und anderes Futter brauchen. Die drei Köpfe und Hälse würden überdies das Gewicht des Drachens erhöhen, was wiederum das Fliegen erschwert.

Deshalb wäre ein einziger Kopf eine kluge Wahl, aber man kann von uns nicht verlangen, stets den Weg des geringsten Widerstands einzuschlagen, oder? Zudem sind Drachen jahrhundertelang mit mehr als einen Kopf dargestellt worden, was oft wirklich cool aussieht. Es ist daher verlockend, unseren Drachen mit ein oder zwei zusätzlichen Köpfen auszustatten.

Ein Drache mit mehreren Köpfen könnte auch einige bedeutende Vorteile mit sich bringen – es gibt ganz offensichtlich Gründe, warum es in Kunst und Mythologie von vielköpfigen Drachen nur so wimmelt. So lässt sich ein Drache mit zwei Köpfen wahrscheinlich viel schwerer töten als ein einköpfiger. Man schlägt einen Kopf ab (oder der Drache beschädigt einen Kopf bei einer verpatzten Landung oder weil er sich nicht richtig duckt, wenn er seine Höhle in den Bergen aufsucht), und dennoch bleibt der Drache dank seines zusätzlichen Kopfes und Gehirns voll funktionsfähig.

Es gibt noch andere potenzielle Vorteile. Jeder der beiden Köpfe könnte eine andere und nützliche Funktion ausüben. Beispielsweise könnte der eine Feuer speien, der andere hingegen Sturmwinde, elektrische Strahlung oder andere erstaunliche Dinge, wie Gift, ausstoßen (mehr dazu später). Oder der eine Kopf könnte robuster sein und mehr Prügel vertragen, während der andere schlauer ist oder besser sehen bzw. hören kann. Diese Möglichkeiten lassen die Erschaffung eines Drachens mit mehreren Köpfen sehr verlockend erscheinen.

Aber wie ließe sich ein Drache mit mehreren Köpfen im Labor herstellen? Biologisch wäre es viel einfacher für uns, einen Drachen mit nur einem Kopf zu schaffen, denn alle Wirbeltiere sind darauf programmiert, genau einen Kopf zu entwickeln. Die Evolution hat dieses Ein-Kopf-Programm nicht ohne Grund eingeführt – vermutlich wegen der genannten zahlreichen Probleme, die mehrere Köpfe mit sich brächten.

Lassen Sie uns dennoch für den Moment davon ausgehen, dass wir der Versuchung nachgeben und einen Drachen mit mehr als nur einem Kopf schaffen wollen. Gibt es in der Natur bereits eine derartige zweiköpfige Version eines Wirbeltiers? Die Antwort lautet „ja" – es gibt bei Schlangen und anderen Reptilien (sogar beim Menschen) seltene Beispiele für zweiköpfige Individuen; man spricht in diesen Fällen von Polyzephalie, was sowie wie „mehrere Köpfe" bedeutet.

Wie kommt es dazu?

Überraschenderweise entspricht die Polyzephalie aus einer Sonderform einer besser bekannten Fehlbildung, den so genannten Siamesischen Zwillingen, bei der Zwillinge während ihrer Entwicklung im Mutterleib miteinander verbunden bleiben. Das Ergebnis ist ein einziger Körper mit verschiedenen Teilen der beiden Geschwister. Bei einigen Siamesischen Zwillingen sind manche Organe doppelt vorhanden (eins von jedem Geschwister), andere Organe gibt es hingegen nur einmal und sie werden gemeinsam genutzt.

Den Namen „Siamesische Zwillinge" verdankt diese Fehlbildung einem berühmten Brüderpaar, Chang und Eng Bunker, das 1811 in Siam (heute Thailand) zur Welt kam und später als Entertainer auf Jahrmärkten auftrat. Die beiden waren ansonsten gesund und erreichten ein annähernd normales Lebensalter.

Siamesische Zwillinge sind außerordentlich selten, wahrscheinlich, weil die meisten schon im Mutterleib oder kurz nach der Geburt sterben. Derartige Embryonen überleben beim Menschen und bei anderen Lebewesen häufig nicht, weil die Verschmelzung zweier Körper zu einem einzigen die Entwicklung tiefgreifend stört.

Gezielt einen lebenden, gesunden Drachen mit mehreren Köpfen zu schaffen, wäre wohl äußerst schwierig. Und selbst wenn es uns gelänge, einen Siamesischen Drachen mit zwei Köpfen auszustatten, müssten wir einen symmetrischen Körper hinbekommen, die rechte und die linke Seite müssten also annähernd spiegelbildlich sein und jeweils einen Kopf haben. Siamesische Zwillinge sind jedoch häufig nicht spiegelsymmetrisch, was unter anderem zu Mobilitätsproblemen führt[83]. Wenn wir versehentlich einen asymmetrischen zweiköpfigen Drachen erschaffen (bei dem vielleicht der linke Kopf richtig auf den Schultern sitzt, der rechte aber eher seitlich, auf Höhe des Brustkorbs, aus dem Körper ragt, oder bei dem beide Köpfe völlig unterschiedlich groß sind), würde das Tier vermutlich nicht normal funktionieren.

Auch wenn wir nicht genau wissen, wie es zu Siamesischen Zwillingen kommt, gibt es zwei Möglichkeiten für eine derartige Fehlbildung: Siamesische Zwillinge können ihre Entwicklung als zwei befruchtete Eizellen beginnen, die zu zwei anfangs noch eigenständigen Embryonen in einer Gebärmutter heranwachsen. Das wären zweieiige Siamesische Zwillinge. Es ist jedoch auch möglich, dass Siamesische Zwillinge als *eine* befruchtete Eizelle starten, die zunächst nur einen einzigen Embryo bildet. Dieser einzelne Embryo beginnt sich dann zu teilen, so wie es bei der Entstehung von eineiigen Zwillingen geschieht, doch der Teilungsprozess verläuft in diesem nicht bis zum Ende erfolgreich. Diese unvollständige Teilung führt zu zwei nur teilweise getrennten eineiigen Zwillingsembryonen, die dann im Lauf ihrer Weiterentwicklung miteinander verbunden bleiben.

Polyzephalie ist ein spezieller, noch seltenerer Typ Siamesischer Zwillinge, bei dem sich die Zwillinge einen Körper teilen, jedoch jeder seinen eigenen Kopf hat. Es gibt zwei Hauptformen der Polyzephalie – bei der einen Form sind die Köpfe vollständig getrennt, bei der anderen sind sie leicht miteinander verschmolzen. In Abb. 5.1 ist die Landschildkröte Janus zu sehen, die zwei völlig getrennte Köpfe hat und nach dem römischen Gott Janus benannt wurde, der zwei Gesichter hat. Bei einer anderen, noch ungewöhnlicheren Form menschlicher Siamesischer Zwillinge kann es so aussehen, als habe die betreffende Person einen Kopf mit zwei Gesichtern.

Da die Ursachen für Siamesische Zwillinge und Polyzephalie unbekannt sind, haben wir keine Ahnung, wie wir die Bildung von Siamesischen Zwillingen auslösen und diesen Vorgang nutzen sollten, um die spezielle Form von Polyzephalie zu erreichen, die uns für unseren zweiköpfigen Drachen vorschwebt. Darüber hinaus müsste der Drache zwei vollständige, wiederum symmetrisch angeordnete Köpfe entwickeln (um noch einmal auf die Symmetrie zurückzukommen, sei erwähnt, dass die beiden Köpfe

Abb. 5.1 Janus, eine zweiköpfige Landschildkröte, Attraktion im Naturkunde-museum in Genf. Er schlüpfte 1997 aus dem Ei. (© Salvatore Di Nolfi/KEYSTONE/dpa/ picture-alliance)

der Schildkröte Janus identisch aussehen und symmetrisch ansetzen). Es ist ziemlich unwahrscheinlich, dass uns so etwas bei unserem Drachen gelingt. Da es derlei in der Natur jedoch gibt, ist es theoretisch möglich, wenn auch sehr selten.

Interessanterweise wird ein mythologisches Ungeheuer, die Hydra, (oder genauer, die Lernäische Schlange), die oft als eine Art Drache angesehen wird, in der Kunst als extrem vielköpfig abgebildet. Je nachdem, welche Sage man liest, besaß die Hydra einige Dutzend bis tausend Köpfe. Ein Stich des niederländischen Künstlers Cornelis Cort aus dem 16. Jahrhundert zeigt das Ungeheuer im Kampf mit Herakles (römisch Herkules, Abb. 5.2), ausgestattet mit zahlreichen Köpfen und Beinen. Auf dem Bild erkennt man seltsamerweise auch Krebse und Hummer, die auf Seiten der Hydra gegen Herakles kämpfen, aber wir konnten nicht sicher herausfinden, warum sie deren Verbündete waren.

Einige mythologische Drachen sind in der Lage, abgeschlagene Köpfe nachwachsen zu lassen. Von der Lernäischen Schlange heißt es in einigen

Abb. 5.2 Ein 500 Jahre altes Bild des griechischen Halbgottes Herakles im Kampf gegen die Lernäische Schlange – ein vielköpfiges Monster aus der griechischen Mythologie. Stich von Cornelis Cort. Bild Public Domain

Sagen, für jeden abgeschlagenen Kopf wüchsen ihr zwei neue, aber das klingt doch nun wirklich unglaublich – oder?

Es stimmt schon, dass uns die Stammzellenbiologie in der realen Welt neue Einblicke eröffnet, wie manche Tiere gewisse Teile ihres Körpers nach Verletzung oder Verlust regenerieren können. Stammzellen sind eine Art Joker des Tierreichs, da sie manchmal völlig neues Gewebe bilden können. Es gibt reale Beispiele dafür, dass Tiere – beispielsweise ein kleiner Süßwasserpolyp (Gattung *Hydra*) oder auch einige Amphibien und Echsen (potenzielles Ausgangsmaterial für Drachen) – mittels Stammzellen Teile ihres Körper (einen Schwanz oder ein Bein) regenerieren können. Zwei der eindrucksvollsten Regeneratoren sind der Axolotl, ein Schwanzlurch, der seine Beine nachwachsen lassen kann, und die Planarien, eine Gattung der Plattwürmer, die ihren ganzen Kopf oder aber fast ihren ganzen Körper ersetzen kann.[84]

Einen ganzen Drachenkopf zu regenerieren, wäre jedoch sicher deutlich schwieriger, als etwas viel Einfacheres zu ersetzen, wie einen Schwanz oder eine Zehe, einen Fuß oder selbst ein ganzes Bein. (Nebenbei bemerkt, erinnern Sie sich aus dem letzten Kapitel daran, dass alle Menschen während ihrer Embryonalentwicklung kurzzeitig einen Schwanz tragen? Diesen Schwanz verlieren wir bald darauf wieder, und nur die Schwanzknochen bleiben erhalten. Siehe Abb. 4.5).

Ein Kopf ist eine höchst komplexe Struktur, die das Gehirn enthält. Würde ein regeneriertes Gehirn alle Erinnerungen des alten Gehirns besitzen, das es ersetzt – grundlegende Dinge, beispielsweise wer es war oder wie es dazu kam, seinen alten Kopf zu verlieren? Dennoch ist es unserer Meinung nach zumindest hypothetisch möglich, dass unser Drache einen verlorenen Kopf mit Hilfe eigener Stammzellen regenerieren könnte, vielleicht auch ein neues Gehirn, das Anweisungen verstehen und Erinnerungen von dem verbliebenen Gehirn (oder Gehirnen) übernehmen würde. Die Aussichten auf Erfolg sind allerdings nicht besonders hoch.

Die regenerative Kraft der echten Hydra, also der besagten Süßwasserpolypen, ist wirklich bemerkenswert – die Tiere können sogar ihren Kopf regenerieren (der weitaus einfacher ist als unser eigener und auch kein echtes Gehirn enthält)[85]. Die bemerkenswerte Regenerationsfähigkeit von *Hydra* wird intensiv erforscht. Wir hoffen, eines Tages das, was wir von den Hydren gelernt haben, benutzen zu können, um Teile des menschlichen Körpers zu reparieren und zu ersetzen. Wie sich interessanterweise herausgestellt hat, muss eine unverletzte *Hydra* im Alltag die Bildung von zusätzlichen Köpfen an ihrem Körper aktiv unterbinden. Verliert der Polyp jedoch seinen Kopf, geht auch diese Hemmung verloren, und es kann ein Ersatz-kopf wachsen[86].

Alles in allem erscheint ein einziger vollständiger und funktionierender Kopf die beste Lösung für unseren Drachen, auch wenn zwei oder mehr auf-regender wären. Also werden wir uns zumindest vorerst mit einem einzigen Kopf begnügen.

Den Drachen bei den Hörnern packen

Ein gehörnter Drache ist unseres Erachtens eine klasse Idee – ein oder mehrere Hörner auf dem Kopf würden bestimmt eindrucksvoll aussehen. In praktischer Hinsicht wären Hörner auch von Nutzen, im Kampf oder um andere Tiere damit aufzuspießen. Aus ästhetischen Gründen plädieren wir für drei Hörner oben auf den Kopf, wobei das mittlere Horn das größte sein sollte. Oder wir könnten ihn mit fünf Hörnern ausstaffieren, deren Größe vom mittleren Horn zu den Seiten abnimmt. Die Hörner auf dem Kopf des Drachens könnten in kleinere Höcker oder Stacheln übergehen, die sich über seinen Rücken bis zur Schwanzspitze ziehen.

Blättern Sie noch einmal zu Abb. 1.4 zurück, die eine Gruppe von Flug-sauriern der Gattung *Quetzalcoatlus* zeigt. Erkennen Sie diesen knöchernen hornartigen Auswuchs oben auf dem Kopf der Flugsaurier? Seine Funktion ist unbekannt, doch er könnte *Quetzalcoatlus* gegenüber den Zeitgenossen seiner prähistorischen Welt ein bedrohliches Aussehen verliehen haben. Zumindest stellen wir uns das vor. Schließlich dürfen wir nicht vergessen, dass *Quetzalcoatlus* eine reale, durchaus drachenähnliche Kreatur war, nur dass er wohl leider kein Feuer speien konnte.

Unser Drache könnte auch Reihen von Stacheln (nichts anderes als spezialisierte Hörner) tragen, die sich zur Selbstverteidigung wie auch zum Angriff auf Gegner nutzen ließen.

Aber was ist eigentlich ein Horn?

In Kap. 7 werden wir genauer auf diese Frage eingehen, aber grundsätz-lich handelt es sich entweder um einen langen, schmalen Knochenfortsatz, der von Haut überzogen ist, oder um ein Stück gehärteten, hautartigen Materials, das aus dem Körper herausragt. Im selben Kapitel behandeln wir andere Geschöpfe, die wir zusätzlich zu Drachen erschaffen könnten, wie Einhörner. Manchmal ist das, was wir für ein Horn halten, tatsächlich etwas völlig anderes. Beispielsweise sind Narwale für ihr einzelnes, langes Horn berühmt (man könnte es für die Stirnzier eines Einhorns halten). Doch dieses „Horn" ist tatsächlich ein langer Stoßzahn. Wollen wir einen Drachen mit Stoßzahn? Wohl eher nicht. Statt eines Horns könnten wir ihm genauso gut ein Geweih verpassen, doch ein Drache mit Geweih könnte wiederum leicht lächerlich wirken!

Drachenfarben: weder schwarz noch weiß

Es ist oft schwer genug, eine Farbe für den Anstrich unseres Hauses oder Schlafzimmers, für unser Auto oder unser Smartphone auszuwählen, und nun stellen Sie sich einmal vor, Sie müssten eine Farbe für Ihren eigenen Drachen aussuchen. Das könnte wirklich schwierig werden. Zudem müssen wir uns schon zu Beginn des Prozesses für eine Farbe entscheiden, lange bevor unser Drache existiert, und uns vorzustellen versuchen, wie er dann wohl aussehen würde. Wir können den Drachen schließlich nicht einfach nach seiner Geburt anstreichen, nicht wahr?

Wenn wir zudem ausschließen, unseren Drachen mit bunten Tattoos oder einem Schrank farbenfroher Kleidung auszustatten, wird seine Färbung vorwiegend durch die Pigmentierung seiner Haut bestimmt werden. Zusätzliche farbliche Akzente könnten wir durch Federn setzen, wenn er solche denn hätte. Tatsächlich ist der biologische Prozess, der der Haut ihre Färbung verleiht, der gleiche, der das Vogelgefieder färbt, was nicht so überraschend ist, wenn man bedenkt, dass sich Haut und Federn aus demselben Gewebe entwickeln, wie schon in Kap. 2 erwähnt.

Wie führt dieser Pigmentierungsprozess zur Färbung von Haut, Augen, Haaren und anderen Teilen eines Tieres/Menschen? Bei einigen Arten spielt die Ernährung für die Pigmentierung eine große Rolle. Betrachten wir zum Beispiel Lachse und rosafarbene Flamingos: Sie verdanken ihre rosa Färbung ihrem hohen Konsum von Garnelen, Krebstierchen, die ebenfalls rosa sind. Selbst Menschen können einen leicht orangefarbenen Hautton bekommen – ein Zustand, der als Carotinämie bezeichnet wird –, wenn sie zu viel von bestimmten Gemüsearten (wie Möhren und Kürbissen) essen, die voller Beta-Carotin stecken. Meine Familie behauptet, ich (Paul) hätte als Kind irgendwann einen leicht orangefarbenen Schimmer gehabt, weil ich zu viele Möhren gegessen hatte.

Die Pigmentierung wird jedoch größtenteils vom Tier selbst gebildet, und zwar von speziellen Zellen, den Melanocyten. Diese enthalten ein Farbstoffmolekül namens Melanin – Melanocyten sind also nichts anderes als „Melaninzellen". Man findet diesen Zelltyp vorwiegend in der Haut, wo die Melanocyten den größten Teil des Melanins, das sie produzieren, an benachbarte Hautzellen, die Keratinocyten, abgeben. So kann sich das Pigment aus den Melanocyten in der ganzen Haut ausbreiten.

Melanocyten produzieren Melanin in einem mehrstufigen Prozess. Für einen dieser Schritte wird ein Enzym namens Tyrosinase gebraucht (ein Enzym ist ein Protein, das andere Moleküle verändert). Tyrosinase sorgt dafür, dass die Aminosäure Tyrosin in eine andere Verbindung umgewandelt wird, die dann zur Produktion von Melanin führt. Wenn die Tyrosinase nicht richtig funktioniert oder gar nicht erst gebildet wird, wird kein Melanin produziert. Albinos, also Menschen oder Tiere ohne Pigmentierung, weisen oft eine Mutation im Tyrosinase-Gen auf, die verhindert, dass ihre Zellen das Pigment bilden[87].

Dass Albinos sämtliches Melanin fehlt, führt letztlich dazu, dass die normalerweise pigmentierten Partien ihres Körpers – wie die Haut – unterschiedliche Färbungen annehmen, die von Weiß über pinkfarben bis rötlich variieren können (das Rot geht auf die roten Blutzellen zurück, die durch die Haut schimmern, weil sie nicht mehr von der Hautpigmentierung abgedeckt werden).

Noch weitere Faktoren, die die Pigmentierung regulieren, werden von Genen gesteuert. Es sind hauptsächlich Varianten dieser Gene, die zu den vielen Farbschattierungen der menschlichen Haut und auch im Tierreich führen. Tatsächlich produzieren wir verschiedene Typen von Melanin, die unsere Pigmentierung in unterschiedlicher Weise beeinflussen. So steht der Eumelanin-Typ für eine stärkere, der Phaeomelanin-Typ für eine schwächere Pigmentierung.

Allgemeiner gesagt, weisen alle Zellen auf ihrer Oberfläche so genannte Rezeptoren auf, mittels derer sie untereinander und mit ihrer Umgebung kommunizieren (durch Moleküle, die an diese Rezeptoren binden und als Liganden bezeichnet werden). Natürliche genetische Variationen oder Mutationen im so genannten Melanocortin-1-Rezeptor (MC1R), der für die Pigmentierung eine Rolle spielt, können zu vorhersagbaren Veränderungen der Eumelanin- bzw. Phäomelanin-Bildung führen.[88]

Beispielsweise hat einer von uns (Paul) eine hellere Haut, Sommersprossen und rötliches Haar (nun ja, was davon noch übrig ist) und weist daher vermutlich eine Variante des MC1R-Gens auf, das zu dieser Färbung beiträgt. Zufälligerweise besitzt auch unsere Weiße Schäferhündin Mica wahrscheinlich einen charakteristischen MC1R-Typ, in ihrem Fall aufgrund einer Mutation (Abb. 5.3). In der Regel sind Weiße Schäferhunde Träger dieser Mutation.

Viele Leute halten Mica auf den ersten Blick für einen Albino, doch bei genauerem Hinschauen erkennt man, dass sie an bestimmten Stellen durchaus viel Melanin produziert; so sind ihre Augen dunkelbraun, und ihre Nase ist wie die Nase anderer Hunde weitgehend schwarz. Albinohunde

Abb. 5.3 Mica, die Hündin der Autoren. Sie ist ein Weißer Schäferhund und weist wahrscheinlich eine Mutation in einem Protein namens Melanocortinrezeptor1 auf, das ihr ein weißes (weitgehend pigmentloses) Fell verleiht. Doch sie hat Pigmente in ihrer schwarzen Nase und ihren schokoladenbraunen Augen. (Bild: Paul Knoepfler)

haben im Allgemeinen eine rosafarbene Nase, und ihre Augen sind entweder ungewöhnlich hellblau oder seltener auch rötlich (aufgrund der sichtbaren Blutgefäße).

Alles in allem wissen Biologen daher bereits eine Menge über die Gene und Faktoren, die die Pigmentierung kontrollieren. Daher erscheint es uns plausibel, dass wir die Färbung unseres Drachens gentechnisch verändern könnten, zum Beispiel mithilfe der CRISPR-Technologie, um eine bestimmte Pigmentierung zu erzielen. Dabei dürfen wir jedoch unser Ausgangstier und seine Färbung nicht vergessen, denn dieses wird großen Einfluss auf die Pigmentierung unseres Drachens haben.

Wir haben keine bestimmte Farbe für unseren Drachen im Sinn, doch neigen wir dazu, seinen verschiedenen Körperteilen jeweils andere Farben zu geben, weil das bestimmt interessant aussähe. Könnten wir ihm die Fähigkeit geben, wie ein Chamäleon die Farbe zu wechseln, um mit seinem Hintergrund zu verschmelzen? Da sind wir uns nicht sicher, doch wenn es gelänge, wäre es interessant und sicherlich auch hilfreich für den Drachen.

In der Mythologie und in der Kunst sind Drachen unterschiedlicher Farben, wie Rot, Schwarz oder Gold, beschrieben und dargestellt worden, die sich in Fähigkeiten und Temperament unterschieden. Ob es jedoch tatsächlich eine echte Verbindung zwischen der Pigmentierung eines Drachens und seiner Persönlichkeit gibt, werden wir erst nach Abschluss unseres Projekts wissen.

In Kap. 1 haben wir über die Geschichte der Drachen gesprochen, und historisch wurden viele Drachen blaugrünlich dargestellt, denn sie wurden mit Wasser assoziiert. Europäische Drachen wurden oft in Rot oder Schwarz dargestellt, um ihr blutrünstiges oder finsteres Wesen anzuzeigen.

Vom logischen Standpunkt aus könnten wir unserem Drachen eine Färbung verleihen, die zu seiner Umgebung passt, wie Blau für die See, grünbraun für Waldgebiete und so fort. Vielleicht könnte er auch kräftige rote und schwarze Streifen tragen, um andere Tiere vor seiner gefährlichen Natur zu warnen, wie es giftige Schlangen oder Insekten tun. So oder so könnte seine Färbung ihm helfen zu überleben und zugleich ästhetisch ansprechend sein.

Wir könnten Gentechnik und genetische Modifikationen auch einsetzen, um unserem Drachen eine ungewöhnlichere Färbung zu verleihen. Beispielsweise stellt ein Unternehmen namens GloFish seit Jahren leuchtend bunte Fische her. Diese gentechnisch veränderten, biolumineszenten Fische fluoreszieren selbst bei normalem Licht in leuchtenden Farben, doch unter Schwarzlicht ist der Effekt besonders eindrucksvoll. Stellen Sie sich nur einen Drachen in solchen Farben vor (Abb. 5.4).

Ein schockierender Vorschlag

In Kap. 3, in dem wir verschiedene Möglichkeiten diskutiert haben, unseren Drachen mit Feuer auszustatten, haben wir Zitteraale und ihr erstaunliche Physiologie erwähnt. Speziell schilderten wir die Eigenschaften außergewöhnlicher Zellen, der Elektrocyten, die die elektrischen Organe dieser Fische bilden und einen erstaunlich starken elektrischen Strom erzeugen. Würden wir unseren Drachen biologisch mit einem oder zwei elektrischen Organen ausstatten, könnte er sie benutzen, um seine leicht entflammbaren Gase zu zünden und Feuer zu speien.

Doch selbst wenn wir die Flammen unseres Drachens auf andere Weise entzünden, könnte es für ihn durchaus von Vorteil sein, elektrische Organe wie die Zitteraale zu haben. Er könnte damit die Umgebung erspüren oder Beute betäuben oder eine starke elektrische Entladung als Waffe einsetzen.

Abb. 5.4 Genetisch modifizierte, biolumineszente Fische, hergestellt von GloFish. (© www.glowfish.com, David Blake/Glofish/dpa/picture-alliance)

Letzteres wäre besonders dann von Nutzen, wenn es uns nicht gelingt, das Feuerspeien zu perfektionieren. Mithilfe eines elektrischen Organs ließen sich auch kybernetische Implantate aller Art in unserem Drachen mit Strom versorgen (mehr dazu unten beim Thema Power-ups).

Vor unseren Augen

Wichtig für das Überleben unseres Drachens ist auch ein ausgezeichnetes Sehvermögen samt der Fähigkeit, Farben wahrzunehmen.

Aber muss unser Drachen zum binokularen Sehen fähig sein, also zwei Augen haben, die so im Kopf positioniert sind, dass er seine Umwelt räumlich wahrnehmen kann? In diesem Fall müssen die Sehfelder beider Augen beträchtlich überlappen, was dem Bild Tiefenschärfe verleiht. Binokulares Sehen würde erfordern, dass die Augen des Drachens vorn im Kopf platziert sind (wie bei uns Menschen oder einigen Greifvögeln, etwa den Adlern).

Oder sollten seine Augen an den Seiten des Kopfes liegen, wie es bei einigen Vögeln und den meisten Reptilien der Fall ist? Das ergibt insgesamt ein deutlich größeres Sehfeld, weil jedes Auge seinen eigenen Bereich sieht und es nicht zur Überlappung kommt.

Da Drachen aber zweifellos Raubtiere (Prädatoren) sind, denken wir, unser Drache sollte dieselbe Augenanordnung und binokulare Sicht wie ein Greifvogel haben.

Vögel haben generell große Augen und ein ausgezeichnetes Sehvermögen, oft deutlich besser als das des Menschen.[89] Einem speziellen Vogel wird nachgesagt, er habe das beste Sehvermögen aller Tiere auf unserer Erde. In einem *Audubon*-Artikel schreibt der Ornithologe Tim Birkhead, dass der australische Keilschwanzadler über das beste Sehvermögen aller Tiere verfügt, doch das könnte seinen Preis haben, so der Autor:

> Der australische Keilschwanzadler hat riesige Augen, sowohl in absoluter Hinsicht als auch im Vergleich mit den meisten anderen Vögeln, und infolgedessen die höchste bekannte Sehschärfe im ganzen Tierreich. Andere Vögel könnten ebenfalls von einer Sehschärfe wie der des Adlers profitieren, doch Augen sind schwere, flüssigkeitsgefüllte Strukturen, und je größer sie sind, desto weniger kompatibel sind sie mit dem Fliegen.

Demnach sollte unser Drache idealerweise mittelgroße Augen haben, die ihm ein gutes Sehvermögen garantieren, statt riesige Augen, um ihm die Sehschärfe eines Keilschwanzadlers zu verleihen. Wir wollen nicht, dass extragroße Augen seine Flugfähigkeit beeinträchtigen.

Wie ermitteln Wissenschaftler überhaupt, wie gut ein Tier sehen kann? Im *Smithsonian Magazine* findet sich ein interessanter Artikel zu diesem Thema, wenn Sie mehr darüber erfahren möchten.[90]

Viele Vögel können überdies im UV-Bereich sehen, was uns Menschen nicht möglich ist. UV-Sicht (also die Fähigkeit, ultraviolettes Licht wahrzunehmen) erlaubt Vögel, Licht aus diesem Spektralbereich zu nutzen, wenn es von der Sonne emittiert oder auch von Blüten reflektiert wird. Allerdings fällt uns kein guter Grund dafür ein, weshalb UV-Sicht für unseren Drachen von Vorteil sein könnte.

Ein Merkmal jedoch, das für unseren Drachen eindeutig von praktischem Nutzen wäre, ist ein transparentes drittes Augenlid, eine so genannte Nickhaut, die man bei einigen Vögeln und Reptilien findet. Tiere mit Nickhaut nutzen diese, um ihre Augen in extremen Situationen schützen, zum Beispiel beim Beutefang; das käme unserem Drachen gut zupass, sei es beim Jagen oder Feuerspeien. Augen sind empfindliche Strukturen, und wir wollen nicht, dass sie durch Hitze oder Feuer beschädigt werden. Dieses zusätzliche Augenlid könnte die Augen unseres Drachens auch beim Sturz-flug vor Staubteilchen und Schmutz in der Luft schützen.

Eine Hirnhälfte an, die andere aus

Wahrscheinlich kennen Sie den Ausdruck „mit einem offenen Auge schlafen", was so viel bedeutet wie nur leicht zu schlafen und dabei quasi auf dem Sprung zu sein, auf Gefahren zu reagieren. Wie man inzwischen weiß, schlafen einige Tiere, darunter Waltiere (Wale und Delfine) sowie manche Vögel tatsächlich mit nur einer inaktivierten Hirnhälfte und halten im Schlaf wortwörtlich ein Auge offen.[91] In einem Artikel des *National Geographic* heißt es:

> Bis vor kurzem galt der Tiefschlaf beim Menschen als pauschaler Zustand: Entweder eine Person schläft oder sie ist wach, aber nicht beides gleichzeitig … doch Vögel und Meeressäuger wie Wale und Delfine zeigen das bemerkens-wertes Phänomen, … bei dem eine Hälfte ihres Gehirns wach und ein Auge offen ist, während die andere Hirnhälfte die elektrische Signatur des Schlafens zeigt. Dabei handelt es sich höchstwahrscheinlich um einen Schutzmechanis-mus, der es dem Tier erlaubt, zu fliegen oder zu schwimmen und seine Umgebung mit einer Hirnhälfte zu überwachen, während sich die andere aus-ruht.

Wir verstehen noch nicht völlig, wie es Vögeln und Waltieren gelingt, mit nur einer Hirnhälfte zu schlafen, doch sollten wir es herausfinden, werden wir unserem Drachen diese Fähigkeit ebenfalls mitgeben. Vielleicht ist sie ja auch schon vorprogrammiert, wenn wir von einem Vogel ausgehen. Zumindest nach dem Verhalten mancher Menschen zu urteilen, laufen auch sie mit nur *einer* wachen Hirnhälfte durchs Leben, selbst wenn in ihrem Schädel theoretisch alles aktiv ist!

Drachen-GPS

Wir möchten zudem, dass unser Drache einen inneren Kompass besitzt, wie ihn Vögel haben. So könnte unser Drache weite Entfernungen zurücklegen, ohne vom Weg abzukommen, besonders wenn wir nicht da sind und ihm mit Google Maps weiterhelfen können. Seit langem wissen wir, dass Tiere weite Wanderungen unternehmen, bei denen sie viele Tausend Kilometer zurücklegen und mit erstaunlicher Präzision ans Ziel gelangen. Bis vor Kurzem wussten wir jedoch nicht, wie so etwas möglich ist.

Verfügen einige wandernde Tiere also tatsächlich über ein eingebautes GPS? Das galt als wahrscheinlich, doch erst kürzlich haben Forscher herausgefunden, wie dieses System funktionieren könnte. Wie sich herausgestellt hat, verfügen einige Vögel im Augeninneren über Magnetrezeptoren, bei denen es sich im Grunde um Magnetsensoren handelt. Diese Sensoren sind wirklich erstaunlich. Sie basieren darauf, dass Licht wie ein Magnet funktioniert, der auf das Magnetfeld der Erde reagiert.[92] Infolgedessen nimmt man an, dass sie als eine Art lichtaktivierter Kompass fungieren. Wir hätten für unseren Drachen auch gern einen solchen inneren Kompass, und wenn wir einen Zugvogel als Basis für unseren Drachen nehmen, kämen wir diesem Ziel möglicherweise einen Schritt näher.

Schwimmen

Auch wenn wir in diesem Buch weitgehend angenommen haben, dass unser Drache zum westeuropäischen Typ gehören wird – zwei bis vier Beine, Flügel und feuriger Atem –, sieht ein Drache für viele Menschen auf der Welt, wie in Kap. 1 bereits erwähnt, ziemlich anders aus. So sind Drachen in manchen asiatischen Ländern durch einige charakteristische Attribute gekennzeichnet.

Asiatischen Drachen fehlen Flügel und manchmal auch Beine, und sie speien auch nicht unbedingt Feuer. Tatsächlich sehen viele antike Drachen aus Asien wie Seeschlangen aus und werden als geschickte Schwimmer beschrieben. Wenn unser Drache so gut wie diese sagenhaften Drache schwimmen könnte, würde sich ihm ein ganz neues Universum eröffnen.

Theoretisch könnte unser Drache geflügelt sein und Feuer speien, aber dennoch einen Teil seines Lebens im oder unter Wasser verbringen. Dazu könnte er seine Flügel anlegen, so wie es manche Vögel beim Tauchen tun. Pinguine dagegen „fliegen" unter Wasser und sind auf diese Weise geschickte Schwimmer, aber das würde bei großen Drachenflügeln wahrscheinlich nicht funktionieren.

Wir könnten unseren Drachen mit Flossen ausrüsten, die ihm beim Schwimmen helfen, und vielleicht auch mit Kiemen, oder ihm die Fähigkeit verleihen, durch die Haut zu atmen, wie es Amphibien zum guten Teil tun. Und was wäre mit einem Spritzloch wie bei einem Wal? Wir könnten ihm auch Füße mit Schwimmhäuten verpassen, da seine Flügel ja bereits durch Flughäute verbunden sind. Vielleicht könnten seine Flügel unter Wasser ja doch wie Flossen funktionieren. Wir müssen uns eine Menge durch den Kopf gehen lassen und schwierige Entscheidungen treffen, wenn wir wollen, dass unser Drache im Wasser genauso elegant und tödlich ist wie in der Luft, aber beides umzusetzen, könnte ziemlich schwierig werden.

Ein Bein oder mehr, um darauf zu stehen

Unser Drache braucht auch Beine, und zwar mindestens zwei. Es war uns zuvor nie aufgefallen, dass sagenhafte Drachen rund um die Welt eine recht unterschiedliche Zahl von Beinen haben; es gibt beispielsweise einige schlangenhafte Drachen, die völlig beinlos sind, und andererseits die Hydra mit einem ganzen Bündel an Beinen (Abb. 5.5). Das heißt, wir müssen uns auch Gedanken über die Anzahl von Beinen machen, die unser Drache haben soll. Dabei denken wir besonders an das Dilemma zwei *versus* vier Beine, wobei wir die Flügel nicht als Beine zählen. Auch wenn wir unserem Drachen mehr als vier Beine geben könnten, so denken wir doch, das würde ihn weniger elegant erscheinen lassen.

Abb. 5.5   Eine Mosambik-Speikobra *(Naja mossambica)* verteidigt sich mit Giftspeien. (© Anthony Bannister/NHPA/photoshot/picture-alliance)

Die Drachen in *Game of Thrones* – und unser alter Freund Smaug im *Hobbit* – sind allesamt Drachen mit zwei Flügeln (modifizierten Armen) und zwei Beinen. Auf der Erde bewegen sich diese Drachen auf allen Vieren – sie nutzen einen Teil ihrer Flügel, gewöhnlich das „Ellenbogengelenk", als Äquivalent der Vorderfüße, um zu kriechen oder zu laufen. Das sieht nicht besonders elegant aus, aber sie kommen vorwärts. Das klingt vertraut … werfen Sie doch nochmal einen Blick auf den *Quetzalcoatlus* in Abb. 1.4.

Hat ein Drache hingegen vier Beine wie auch zwei Flügel, ist die Fortbewegung an Land viel einfacher und sieht auch ästhetischer aus. Realistisch betrachtet könnten vier Beine allerdings das Flugbild verderben. Dennoch sind geflügelte Drachen mit vier Beinen in der Mythologie und Kunst und auch im zeitgenössischen Fantasygenre (wie bei *Drachenzähmen leicht gemacht*) recht häufig.

Es gibt gute Gründe dafür, dass alle realen geflügelten Wirbeltiere wie Pteranodonten, Vögel und Fledertiere keine vier Beine plus Flügel, also sechs Körperanhänge, haben. Das hat wahrscheinlich viel mit Aerodynamik und Gewicht zu tun. Zudem umfasst der Standard-Entwicklungsplan für Wirbeltiere nur vier Anhänge, keine sechs; daher könnte es recht schwierig werden, sechs statt vier Körperanhänge zu verwirklichen. Allerdings sind die zu den Arthropoden gehörenden Insekten erstaunlich geschickte Flieger, und sie haben sechs echte Beine und gewöhnlich zwei Paar Flügel. Wir können uns unsere Optionen offen halten, doch wir planen primär, einen geflügelten Drachen mit vier Gliedmaßen zu schaffen.

Magenfragen

Wie in Kap. 3 über Feuerspucken diskutiert, wäre es gut, wenn unser Drache so etwas wie einen Pansen oder einen Muskelmagen oder vielleicht einen Mix aus beidem hätte, Das würde nicht nur seine Verdauung unterstützen, sondern ihm auch erlauben, die leicht entflammbaren Gase, die er produziert, zu zünden.

Drachenhaut

Die Haut des Drachens ist seine erste Verteidigungslinie gegen Angriffe. Die meisten Drachen sind wie Eidechsen und andere Reptilien geschuppt dargestellt; dieses Merkmal findet sich überraschenderweise in den meisten Kulturen, aus denen wir Drachendarstellungen kennen. Daher wollen wir auf Schuppen nicht verzichten (auch wenn einige Federn eine interessante Ergänzung wären, wie in Kap. 3 erörtert).

Ein wichtiger Punkt, den wir bereits erwähnt haben, ist die Sicherheit unseres Drachens. Zwar haben wir uns bislang vorwiegend mit dem inneren Brandschutz unseres feuerspeienden Ungeheuers beschäftigt, doch wir müssen uns auch Gedanken darüber machen, wie Schuppen unser Geschöpf davor bewahren könnten, versehentlich sich selbst zu kremieren. Unser erster Gedanke war: Wenn die Haut unseres Drachens stark geschädigt würde, könnte er sich einfach häuten, und gesunde neue Haut würde nachwachsen. Normale Schuppen besitzen eine gewisse Hitzeresistenz, sind allerdings wohl nicht völlig feuerfest, daher könnten wir unseren Drachen mit dickeren Schuppen oder mehrere Lagen Schuppen ausstatten, um seine Haut widerstandsfähiger gegen Feuer zu machen. Wir glauben jedenfalls, dass die Fähigkeit, sich einfach zu häuten und neue Haut nachwachsen zu lassen, äußerst wertvoll wäre.

Dicke, robuste Schuppen würden unseren Drachen auch bei potenziellen Unfällen schützen, wie einem Absturz aus der Luft, oder bei einem Angriff schwer bewaffneter Menschen.

Was lässt sich sonst noch speien?

Wie wäre es mit einem Drachen, der nicht nur Feuer speit, sondern auch ein starkes Gift?

Denken Sie an Speikobras.

Während die meisten Giftschlangen ihr Gift in ihre Opfer injizieren, um sie kampfunfähig zu machen und zu töten, können Speikobras ihr Gift auch versprühen oder speien. (Nebenbei bemerkt ist das Gift einer Speikobra seltsamerweise im Allgemeinen nicht besonders gefährlich – wenn es auf Ihrer Haut oder in Ihrem Mund landet, kann es zur Blasenbildung führen; gerät es allerdings in Ihre Augen, können Sie erblinden).

Die Giftzähne von Speikobras weisen einen unverwechselbaren Bau auf, der ihnen erlaubt, Beute bis in eine Entfernung von fast zwei Metern kraftvoll mit ihrem Gift anzusprühen (beachten Sie die bemerkenswerte Länge des Giftnebels in Abb. 5.5). Eine Speikobra speit zur Selbstverteidigung oder um ein Tier zu erlegen, das sie zum Lunch zu verzehren gedenkt. Dabei legt sie eine außerordentliche Treffsicherheit an den Tag, ob sie nun genau auf die Augen ihrer Beute zielt oder eher allgemein auf den Kopf.[93]

Stellen Sie sich einen Drachen vor, der Gift speien kann wie eine Kobra – sicherlich eine nützliche Fertigkeit. Wenn unser Drache beispielsweise eine Verschnaufpause von all dem Feuerspeien bräuchte, könnte er im Kampf alternativ zum Giftspeien übergehen, während die zum Feuerspeien benötigten Partien eine Ruhepause einlegen. Auch wenn ein Feind resistent gegen Feuer ist, wäre es vielleicht möglich, ihn durch einen Giftstrahl in die Augen zu blenden.

Ihm eine Stimme geben

Unserer Meinung nach kann sich kaum jemand einen stummen oder auch nur ruhigen Drachen vorstellen, und das Geräusch, das man mit einem solchen Tier verbindet, ist ein kraftvolles Brüllen. Wir wollen jedoch, dass unser Drache auch andere Laute in Form von Sprache produzieren kann; das erscheint uns unverzichtbar. Zumindest muss unser Drache verstehen, was wir sagen, sodass wir ihn trainieren und mit ihm interagieren können; am besten aber wäre es, einen Drachen zu haben, der sprechen kann.

Wie würde ein Drache sprechen?

Wie spricht überhaupt irgendein Tier, einschließlich des Menschen?

Sprache ist, physiologisch gesehen, eine überraschend komplexe Angelegenheit. Dazu bedarf es nicht nur eines Kehlkopfes oder Larynx und spezieller Hirnareale, sondern auch anderer Körperteile, zum Beispiel einer Lunge (denn um zu sprechen, muss man Luft bewegen) und einer Zunge. Um mittels Lauten zu kommunizieren, benötigen wir tatsächlich nicht nur eine Zunge, sondern auch Zähne, Lippen und eine Nase wie auch einen Rachenraum (Pharynx).

Unser Drache braucht schon deshalb so etwas wie einen Kehlkopf, um nicht Nahrung in seine Luftwege einzuatmen, doch wir müssen möglicherweise hier und da einige Abänderungen vornehmen, damit er sprechen kann. Wir Menschen verdanken es weitgehend unseren Stimmbändern im Kehlkopf, dass wir sprechen und singen können, sowie unserem Gehirn, das Sprache verstehen und deuten kann. Statt eines Larynx haben Vögel eine ähnliche Struktur, Syrinx genannt, und auch sie verfügen über spezielle Hirnstrukturen, die ihnen ermöglichen, zu singen und in manchen Fällen sogar zu sprechen. Andere Körperteile sind für den typischen Klang der Lautäußerungen einer jeden Tierart wichtig.

Echsen können jedoch nicht sprechen – dazu fehlt ihnen die geeignete Physiologie. Das spricht somit dafür, eher Vögel als Echsen als Ausgangsmaterial für unseren Drachen zu wählen.

Alles in allem bauen wir darauf, dass unser Drache in der Lage sein wird zu sprechen, daher müssen wir bestimmte Schritte unternehmen, um ihm eine Stimme zu geben. Auch wenn das nicht unbedingt Priorität hat, könnte es überdies Spaß machen, ihn zum Singen zu bringen.

Mädchen oder Junge – oder beides?

Wenn wir mehr als einen einzigen Drachen erschaffen wollen (und das wollen wir), müssen wir wohl einen weiblichen und einen männlichen Drachen machen, denn der beste Weg, auf lange Sicht mehr Drachen zu produzieren, ohne jedes Mal wieder bei null zu beginnen, besteht darin, ein fruchtbares Paar zu schaffen, das sich allein fortpflanzen kann. Aber schon die Erschaffung eines einzigen gesunden Drachen ist eine Herausforderung, ganz zu schweigen von einem oder mehreren fruchtbaren Exemplaren beider Geschlechter.

Wenn wir nur einen einzigen Drachen herstellen können, ist es dann klüger, ein Männchen oder ein Weibchen zu schaffen? Nun, wir sollten wohl zunächst ein Weibchen machen, und das aus mehreren Gründen.

Nehmen wir die Geschichte des Komododrachenweibchens Flora in einem Zoo in England. Flora war niemals mit einem männlichen Drachen zusammengekommen, doch plötzlich legte sie Eier, und aus einigen schlüpften zur allgemeinen Verblüffung lebensfähige Drachen.[94] Wie sich herausstellte, können sich einige Reptilienarten in seltenen Fällen ohne männlichen Beitrag fortpflanzen. Ihre Eizellen beginnen einfach, sich ohne Befruchtung durch Spermien zu Embryonen zu entwickeln – ein Vorgang, den man als Jungfernzeugung (Parthenogenese) bezeichnet. Dabei entstehen bei Reptilien in den meisten Fällen Männchen, die sich dann theoretisch mit ihrer Mutter paaren können. Das klingt vielleicht nicht besonders schön, aber so erledigen Echsen manchmal ihre Angelegenheiten.

Beim Menschen und vielen andere Arten wird das Geschlecht durch die zwei Geschlechtschromosomen X und Y bestimmt; Weibchen haben die Kombination XX, Männchen XY (wobei es selten Intersex-Varianten gibt). Vögel und viele Reptilien verwenden ein anderes System, bei dem die Wissenschaft W- und Z-Chromosomen unterscheidet; ZZ-Individuen sind hierbei männlich und WZ-Individuen weiblich. Wenn die Eier eines Komoweibchens daher eine Parthenogenese durchmachen, können sie nur die Chromosomenkombinationen ZZ (männliche) oder WW (nicht lebensfähig) produzieren, sodass nur männliche Nachkommen überleben. (Übrigens könnten Dinosaurier dasselbe WZ-Chromosomensystem oder ein sehr ähnliches System zur Geschlechtsbestimmung verwendet haben.)

Im Gegensatz dazu kann Parthenogenese in seltenen Fällen bei einigen Wirbeltieren, zum Beispiel bestimmten Haiarten, zu gesunden weiblichen Nachkommen führen, aber niemals zu Männchen. Diese Einschränkung liegt am Geschlechtsbestimmungssystem durch XY-Chromosomen, das so viele Tierarten verwenden.

Eine mögliche Parthenogenese unseres Drachenweibchens könnte also je nach der Natur seiner Geschlechtschromosomen kompliziertere Resultate ergeben, was das Geschlecht des Nachwuchses angeht. Wenn Sie mehr darüber wissen wollen, so finden Sie im *Scientific American* einen schönen Überblick.[95]

Spräche denn etwas dafür, unseren ersten Drachen zu einem Männchen zu machen oder überhaupt männliche Drachen zu machen?

Aber ja!

Die normale sexuelle Fortpflanzung (wenn man die Paarung von Drachen als „normal" bezeichnen kann) erzeugt mit viel höherer Wahrscheinlichkeit gesunde junge Drachen. Und auch wenn es andere Reproduktionsmöglichkeiten gibt, einschließlich IVF (Kurzform für In-vitro-Fertilisation, bei der eine Eizelle außerhalb des Körpers – *in vitro* – befruchtet wird), so sind sie doch nicht ohne Risiko und können die Gesundheit des Nachwuchses beeinträchtigen.

Ausgefallenere Reproduktionsformen wie Parthenogenese und Klonen sind bislang, ohne weitere große technologische Fortschritte, wohl weit weniger erfolgreich. Zudem würde sexuelle Fortpflanzung die genetische Vielfalt unserer Drachen vergrößern und ihnen dadurch helfen, sich an neue Umgebungen anzupassen – sie könnte sogar zu einer neuen Generation von Drachen führen, die plötzlich Merkmale entwickelt, an die wir nicht einmal im Traum gedacht hätten. Einige Tierarten sind gleichzeitig männlich und weiblich oder können ihr Geschlecht im Lauf ihres Lebens wechseln – man nennt sie Zwitter oder Hermaphroditen. Ein zwittriger Drache könnte nützlich sein, aber schwer zu schaffen.

Es wäre somit ideal, neue Drachen durch sexuelle Fortpflanzung zu erzeugen – das würde ihre genetische Vielfalt erhöhen und ihre Evolution vorantreiben.

Power-ups

Wie wäre es, das Design unserer Drachen noch weiter auf die Spitze zu treiben? Wir könnten versuchen, Drachen mit noch außergewöhnlicheren Fähigkeiten und Kräften zu schaffen, die wir als „Power-ups" (etwa: Verbesserungen, Aufrüstungen) bezeichnen möchten.

Diese Power-ups könnten durchaus über diejenigen normaler Tiere und sogar konventioneller Drachenfähigkeiten hinausgehen.

Was wäre, wenn wir einen Drachen machen könnten, der nicht nur echt ist, sondern zudem weitaus mächtiger, als Drachen in Kunst und Mythologie gewöhnlich dargestellt werden?

Warum sich mit einem Drachen begnügen, der lediglich fliegen und Feuer speien kann? Wenn wir über die nötige Technologie verfügen oder sie erfinden können, könnten wir unseren Drachen mit potenziellen Verbesserungen aller Art ausrüsten. Diese Upgrades könnten diverse coole Merkmale umfassen, darunter verschiedene Superkräfte, die man in Filmen oder Comics findet.

Fangen wir bei seinen Augen an.

An früherer Stelle haben wir in diesem Kapitel bereits darüber gesprochen, welche Art Augen wir uns für unseren Drachen wünschen. Wir könnten ihn als Power-up zum Beispiel mit einem Super-Sehvermögen ausstatten. Auch wenn ein Röntgenblick à la Superman wahrscheinlich nicht machbar ist, könnte unser Drache über eine extrem hohe Sehschärfe verfügen, besser noch als die eines Adlers, vielleicht eher im Sinne eines Teleskopblicks. Einige Tiere, wie Schlangen, verfügen über Infrarotsicht, das wäre vielleicht auch etwas für unseren Drachen. Eine gute Nachtsichtfähigkeit wäre ebenfalls eine Option.

Wie kommt es, dass normale nachtaktive Tiere wie Eulen nachts so gut sehen? Tiere mit „Nachtsicht" zeichnen sich durch mehrere spezielle Merkmale aus. Meist haben sie sehr große Augen, um möglichst viel Licht zu sammeln, und ihre Netzhaut (Retina) weist einen speziellen Bau auf. Die Retina kleidet den hinteren Teil des Auges aus und enthält lichtempfindliche Zellen. Von diesen so genannten Photorezeptoren gibt es zwei Typen – Stäbchen, die nicht farbtüchtig sind, aber sehr lichtempfindlich, und Zapfen, die farbiges Licht wahrnehmen können.

Zusätzlich zur Retina weisen einige nachtaktive Tiere wie Eulen eine spezielle Zellschicht im Auge auf, die als Tapetum lucidum bezeichnet wird. Diese Zellschicht reflektiert das Licht nochmals auf die Photorezeptoren und erhöht damit deren Lichtausbeute.[96] Das Ergebnis ist eine extrem gute Nachtsicht. Diese Lichtreflexion am Tapetum lucidum führt zu den leuchtenden Augen der Katze in Abb. 5.6 und anderer Tiere mit Tapetum; dieser Effekt tritt beim Menschen nicht auf, weil uns diese reflektierende Zellschicht fehlt (wenn wir auf Fotos auch manchmal rote Augen haben).

Wenn Sie finden, dass Katzen mit nachtleuchtenden Augen cool und ein wenig unheimlich aussehen, dann stellen Sie sich bitte einmal vor, in der

Dunkelheit einem Drachen mit riesigen, lichtreflektierenden Augen zu begegnen. Lohnt es sich da überhaupt noch, wegzurennen?

Uns fallen noch mehr mögliche Power-ups ein. Sollte unser Drache Hörner oder Stacheln tragen, wie bereits früher im Kapitel diskutiert? Sicher, aber man könnte diese noch mit Metallspitzen aufmotzen, oder sie könnten ein starkes, schnell wirkendes Gift in die Beute unseres Drachens injizieren.

Wie wäre es mit speziellen Zähnen, die praktisch so gut wie alles zerteilen können? Unser Drache könnte auch die Fähigkeit besitzen, abgenutzte Zähne so oft wie nötig durch neue zu ersetzen, wie es Haie und Alligatoren tun[97].

Und was ist mit einem ganz besonderen Schwanz? Reptilienschwänze sind durchaus oft mächtige Waffen, doch ein Drachenschwanz könnte so kräftig sein, dass er ein Haus zum Einsturz bringt oder seine Feinde buchstäblich zerschmettert.

Wir könnten auch einen Wasserdrachen schaffen, aber einen Schritt weiter gehen und ihn mit Kiemen ausrüsten, sodass er nicht nur an Land oder auf dem Wasser, sondern auch unter Wasser zurechtkommt. Das wäre ein amphibischer Drache, der einigen Drachen in der asiatischen Mythologie recht nahe käme.

Abb. 5.6 Eine Hauskatze *(Felis silvestris)*, deren Augen des Nachts Licht reflektieren. (© H.O.Schulze/WILDLIFE/picture alliance)

Auch andere Versionen des Drachen 2.0 sind denkbar.

Aufregend wären superschnelle Drachen. Von Flugsauriern nimmt man an, dass sie eine Geschwindigkeit von mehr als 100 Stundenkilometern erreichen konnten.[98] Wenn unser Drache eine weitaus höhere Geschwindigkeit erreichen könnte, eher die von Jets oder zumindest von Iron Man, käme er viel rascher in der Welt herum. Selbst eine bescheidene Erhöhung der Fluggeschwindigkeit auf rund 200 Stundenkilometern wäre fantastisch!

Wir haben bereits kurz darüber gesprochen, wie es wäre, wenn unser Drache einen abgeschlagenen Kopf ersetzen könnte. Wie wäre aber es mit einem super-regenerativen Drachen à la Wolverine aus *X-Men*? Wenn unser verbesserter Drache so gut wie alle Schäden mittels Stammzellen reparieren könnte, wäre das in Schlachten sicherlich von großem Nutzen, oder auch dann, wenn jemand unseren Drachen heimtückisch umzubringen versuchte. Wir werden die Idee einer auf Stammzellen basierenden Hyperregeneration im nächsten Kapitel ausführlicher diskutieren.

Ein hochgerüsteter Drache könnte auch schwere Angriffe zurückschlagen. Vielleicht sollten wir einen unserer Drachen mit robusten Schuppen vom Kevlar-Typ ausstatten?

Wie wäre es, unserem Drachen eine extrem lange Lebensspanne oder sogar Unsterblichkeit zu verleihen? Selbst im Reich der Fantasy wie im *Kleinen Hobbit* (denken Sie an den Drachen Smaug) und in *Game of Thrones* sind Drachen weder unsterblich noch unzerstörbar. In beiden Fantasy-Werken könnten Drachen getötet werden. Ganz allgemein gibt es Unsterblichkeit doch im realen Leben nicht, oder? Selbst ein kleiner wirbelloser Meeresbewohner, der als „unsterbliche Qualle" bezeichnet wird und angeblich unsterblich ist, kann wahrscheinlich nicht ewig leben.

Wenn wir unseren Drachen nicht unsterblich machen, wäre doch wenigstens eine außerordentlich lange Lebensspanne wünschenswert; gleichzeitig sollten wir bedenken, was es für uns und die Welt bedeuten würde, wenn unser Drache uns überlebt. Wer würde sich um ihn kümmern und sein Verhalten im Auge behalten? Mehr dazu in Kap. 8.

Abschalten

Wir haben uns viele Gedanken darüber gemacht, wie wir unseren Drachen mächtiger und unbesiegbarer machen könnten, dennoch halten wir es für wichtig, uns auch zu überlegen, das Ungeheuer „abzuschalten" zu können, falls die Dinge furchtbar schief gehen wollten. Wenn unser Drache zum Beispiel Anstalten macht, den Bürgermeister oder sogar uns zu fressen, was könnten wir dann tun? Wir könnten ihn natürlich bitten aufzuhören. Wir könnten ihm streng befehlen aufzuhören, wie es Halter oft bei ihren Hunden tun, aber manchmal funktioniert das nicht.

Wenn ein Hund Butterbrote stiehlt und seinem Haufen im Wohnzimmer absetzt, nicht auf Sie hört, geht davon die Welt nicht unter. Aber wenn er Anstalten macht, Ihren Nachbarn anzugreifen, kann die ganze Situation sehr schnell sehr ernst werden. Bei einem Drachen steht noch viel mehr auf dem Spiel, weil er potenziell viel gefährlicher ist. Was, wenn er sich wirklich daneben benimmt und trotz allem, was Sie unternehmen, um sein schlechtes Verhalten zu beenden, keinerlei Einsicht zeigt?

In einem solchen Drachen-Notfall wäre es ideal – und vielleicht lebensrettend –, wenn es eine Möglichkeit gäbe, vollständig die Kontrolle über ihn zu übernehmen. Zu diesem Zweck sollte es eine Art Abschaltknopf geben. Im Extremfall könnte dieser Abschaltknopf den Drachen töten. Wir würden unseren eigenen Drachen definitiv nicht töten wollen, es aber dennoch tun, wenn es die einzige Möglichkeit ist zu verhindern, dass er uns oder viele Tausend Menschen tötet.

Es ist schmerzlich, so etwas zu sagen, selbst in einem hypothetischen Szenario, aber es wäre in so einem Falle besser, den Drachen zu verlieren. Wir sind keine Narren. Wie wir immer wieder erwähnt haben, könnten unsere Pläne in vielerlei Hinsicht schrecklich fehlschlagen, daher brauchen wir einen Notfallplan für den Fall, dass ein außer Kontrolle geratener Drache eine Katastrohe heraufzubeschwören droht. Man könnte natürlich fragen, warum wir nicht einfach hingehen und den außer Kontrolle geratenen Drachen eigenhändig erledigen würden, statt ihn auf irgendeine ausgefallene Weise zu töten. Nun, das wäre wohl ebenso schwierig wie tragisch. Schließlich wünschen wir uns einen mächtigen und widerstandsfähigen Drachen. Einen Drachen in einer offenen Schlacht zu töten, ist keine Kleinigkeit. Am Ende könnten wir den Kürzeren ziehen und tot sein. Wenn wir keine andere Chance sehen, wäre ein Abschaltknopf wohl die beste Lösung.

Ein solcher tödlicher Abschaltknopf könnte teilweise biologischer Natur sein. Wir könnten ein System entwerfen, das im Inneren des Drachens ein rasch wirkendes Gift freisetzt, oder sein Herz elektrisch stoppen. Der Trigger könnte aus einem drahtlosen Fernbedienungsmechanismus bestehen, der beispielsweise eine kleine, im Gewebe des Drachens eingebettete Kapsel öffnet, die Gift freisetzt oder dem Herz einen tödlichen Schock versetzt.

Alternativ könnten wir gentechnisch einen Aus-Schalter schaffen, indem wir unseren Drachen anfällig für eine seltene chemische Substanz machen (denken Sie an Superman und Kryptonit), die ihn unter bestimmten

Umständen umbringen könnte. Aber das wäre ein schwerfälligerer Ansatz, denn wir müssten die genetische Anfälligkeit irgendwie triggern, etwa durch eine veränderte Ernährung unseres Drachen. So könnten wir unseren Drachen, solange er sich gut benimmt, mit Nahrung füttern, die ihn gegen die tödliche Substanz resistent macht. Sollte er jedoch außer Kontrolle geraten, verändern wir seine Ernährung so, dass er empfindlich auf diese Substanz reagiert. Und dann müssten wir uns in Geduld fassen. Denn das ist ein langsamer Prozess!

Wir bräuchten wohl etwas Schnelleres. Wenn sich unser Drache nicht mehr kontrollieren lässt, könnten wir ihm unsere „Drachen-Kryptonit"-Substanz verabreichen, zum Beispiel mittels einer raschen Injektion (wie ein EpiPen, der bei Menschen mit einer potenziell lebensgefährlichen allergischen Reaktion auf Bienenstiche oder ähnliches rasch Adrenalin injizieren kann) oder indem wir die Substanz im Lieblingsfutter des Drachen verstecken (ebenso verabreichen manche Hundehalter ihren Hunden Arzneimittel in Erdnussbutter oder Wurst versteckt). Diese drachentötende Substanz dürfte aber in freier Natur nicht vorkommen und nur für uns verfügbar sein.

Bei einem weniger krassen Notfallplan könnten wir unserem Drachen auch einen reversiblen „Abschaltknopf" einbauen. Statt ihn zu töten, könnte dieser ihn nur zeitweilig außer Gefecht setzen. Es wäre eher so etwas wie ein Ein/Aus-Knopf.

Uns gefällt die Idee besser als ein tödlicher „Abschaltknopf", denn wir könnten unseren Drachen behalten und dennoch (hoffentlich) Katastrophen vermeiden. Statt einer ins Gewebe eingebetteten, mit Gift oder einem Explosivstoff gefüllten Kapsel könnte man beispielsweise eine ferngesteuerte Kapsel mit einer betäubend wirkenden Substanz füllen, wie einem Narkotikum. Aber dazu müssten wir herausfinden, was eine sichere wie auch wirksame Dosis ist. Und welche Substanz infrage käme, um unseren Drachen auszuschalten, ohne ihn zu schädigen. Das würde wohl ein eigenes Forschungsprojekt erfordern und könnte vielleicht auf dem aufbauen, was wir bereits über das Ruhigstellen großer Tiere wie Alligatoren wissen.

Selbst wenn es uns gelingen sollte, einen offenbar sicheren und wirksamen „Abschaltknopf" für unseren Drachen zu entwickeln: Was wäre, wenn wir diesen Schalter aktivierten, während unser Drache am Himmel kreist? Das wäre sicherlich nicht gut. Daher müssen wir vielleicht auf den richtigen Zeitpunkt warten, um den Schalter zu betätigen. Aber während dieser Wartezeit könnte unser außer Kontrolle geratener Drache weiteren Schaden anrichten, sollte er Stunden in der Luft verbringen.

Und falls sich der Drache weit von uns entfernt hat, wissen wir vielleicht nicht einmal, was er gerade anrichtet, wenn wir den Aus-Schalter betätigen wollen. Wir könnten versuchen, unseren Drachen mit einer festen Webcam auszurüsten, und per Livestream auf einem Monitor beobachten, was er so treibt – was aber, wenn die Webcam gehackt würde? Oder kaputt ginge? Oder es dem Drachen gelänge, sie abzuwerfen?

Wir alle kennen diese implantierten Geräte aus Spionagethrillern. Wenn sich der Drache weit entfernt von uns aufhält, ist die Aktivierung des Ausschaltknopfes per Fernbedienung problematisch – nicht nur im Hinblick auf den richtigen Zeitpunkt, sondern auch, weil es über größere Entfernungen vielleicht gar nicht funktioniert. Wir müssten eine Art Satellitensignal verwenden, sodass wir den Schalter von fast überall aktivieren könnten. Das wird alles höchst kompliziert.

Eine weitere biologische Option wäre ein neuronales Implantat, das wir über Wi-Fi aktivieren könnten. Das Implantat würde dann ein elektrisches Signal ins Gehirn unseres Drachen senden, das ihn ohnmächtig werden lässt – so erfolgt der Knockout also mit einem kleinen Stromstoß statt mit einer chemischen Substanz. Dieses elektrische Knockout-Signal könnte sogar von dem körpereigenen elektrischen Organ des Drachens herrühren (siehe Kap. 3). So oder so würden wir den Drachen nicht töten, sondern nur außer Gefecht setzen.

Eine unserer größten Sorgen im Zusammenhang mit einem Ausschaltknopf oder einem Ein/Aus-Schalter ist, dass jemand anders das Kontrollgerät in die Hände bekäme. Er könnte dann die Kontrolle über unseren Drachen gewinnen und sie benutzen, um ihn zu zerstören – oder aber auch, um ihn schlimme Dinge tun zu lassen.

Was könnte schiefgehen und wie könnten wir sterben?

Offenbar gibt es für jedes nur mögliche Drachenmerkmal eine abgestufte Risikoskala für uns als seine Schöpfer und Pfleger (wir zögern, uns als „Besitzer" zu bezeichnen, denn kann man einen Drachen wirklich besitzen?). Je mehr Macht wir unserem Drachen geben, desto eher wird er diese Macht gegen uns verwenden und uns absichtlich oder unabsichtlich vernichten. Diese Überlegung macht klar, dass Power-ups ebenso faszinierend wie erschreckend sind.

Der Spaßfaktor

Auch wenn wir uns einigen Problemen gegenübersehen und gewisse Risiken gegen potenzielle Vorteile abwägen müssen, werden wir alles in allem eine Menge Spaß dabei haben, unseren Drachen mit verschiedenen Merkmalen auszustatten. Sollten wir viele Drachen herstellen, könnten wir mit verschiedenen Attributen von Kopf bis Schwanz herumspielen, Und wir freuen uns auch darauf, mit dem Potenzial von Drachen-Power-ups zu experimentieren.

Literatur

Bode HR (2003) Head regeneration in Hydra. Dev Dyn 226(2):225–236

Flanagan N et al (2000) Pleiotropic effects of the melanocortin 1 receptor (MC1R) gene on human pigmentation. Hum Mol Genet 9(17):2531–2537

Levin M et al (1996) Laterality defects in conjoined twins. Nature 384(6607):321

Shostak S (1972) Inhibitory gradients of head and foot regeneration in Hydra viridis. Dev Biol 28(4):620–635

Tomita Y et al (1989) Human oculocutaneous albinism caused by single base insertion in the tyrosinase gene. Biochem Biophys Res Commun 164(3):990–996

Wu P et al (2013) Specialized stem cell niche enables repetitive renewal of alligator teeth. Proc Natl Acad Sci USA 110(22):E2009–E2018

6

Sex, Drachen und CRISPR

Drachenevolution mit Warp-Geschwindigkeit

Müssen alle Wege zur Schaffung eines echten Drachens mit Sex beginnen
oder von Sex abhängig sein?

Nicht unbedingt, aber bei den Recherchen für dieses Buch sind wir zu
der Überzeugung gelangt, dass andere mögliche wissenschaftliche Wege
zum Bau eines Drachen alle in irgendeiner Weise auf Experimenten zur
Reproduktions- oder Entwicklungsbiologie basieren müssen. Und diese
Forschung wird sich überwiegend auf sexuelle Fortpflanzung stützen, ob
spontan oder unterstützt durch In-vitro-Fertilisation (IVF). Es gibt nur
ein paar Ausnahmen von diesem Ansatz, beispielsweise Klonen, auf das wir
später noch zurückkommen werden.

Der Schlüssel zum Erfolg bei der Erschaffung eines Tieres mit drachenähnlichen Zügen und letztlich der Erschaffung von Drachen hängt davon
ab, ob es uns gelingt, die DNA eines Tieres zu verändern – entweder in
ganzen Embryonen oder während der Reproduktion in spezifischen Zellen
eines Embryos. Dazu brauchen wir eine genügend große Population unserer
potenziellen Ausgangstiere (Vögel oder Echsen, wie bereits in den vor-
herigen Kapiteln diskutiert). Während wir aus diesem Ausgangsmaterial
unsere immer drachenartigeren Zwischenformen herstellen, müssen wir so
lange Gruppen dieser intermediären Geschöpfe mit Drachenmerkmalen
„anreichern", bis wir einen echten Drachen haben.

Ganz gleich also, von welchem Tier wir ausgehen – ob Flugdrache, Vogel
oder eine wilde Kombination von Lebewesen, die wir zu einer drachenartigen

© Springer-Verlag GmbH Deutschland, ein Teil von Springer Nature 2021
P. Knoepfler und J. Knoepfler, *Drachenzucht für Einsteiger,*
https://doi.org/10.1007/978-3-662-62526-2_6

Chimäre verschmelzen –, wir müssen routinemäßig in der Lage sein, Embryonen von ihnen zu gewinnen und diese zu modifizieren. Um die ganze Sache möglichst einfach zu halten, werden die meisten dieser Embryonen unterschiedlicher Entwicklungsstadien höchstwahrscheinlich durch sexuelle Fortpflanzung erzeugt werden, manchmal wohl auf natürlichem Wege, zu anderen Zeiten durch In-vitro-Fertilisation. All dies wird in unserem geplanten Drachenbaulabor stattfinden, das auch eine Tierstation enthalten muss. Daher müssen wir mindestens einen Veterinär und einen veterinärmedizinisch-technischen Assistenten anstellen, die sich um die Tiere kümmern und die IVF ausführen sollen.

Was genau ist IVF?

Diese Technik wurde vor rund 40 Jahren in Großbritannien von dem Arzt Robert Edwards entwickelt, um unfruchtbaren Paaren zu einem Kind zu verhelfen. Bei der IVF geschieht die Befruchtung nicht im Körper (wie es natürlich wäre), sondern in einer Petrischale, die eine Eizelle und Spermien enthält. Noch einmal zur Erklärung: Die Befruchtung erfolgt, indem das Spermium in die Eizelle eindringt, mit ihr verschmilzt und sie auf diese Weise zur Entwicklung eines Embryos befähigt. Sie ist der erste Schritt in der Entwicklung zahlloser Tierarten, einschließlich des Menschen. Im Lauf des IVF-Prozesses werden die erzeugten Embryonen in die Gebärmutter der zukünftigen Mutter eingepflanzt, wo sich ein Embryo (manchmal auch mehrere) im Lauf von neun Monaten zu einem gesunden Baby entwickelt. Statt lediglich Eizellen und Spermien in einer Schale zu mischen und das Beste zu hoffen, injizieren Reproduktionsspezialisten das Spermium manchmal auch direkt in die Eizelle (Abb. 6.1), um sicherzustellen, dass die Geschlechtszellen auch wirklich miteinander verschmelzen.

In-vitro-Fertilisation (lateinisch für „Befruchtung im Glas", also außerhalb des Körpers) umgeht nicht nur einige der Schlüsselprobleme unfruchtbarer Paare, sondern bietet auch eine günstige Gelegenheit, den Embryo genetisch zu verändern, bevor er in den mütterlichen Uterus eingepflanzt wird, zum Beispiel mithilfe einer Gentechnik namens CRISPR. Wir glauben aus verschiedenen Gründen nicht, dass das bei menschlichen Embryonen eine gute Idee ist. Rein theoretisch lassen sich auch bei Tieren Spermium und Eizelle sowie Embryonen verschiedener Arten im Rahmen einer IVF kombinieren, um Chimären zu erzeugen.

Mehr über IVF und Robert Edwards, der für seine Forschung den Nobelpreis erhielt, wie auch über die Konsequenzen dieser Methode, wenn sie gemeinsam mit CRISPR eingesetzt wird, erfahren Sie in Pauls Buch *GMO Sapiens* (deutsch: *Genmanipulierte Menschheit: Evolution selbst gemacht*)[99].

Neben der Zucht von Tieren, sei es durch natürliche Fortpflanzung oder IVF, können beim Bau unseres Drachens auch andere modernste

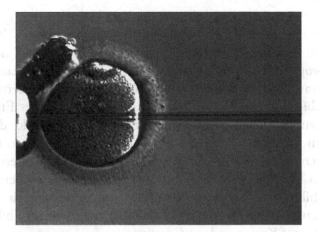

Abb. 6.1 In-vitro-Fertilisation (IVF) einer menschlichen Eizelle (das große runde Objekt). Dabei wird ein Spermium per Kanüle (rechts) in die Eizelle injiziert, statt darauf zu warten, dass das Spermium das Ei spontan befruchtet. Links sieht man eine Haltepipette, die die Eizelle für die Injektion an Ort und Stelle fixiert. (© RWJMS IVF Laboratory)

Reproduktionsmethoden wie Klonen ins Spiel kommen. Mit solchen Methoden lässt sich unsere Flexibilität erhöhen, denn dann müssen wir uns nicht ausschließlich auf sexuelle Fortpflanzungen verlassen. Aber auch wenn Klonen zu fast perfekten Kopien eines Tieres führen kann, kann der Prozess in mancher Hinsicht recht unvorhersehbar sein. Bei vielen Tierarten ist Klonen überdies noch nicht gelungen oder noch nicht perfektioniert worden.

Zusätzlich zum Klonen werden einige Elemente unserer Drachenbauforschung wohl auch auf Stammzellen basieren. Am Einsatz von Stammzellen zur Behebung von Unfruchtbarkeit des Menschen wird intensiv geforscht. Bei dieser Art Stammzellenforschung geht es darum, Eizellen und Spermien aus Stammzellen zu erzeugen und diese dann zur IVF einzusetzen. Es wird sogar darüber diskutiert, menschliche Stammzellen zum Klonen von Menschen einzusetzen, wenn diese Idee auch höchst umstritten ist. Im Rahmen unseres Drachenforschungsprogramms könnten Stammzellen für uns ein wichtiges Werkzeug zur Testung verschiedener Technologien und Ansätze sein, zum Beispiel dem Editieren (der Bearbeitung) spezifischer Gene, von denen wir hoffen, dass sie uns die erwünschten drachenähnlichen Merkmale liefern.

Wenn wir Embryonen genetisch verändern, brauchen wir auch ein hohes Maß an Präzision, und zwar im Hinblick auf das, was wir tun und wann wir es tun. Ein erfolgreicher gentechnischer Eingriff hängt oft davon ab, dass man präzise Veränderungen zu einem ganz bestimmten Zeitpunkt in der Entwicklung eines Tieres vornimmt. Beispielsweise lässt sich das Entwicklungsprogramm, das zu einem Arm führt, so verändern, dass dieser Arm mehr wie ein Flügel aussieht, aber wir können diese Veränderung nicht zu einem beliebigen Zeitpunkt vornehmen. Wir müssen dieses Entwicklungsprogramm zu exakt dem richtigen Zeitpunkt und an exakt der richtigen Stelle ändern. In ähnlicher Weise könnten wir den Magen-Darm-Trakt eines Tieres während seiner Entwicklung verändern, um einen Pansen zu kreieren, den wir zum Feuerspeien brauchen, während das Tier normalerweise keinen Pansen ausbilden würde. Wenn wir die Veränderung jedoch zur falschen Zeit vornehmen, dann geschieht vielleicht gar nichts oder es bildet sich ein Riesenpansen auf Kosten anderer Gewebe.

Wenn wir Erfolg haben wollen, dann müssen wir viele derartige Veränderungen in einem sehr frühen Entwicklungsstadium vornehmen. Je weiter die Entwicklung fortgeschritten ist, desto weniger empfänglich ist der Embryo oder Fetus für Veränderungen. Einige Veränderungen könnten wiederum nur funktionieren, wenn wir sie viel später in der Entwicklung des Tieres vornehmen – greift man zu früh ein, kann man in manchen Fällen die gesamte Entwicklung vermasseln.

Bevor wir voll in den Prozess einsteigen, mithilfe von Gentechnik einen Drachen zu bauen, müssen wir zunächst einige vorläufige Untersuchungen über Geschlechtszellen und die Embryonen einer oder mehrerer Tiere durchführen. Im Lauf unserer vielen Experimente werden wir zahlreiche Fehlschläge erleben, bis wir unserem gewünschten Ziel nahekommen. So funktioniert Wissenschaft nun einmal in der wirklichen Welt.

Glücklicherweise müssen wir mit der Wissenschaft des Drachenbaus nicht ganz bei Null anfangen. Wir können auf jahrzehntelange Forschung in Embryologie, Entwicklungsphysiologe, Genetik und auf dem Gebiet der Stammzellen zurückgreifen, selbst wenn wir diese Forschung in eine neue – und einige würden sagen, völlig verrückte – Richtung lenken.

Über Vogelentwicklung wissen wir bereits eine ganze Menge, weniger offenbar über die Entwicklung von Echsen. Wir wollen auf jeden Fall einen Drachen herstellen, aber selbst wenn uns das nicht gelingen sollte (was wir natürlich für höchst unwahrscheinlich halten), könnte unsere Arbeit noch immer einen wichtigen Beitrag zum Verständnis dieser weniger gut untersuchten Tiere liefern und wäre insofern keine Zeitverschwendung.

In diesem Zusammenhang werden wir uns auch mit einer der angesagtesten aktuellen Methoden in der Gentechnik beschäftigen, mit der CRISPR/Cas-Methode (oft einfach „CRISPR" genannt), mit deren

Hilfe sich Gene gezielt verändern lassen. Wir planen, CRISPR einzusetzen, um gewisse Genmodifikationen zu erzeugen und damit zu bewirken, dass sich bestimmte, für Drachen typische Merkmale entwickeln. Zu diesem Zweck wollen wir CRISPR bei Stammzellen, Spermien, Eizellen und selbst Embryonen einsetzen, die aus nur einer Zelle bestehen. Wenn diese per CRISPR modifizierten Embryonen geboren werden und heranwachsen, können sie sich fortpflanzen und einen lebendigen, genetisch modifizierten Organismus produzieren (mehr über CRISPR später in diesem Kapitel).

Für unsere Ausgangsgeschöpfe wie auch für unsere Drachen könnte spontaner Sex ein komplizierter Prozess sein, der unser Drachenbauprogramm verlangsamt. Was ist, wenn Drachen 50 Jahre brauchen, um geschlechtsreif zu werden? Dann könnte unsere Forschung mehr Zeit verschlingen, als wir Forscher haben oder als die Lebensspanne beträgt, die uns noch bleibt. Selbst wenn wir die Dinge im Labor etwas beschleunigen könnten, würden sich einige zeitintensive Schritte vielleicht als schwierig zu meisternde Hindernisse erweisen.

Es ist zwar nicht immer der Fall, doch im Allgemeinen gilt: je größer das Tier, desto länger die Trächtigkeit. Komododrachen haben für Echsen eine ungewöhnlich lange Trächtigkeit, etwa so lang wie eine menschliche Schwangerschaft. Daher könnte ein viel größerer, auf Komodos basierender Drache eine Tragzeit haben, die Jahre dauert. Soviel Zeit haben wir nicht! Komodos und einige andere Tiere können ihre Reproduktion zudem für längere Zeit verzögern und ihre Eier erst dann ablegen, wenn die Rahmenbedingungen stimmen.[100] Möglicherweise verhalten sich Drachen ebenso, was die ganze Sache noch weiter verlangsamen würde.

Selbst wenn es uns gelingen sollte, fruchtbare weibliche und männliche Drachen zu schaffen, paaren sich die geschlechtsreifen Tiere vielleicht nicht oder bringen sich bei dem Versuch, sich zu paaren, um. Was Komodos angeht, so fechten die Männchen wilde Kämpfe aus, bevor ein Sieger feststeht. Diese Kämpfe verlaufen meist blutig, führen allerdings in der Regel nicht zum Tod. Anschließend wendet sich das siegreiche Männchen dem Weibchen zu, aber auch zwischen diesen beiden kann es zu Kämpfen kommen[101].

Aus all diesen Gründen könnten IVF und Klonen die Dinge beschleunigen.

Reptilien legen in der Regel viele Eier, und nur wenige Reptilien gebären lebende Junge, statt Eier zu legen. Wenn wir versuchen, unsere Ausgangstiere, die Zwischenformen und auch unsere Drachen zu züchten, dann hoffen wir bei ihnen allen auf möglichst viele Eier. Wir brauchen viele Eier, um damit zu arbeiten, denn schon unter normalen Bedingungen schlüpfen nicht aus allen Eiern Junge, und dieses Risiko steigt, wenn wir beginnen, sie gentechnisch in einer Weise zu modifizieren, die unabsichtlich ihre Entwicklung verlangsamt oder gar scheitern lässt. Selbst wenn wir weniger Eier bekommen, weil wir Vögel als Ausgangstiere nehmen, so legen manche Arten doch eine ordentliche Anzahl davon.

Und als sei unser Plan, einen Drachen zu bauen, nicht an sich schon schwierig genug umzusetzen, so sei gesagt, dass sich verschiedene Echsen, darunter auch Komodos, regelmäßig als Kannibalen betätigen. Ältere Komodos sehen jüngere, kleinere Artgenossen als schmackhaften Happen an. Offenbar besteht ein überraschend großer Teil der Komodo-Nahrung aus anderen Komodos. Stellen Sie sich vor, was für eine Tragödie es wäre, einen Drachen herzustellen, ihn erfolgreich weiterzuzüchten und dann hilflos zusehen zu müssen, wie das Drachenbaby/die Drachenbabys von einem erwachsenen Tier einfach weggeputzt werden.

Eine weitere Herausforderung bei unseren Drachenzuchtbemühungen ist die korrekte Unterscheidung von weiblichen und männlichen Drachen. Denn bei beiden Starter-Gruppen, die wir als besonders vielversprechend ins Auge gefasst haben – Vögel und Echsen –, kann es für Laien so gut wie unmöglich sein, das Geschlecht der Tiere zu bestimmen. Eine Möglichkeit, dieses Problem zu umgehen, besteht in der Sequenzierung ihres Genoms (oder im Anfärben ihrer Chromosomen), da männliche und weibliche Tiere unterschiedliche Geschlechtschromosomen haben, doch bei einigen Tieren entspricht ihr Chromosomensatz nicht unbedingt ihrem Geschlecht. Wie das?

Wie bereits erwähnt, können manche Tiere ihr Geschlecht unter Umständen in Abhängigkeit von den Umweltbedingungen, wie der Temperatur, im Lauf ihres Lebens wechseln. Bei einigen Arten gilt: Wenn ein Geschlecht, zum Beispiel das männliche, Mangelware ist, können sich Weibchen in Männchen verwandeln. Zu Veränderungen dieser Art kommt es häufiger während der Embryonalentwicklung, doch sie können auch im Erwachsenenalter auftreten, so bei manchen Fröschen und Fischen.[102]

All das bedeutet, dass es viel schwieriger werden wird, unsere Ausgangstiere – und schließlich unsere Drachen – zu züchten, als eine Hausmaus oder eine Rennmaus dazu zu bringen, innerhalb von Wochen haufenweise Nachwuchs zu produzieren.

In gewissem Sinne beabsichtigen wir mit all unseren Bemühungen nichts anderes, als die Evolution von Drachen zu beschleunigen. Wir hoffen, einen Prozess (die Erschaffung von Drachen), der vielleicht niemals stattfinden wird oder aber viele Hundert Millionen oder gar Milliarden Jahre dauern würde, auf ein paar Jahrzehnte einzudampfen.

Ja, wir hoffen, in einem Zeitraum von einigen Jahrzehnten Drachen zu bauen, sodass wir sie noch zu unseren Lebzeiten um uns haben können.

Sexualkunde und Elternschule für Drachen

Wenn wir schon all die Mühen auf uns nehmen, einen Drachen oder idealerweise zumindest ein Drachen-Zuchtpaar zu erschaffen, würden die beiden dann instinktiv wissen, wie man sich paart und Nachwuchs erzeugt? Und würden sie gute Eltern sein?

Vielleicht nicht.

Vielleicht müssen wir mit unseren Drachen arbeiten, um sie in Paarungsstimmung zu bringen. Wir sind uns nicht ganz sicher, wie man Sexualkunde für Drachen unterrichtet; das könnte für alle Beteiligten ziemlich peinlich und für uns überdies recht gefährlich werden. Es ist schon peinlich genug, mit den eigenen Kindern über Sex zu reden, aber wie geht man da bei Drachen vor? Dennoch kommen wie vielleicht nicht darum herum.

Es ist überdies wichtig, dass unsere Drachen gute Eltern sind, wenn die Chance bestehen soll, mittels sexueller Fortpflanzung überlebenden Drachennachwuchs zu erzeugen. Echsen hocken nicht auf ihrem Gelege, um die Eier bis zum Schlüpfen warm zu halten, und sobald die Jungen aus dem Ei kriechen, sind sie in der Regel auf sich allein gestellt. Wir stellen uns jedoch vor, dass sich unsere Dracheneltern um ihre Jungen kümmern, um ihnen bessere Überlebenschancen zu verschaffen. Im Notfall könnten wir jedoch einspringen und uns als Pflegeeltern um die Babydrachen kümmern.

Das goldene Ei (und Spermium)

Eigentlich ist es erstaunlich, dass wir uns alle aus einer einzigen befruchteten Eizelle entwickelt haben. Wenn bei dieser einen entscheidenden Starterzelle etwas schiefgeht – zum Beispiel eine besonders schädliche Mutation auftritt –, stecken wir in Schwierigkeiten, weil die Billionen Zellen, aus denen sich ein Mensch (oder ein Drache oder irgendein anderes Tier) aufbaut, allesamt von dieser einzigen Starterzelle abstammen. Wenn es uns umgekehrt gelingt, eine bestimmte gewünschte Mutation in eine befruchtete Eizelle einzubringen – beispielsweise mittels CRISPR –, dann werden *alle* Zellen des betreffenden Tieres genau diese gewünschte Mutation aufweisen. Aus der Perspektive eines Drachenschöpfers ist das eine gute Sache. Es wäre nämlich so gut wie unmöglich, eine präzise genetische Veränderung in all den vielen Hundert Milliarden oder Billionen Zellen eines erwachsenen Tieres wie einer adulten Echse separat vorzunehmen.

Wie wäre es, wenn man den genetischen Zustand aller (oder fast aller) Zellen in nur einem wichtigen Teil eines adulten Tieres verändert, beispielsweise dem Arm einer Echse? Nun, das könnte recht schwierig werden, wäre aber zumindest eher machbar. Das beste Beispiel aus dem wirklichen Leben stammt aus der aktuellen medizinischen Forschung – Forschern ist es gelungen, definierte genetische Veränderungen im gesamten Immunsystem einiger Patienten zu bewirken. Diese Patienten tragen eine Mutation (einem Fehler in der DNA), die verhindert, dass ihr Immunsystem so arbeitet, wie es sollte; sie leiden unter einer Immunschwäche. In jüngerer Zeit ist es gelungen, einige immunschwache Patienten mit einer Mutation dieses Typs potenziell zu heilen, indem man den Fehler in ihrer DNA, also die Ursache für ihre Probleme, in ihren Blutstammzellen korrigierte.[103]

Wie in früheren Kapiteln bereits diskutiert, werden wir beim Bau unseres Drachen aus praktischen Gründen statt von Null wohl von einem bereits existierenden Geschöpf ausgehen. Das heißt aber nicht, dass wir erwachsene Tiere einsetzen wollen. Vielmehr werden wir ihre Geschlechts- oder ihre Stammzellen verwenden.

Nebenbei bemerkt, könnten wir durchaus versuchen, einen Drachen „von Grund auf" aufzubauen, indem wir Zellen und andere Rohmaterialien sowie einen 3D-Drucker verwenden. Das stellt uns gegenwärtig technisch jedoch vor noch viel größere Probleme, als einen Drachen gentechnisch aus einem bereits existierenden Ausgangstier zu entwickeln. Wir müssen jedoch zugeben, dass es Spaß macht, die verrückte Idee eines 3D-Drucker-Drachen zu erwägen – irgendwann, wenn die 3D-Drucker-Technik große Fortschritte gemacht hat, könnte sich der Versuch lohnen. Auch wenn das weit hergeholt klingen mag, sind Stammzellen und andere Zellen bereits als „Tinte" in 3D-Drucker eingesetzt worden, um lebendes Gewebe zu erzeugen[104].

Theoretisch wäre ein anderer außergewöhnlicher Weg, einen Drachen zu bauen, der so genannte „Frankenstein-Ansatz", bei dem man Teile verschiedener Tiere zusammenfügt. Stellen Sie sich zum Beispiel ein Geschöpf mit dem Körper einer großen Echse den operativ angehefteten Schwingen eines riesigen Vogels vor. Wir wissen nicht, wie (oder ob) unser Frankenstein-Drache als Gesamtorganismus funktionieren würde, aber er würde sicherlich furchteinflößend aussehen, wenn wir die Sache durchzögen. Und da wir schon dabei sind – wir haben das Buch größtenteils 2018 geschrieben, also genau 200 Jahre nach der Veröffentlichung von Mary Shelleys *Frankenstein,* somit sollten wir die Idee vielleicht doch nicht ganz ad acta legen.

Ein weitaus realistischerer Ausgangspunkt wäre jedoch, die Eizellen und Spermien unserer besten Ausgangstiere zu verwenden. Beispielsweise könnten wir Eizellen von Komododrachenweibchen ernten (sehr vorsichtig natürlich, um sie nicht zu verletzen oder selbst dabei getötet zu werden). Dann könnten wir CRISPR anwenden, um die Eier im Labor genetisch zu verändern und drachentypische Merkmale einzuführen, und diese modifizierten Eier dann in einer Schale mit Komodo-Spermien (ebenfalls sehr vorsichtig gesammelt, wenn wir auch noch nicht genau wissen, wie) befruchten (IVF). Die befruchteten Eier könnten sich anschließend in einem Brutkasten entwickeln, bis die Jungen schlüpfen. Im Inneren des Eis sollte sich während dieser Zeit ein Embryo entwickeln, der hoffentlich ein wenig drachenartig ist.

Zudem hoffen wir, dass das „Retorten"-Komododrachenbaby sowohl gesund als auch ein Schritt in Richtung eines flugfähigen, feuerspeienden Drachen ist. Beispielsweise könnte unser Retorten-Komodo völlig neuartige Flughäute aufweisen (siehe Kap. 2). Im Lauf mehrerer Generationen und mithilfe zahlreicher genetischer Kniffe ließen sich diese Flughäute in richtige Flügel umwandeln.

Und was wäre, wenn wir statt mit einem Komodo mit einem Flugdrachen starteten? (Sie erinnern sich vielleicht aus Kap. 2 daran, dass Flugdrachen recht kleine Echsen sind, die zwar durch die Luft gleiten, aber nicht aktiv fliegen können.) Nun, wir könnten einen sehr ähnlichen Ansatz wählen, Spermien und Eizellen von adulten Flugdrachen ernten und die CRISPR-Methode einsetzen, um bestimmte Gene zu verändern. Beispielsweise könnten wir versuchen, die Tiere deutlich größer zu machen. Wir könnten versuchen, ihnen längere Vorderbeine wachsen zu lassen, die ihnen erlauben, besser zum Fliegen geeignete Flügel zu tragen, oder sie mit modifizierten (größeren) Flughäuten ausstatten. Diese könnten sich über die volle Länge des Armes erstrecken statt nur über einen Teil, wie bei einem normalen Flugdrachen (siehe Abb. 2.1).

Für uns zeigen einige reale Tiere während ihrer Entwicklung ein drachenhaftes Aussehen, beispielsweise einige Fledermausarten. Die Biologin Dr. Dorit Hockman hat einige coole Untersuchungen zur Flügelentwicklung bei Fledermäusen und anderen Tieren veröffentlicht. Bei ihren Untersuchungen hat sich gezeigt, dass einige spezifische Moleküle die Flügelentwicklung steuern und auf welche Weise diese Moleküle arbeiten[105].

Ein Molekül, das bei der Extremitätenentwicklung von Fledermäusen eine Schlüsselrolle spielt, ist Sonic Hedgehog (ja, nach der Videospielfigur benannt)[106]. Sonic Hedgehog ist ein potenter Wachstumsfaktor, der Zellen sagt, wie sie sich verhalten sollen, wie stark sie sich teilen und wann sie reifen sollen. Dieses Molekül spielt für die Entwicklung zahlreicher Tiere – von der Fliege bis zum Menschen – eine wichtige Rolle, und seine Funktion ist im Laufe der Evolution über viele Arten hinweg weitgehend unverändert geblieben; Biologen sprechen bei einer solchen Beständigkeit von „hoch konserviert". (Pauls eigene frühere Forschung hat gezeigt, dass Sonic Hedgehog eine wichtige Rolle bei der Entwicklung des Gehirns, aber auch von Hirntumoren spielt).

Wir könnten beim Bau unseres Drachens auch von einem Vogel ausgehen. Dazu müssten wir früh in der Entwicklung des Kükens – also innerhalb des Eis – genetische Veränderungen vornehmen. Die nötige Grundtechnik dazu existiert bereits, denn Vogelembryonen sind bestens zum Studium der Embryonalentwicklung geeignet und lassen sich im Labor relativ einfach verändern. Wenn wir von einem Vogel ausgingen, könnten wir uns zunächst auf genetische Modifikationen konzentrieren, die nützlich fürs Feuerspeien sind. Da Vögel generell keine Zähne haben, könnten wir auch versuchen, unserm Start-Vogel drachenhafte Zähne zu geben.

Was unsere Forschung und die genetische Modifikation von Embryonen angeht, ist es, wie bereits erwähnt, recht praktisch, dass Vögel, Komodos, Dracos und einige andere Reptilien (siehe das frisch geschlüpfte Bartagamenbaby in Abb. 6.2) Eier legen. Das heißt, dass sich der Nachwuchs größtenteils außerhalb des mütterlichen Körpers entwickelt. Es heißt zudem, dass genetisch modifizierte Eier in ihrer Schale verbleiben, im Labor in den Inkubator kommen und dort bis zum Schlüpfen bebrütet werden können. Überdies hat sich gezeigt, dass das Risiko, sich entwickelnde Hühnerembryonen zu verletzen, wenn man sie gentechnisch oder anderweitig verändert, relativ gering ist.

Als ich (Paul) in der dritten Klasse war, haben wir normale Wachteleier ausgebrütet. Es war erstaunlich, sie im Inkubator schlüpfen zu sehen, aber stellen Sie sich vor, in unserem Klassenzimmer wäre ein drachenhaftes Wesen oder gar ein echter Drache geschlüpft!

Der berühmte Stammzellenforscher Dr. Robert Lanza hat bereits als Teenager an Küken geforscht. Offenbar wurden Forscher der Harvard Medical School auf den jungen Lanza aufmerksam, als er eines Tages an der Universität auftauchte und berichtete, er habe in seinem Keller erfolgreich Experimente zur Entwicklungsbiologie von Hühnern durchgeführt.[107] (Wahrscheinlich wäre es schwierig, einen ganzen Drachen in einem Hobbykeller zusammenzuschustern, aber vielleicht wird es ja jemand versuchen).

Es ist jedoch nicht klar, ob sich bei Vögeln IVF erfolgreich einsetzen lässt, um gesunde Eier und anschließend normale Nachkommen zu erzeugen[108]. Falls es mit der Vogel-IVF nicht klappt, würde es wohl auch

Abb. 6.2 Eine junge Bartagame (englisch *bearded dragon*) ist nach einer Inkubationszeit von rund zwei Monaten aus dem Ei geschlüpft. (© Steimer, C./ imageBROKER/picture alliance)

mit der CRISPR-Methode schwierig, wenn wir von einzelligen Embryonen ausgehen wollen. In diesem Fall hätten wir die Wahl, die Vogelembryonen später in der Entwicklung zu „CRISPRn", sodass nur einige Zellen im Küken die gewünschten genetischen Veränderungen aufweisen würden, oder CRISPR auf aviäre embryonale Stammzellen anzuwenden, die dann in Vogelembryonen eingepflanzt werden müssten. Insgesamt könnte sich dies als großes Hindernis bei der Erzeugung von Drachen aus Vögeln erweisen, und wir müssten uns vielleicht selbst um die Verbesserung der Vogel-IVF kümmern.

Dasselbe Problem könnte sich bei dem Versuch ergeben, die Geschlechtszellen von Reptilien während der IVF genetisch zu manipulieren, auch wenn Forscher bereits an der Entwicklung von Methoden zur genetischen Modifikation von Reptilien[109] und auch Vögeln arbeiten.[110] Es war aufregend für uns, Anfang 2019 zu lesen, dass es gelungen ist, Echsen zu „CRISPRn".[111]

Mit den Geschlechtszellen unserer potenziellen Ausgangstiere hätten wir ein solides Fundament, auf dem wir beim Erschaffen unseres Drachens aufbauen können. Wir würden uns dabei überwiegend auf natürliche Fortpflanzung stützen, kombiniert mit Genom-Editierung und der Schaffung von Chimären (mehr dazu später). Aber weil gentechnische Veränderungen oder die Schaffung von Chimären manchmal zu unerwarteten Ergebnissen führen und die Entwicklung scheitern kann, planen wir nur eine Handvoll genetischer Veränderungen zur gleichen Zeit. Das wird mehrere Generationen an Tieren erfordern, daher müssen wir uns in Geduld üben.

Da dieser Mehr-Generationen-Prozess aber zu viel Zeit erfordern könnte (wenn wir Pech haben, sogar mehr als unsere Lebensspanne), suchen wir noch immer nach anderen Wegen. Wenn wir schon all die Mühen auf uns nehmen, um einen Drachen zu erschaffen, wollen wir ihn auch erleben – selbst wenn er uns dann einfach umbringt.

Möglicherweise könnten wir auch Hybride schaffen, indem wir per IVF Eier einer Spezies mit den Spermien einer anderen kombinieren. Vertreter unterschiedlicher, aber eng verwandter Arten können sich in freier Wildbahn manchmal erfolgreich paaren. Ungünstig für unsere Drachenbaubemühungen ist, dass die aus diesen Paarungen hervorgehenden Nachkommen oft unfruchtbar sind, Gesundheitsprobleme haben und/oder vor der Geschlechtsreife sterben.

Einige Paarungen über Artgrenzen hinweg führen jedoch tatsächlich zu fruchtbaren, gesunden Nachkommen. Und selbst wenn diese Nachkommen nicht fruchtbar, aber ansonsten gesund sind, könnten wir auf diesem Wege einen Drachen schaffen und ihn dann klonen (mehr dazu später). Eines der besten Beispiele für eine erfolgreiche interspezifische Paarung wurde zwischen unterschiedlichen Vogelarten in freier Wildbahn beschrieben.[112] Wenn wir also bei unserem Projekt von Vögeln ausgehen, könnten wir an dieser Front vielleicht doch flexibler sein.

Stammzellen

Wie bereits erwähnt, spielen Stammzellen wahrscheinlich eine Schlüsselrolle beim Drachenbau. Was genau ist eine Stammzelle, und welche Typen gibt es? Geschlechtszellen wie Eizellen sind, technisch gesehen, Stammzelltypen, doch es gibt auch noch andere Stammzellarten, die wir zusätzlich bei unserem Drachenbauprojekt einsetzen könnten.

Lassen Sie uns einen Moment innehalten und darüber sprechen, wie wir Stammzellen definieren, denn es mag manchen Leser überraschen zu erfahren, dass Geschlechtszellen, technisch gesehen, Stammzellen sind.

Stammzellen haben zwei Eigenschaften, über die sie definiert werden: Sie können sich selbst erneuern (d. h. weitere Stammzellen produzieren), und sie können durch einen so genannten Differenzierungsprozess andere, stärker spezialisierte Zellen hervorbringen. Die Fähigkeit von Stammzellen, heranzureifen (sich zu differenzieren) und spezielle Zelltypen zu bilden, wird auch als „Potenz" bezeichnet. Das heißt, Stammzellen müssen sich selbst erneuern können und über Potenz verfügen. Da Geschlechtszellen durch Befruchtung ein völlig neues Geschöpf hervorbringen können, definieren wir Geschlechtszellen als Stammzellen.

Die meisten Stammzellen sind allerdings nicht so flexibel wie Geschlechtszellen. Auch wenn sie kein Problem haben, sich zu vermehren, können sie in den meisten Fällen nur wenige hoch spezialisierte Zellen per Differenzierung herstellen. So können sich Muskelstammzellen teilen und mehr von Ihresgleichen und damit mehr Muskelgewebe erzeugen, manchmal darüber hinaus auch einige verwandte Zelltypen. Das ist alles. Blutstammzellen können normalerweise nur Blutzellen, Lungenstammzellen nur Lungenzellen herstellen und so fort.

Im Drachenbaulabor würden wir höchstwahrscheinlich besondere Stammzellen einsetzen, die man als pluripotente Stammzellen bezeichnet. Diese einzigartigen Stammzellen sind potenter als andere, denn sie können jeden beliebigen spezialisierten Zelltyp hervorbringen. Durch Differenzierung können sich pluripotente Stammzellen in Neurone, Muskelzellen, Lungenzellen und so gut wie jeden anderen Zelltyp im Körper verwandeln. Sie sind fast so potent wie Geschlechtszellen.

Es gibt zwei Haupttypen pluripotenter Stammzellen: embryonale Stammzellen (ESCs) und induzierte pluripotente Stammzellen (IPSCs). Beides sind spezielle Stammzellen, die sich im Labor herstellen lassen. ESCs werden meist aus *in vitro* befruchteten Embryonen gewonnen. Bei menschlichen ESCs werden sie beispielsweise gewöhnlich aus überzähligen Embryonen isoliert, die bei der IVF anfallen; sie lassen sich aber auch aus den Embryonen anderer Arten, wie Rindern, isolieren[113]. In jüngerer Zeit sind ESCs mithilfe einer Klonierungstechnik erzeugt worden[114], doch das ist ein sehr komplexer Prozess.[115]

Um es klar zu sagen, die Klontechnik, die zur Herstellung von ESCs eingesetzt wird, unterscheidet sich von derjenigen, die man beim reproduktiven Klonen verwendet (wenn sich beide auch ähneln). Beim reproduktiven Klonen entsteht eine völlig neue, identische Kopie eines Organismus (wenn auch in Form eines Babys, nicht eines Erwachsenen). Zwar ist ein Klon so gut wie identisch mit dem Organismus, von dem er stammt, doch aufgrund des Klonprozesses selbst oder durch die andere Umgebung, in der er sich während der Schwangerschaft/Trächtigkeit entwickelt, können Unterschiede auftreten.

Wenn wir doch nur schon ein paar Drachenzellen hätten! Dann könnten wir versuchen, sie zum reproduktiven Klonen zu verwenden und so noch mehr Drachen zu produzieren. Vielleicht könnten wir, sobald wir unseren ersten Drachen haben, geklonte Embryonen für den zukünftigen Gebrauch herstellen, um daraus später weitere Drachen zu züchten. Ebenso wie menschliche IVF-Embryonen könnten wir überzählige Drachenembryonen in flüssigem Stickstoff einfrieren, um sicherzustellen, dass unsere Drachen nicht aussterben. Solche kryokonservierten Embryonen ließen sich Jahre später wieder auftauen, um bei Bedarf weitere Drachen zu züchten.

Und wenn wir Pech haben und unser Drache sich – aus welchen Gründen auch immer – als unfruchtbar herausstellt, könnten wir theoretisch aus seinen Haut- oder Blutzellen den anderen Typ pluripotenter Stammzellen, die IPSCs, herstellen. Aber bevor wir fortfahren, möchten wir erst erklären, was IPSCs eigentlich sind und wie sie sich von ESCs unterscheiden. IPSCs entsprechen ESCs fast in jeder Hinsicht, abgesehen davon, dass ESCs von Embryonen stammen, IPSCs hingegen aus einer ganzen Reihe gewöhnlicher Zellen erwachsener Tiere hergestellt werden können, zum Beispiel aus Hautzellen[116].

Warum wären Drachen-IPSCs nützlich?

Auch wenn Gentechnik manchmal coole neue Tiervarianten hervorbringen kann, sind die resultierenden Nachkommen, wie schon gesagt, leider manchmal unfruchtbar. Wenn sich also der von uns geschaffene Drache als infertil herausstellen sollte, könnten wir aus seinen Hautzellen IPSCs herstellen. Diese IPSCs könnten wir dann zur Produktion weiterer Drachen verwenden, indem wir Geschlechtszellen aus ihnen machen oder sie direkt zur Herstellung eines Drachenklons verwenden.

Selbst wenn der Drache fruchtbar ist, wäre es vielleicht klug, als alternativen Ansatz zur Vermehrung von Drachen einige Drachen-IPSCs herzustellen und einzufrieren. Eine Kryobank voller Drachen-IPSCs wäre auch eine Art Versicherung; wir könnten diese IPSCs benutzen, um unsere Drachen zu behandeln, sollte einer krank werden. Wenn unser Drache beispielsweise Augenprobleme hätte, könnten wir Drachen-IPSCs benutzen, um neue Augenzellen herzustellen und in das geschädigte oder kranke Auge des Drachen einzupflanzen. Ein solcher auf IPSCs basierender Transplantationsansatz zur Behandlung von Patienten befindet sich zwar noch im experimentellen Stadium, doch es gibt eine wachsende Zahl klinischer Studien, die die Hoffnung nähren, dies könne ein effektiver neuer medizinischer Behandlungsansatz sein.[117]

In Pauls Labor haben wir viele Jahre lang murine (also Mäuse-) und humane IPSCs hergestellt und untersucht. Wie funktioniert das? Zu diesem Zweck kann man so genannte „Reprogrammierungsfaktoren" in gewöhnliche Zellen (wie Hautzellen) einführen, die diese Zellen in IPSCs verwandeln. Diese Reprogrammierungsfaktoren sind Proteine, die das Aktivitätsniveau bestimmter Gene kontrollieren; gemeinsam recodieren sie Zellen so, dass diese meinen, sie seien pluripotent. Das funktioniert überraschend gut.

Es ist auch schon gelungen, IPSCs und ESCs in die Geschlechtszellen bestimmter Tiere umzuwandeln.[118] Zudem lassen sich IPSCs und ESCs prinzipiell anstelle von Geschlechtszellen einsetzen, um einen vollständigen neuen Organismus zu erzeugen, wie es kürzlich bei Mäusen[119] und einigen anderen Tieren gelungen ist, zum Glück nicht beim Menschen, was wir für extrem riskant und unvernünftig hielten (ganz anders als die Schaffung eines Drachens, oder etwa nicht?).

Weder IPSCs noch ESCs sind „perfekte" Zellen, denn beide können in der Zeitspanne, in der sie im Labor gezüchtet werden, Mutationen erwerben. Aus diesen und anderen Gründen glauben wir, dass die Verwendung von humanen IPSCs und ESCs zur Schaffung von Menschen durch reproduktives Klonen eine gefährliche und unethische Sache wäre. Wenn Sie mehr über diese Zellen und damit zusammenhängende ethische Probleme wissen wollen, empfehlen wir Ihnen Pauls Buch *Stem Cells*[120].

Leider gibt es gegenwärtig keine Drachen-IPSCs und -ESCs. Gäbe es sie, so bräuchten wir theoretisch nur diese Zellen zu benutzen und unseren Drachen auf die bereits beschriebene Weise herzustellen. Selbst wenn wir zurzeit keine IPSCs oder ESCs aus einem bereits existierenden Drachen isolieren können, könnten wir stattdessen versuchen, IPSCs oder ESCs aus unserem Ausgangstier zu isolieren (oder zu erlangen). Beispielsweise könnten wir IPSCs oder ESCs von Komodos, Dracos oder Vögeln gewinnen.

Gibt es solche Zellen vielleicht schon?

Leider konnten wir keinerlei Belege dafür finden, dass solche IPSCs oder ESCs von Echsen bereits hergestellt wurden, doch das heißt nicht, dass so etwas völlig unmöglich ist oder dass sie nicht existieren. Vielleicht hat schon jemand diese Zellen erzeugt, aber niemals einen wissenschaftlichen Artikel darüber publiziert. Es könnte recht mühsam sein, sie herstellen oder die notwendigen Zellen aufzuspüren. Interessanterweise gibt es jedoch einige Berichte über die Existenz aviärer (also Vogel-) ESCs; das könnte ein weiterer guter Grund sein, Vögel als Ausgangsmaterial für unseren Drachen zu nehmen[121].

Während es wohl einfacher wäre, an Geschlechtszellen von unseren bevorzugten Ausgangstieren zu kommen (auch wenn es, wie bereits erwähnt, an

Freiwilligen mangeln könnte, die sich bereit erklären, Eier oder Spermien von einem mürrischen Komododrachen zu ernten), brächte es weitere große Vorteile mit sich, IPSCs oder ESCs zur Hand zu haben. IPSCs und ESCs sind unsterbliche Zellen, wir können sie also im Labor beliebig lang weiterzüchten, während Geschlechtszellen oftmals schwer zu beschaffen sind und sich im Allgemeinen nicht im Labor vermehren lassen.

Wir könnten potenziell Milliarden von IPSCs und ESCs herstellen, die sich in vielerlei Hinsicht bei unserer Drachenbauforschung einsetzen ließen. So könnte es sich als viel einfacher erweisen, die CRISPR-Methode zur Genomeditierung an Vogel-ESCs und -IPSCs durchzuführen als an ihren Spermien, Eizellen oder Embryonen selbst. Dann könnten wir gentechnisch veränderte IPSCs oder ESCs benutzen, um die entsprechenden Spermien, Eizellen und Embryonen zur Reproduktion herzustellen. Doch wie es aussieht, gelingt es Forschern immer besser, CRISPR in Eier zu injizieren, um genetisch veränderte Embryonen verschiedener Spezies zu erzeugen; daher würden wir wahrscheinlich von diesem Ansatz ausgehen.

Keine Männchen oder kein Sex nötig?

Wie im letzten Kapitel bereits diskutiert, wäre es potenziell möglich, aus einem Gründerweibchen mittels Parthenogenese eine ganze Gruppe (oder einen „Schwarm") von Drachen zu schaffen. Wenn es gelänge, Drachen mittels Parthenogenese zu produzieren (also ohne dass sich ein männlicher und ein weiblicher Drache paaren müssten), wäre es so viel leichter, unsere Drachenpopulation zu vergrößern.

Ein ernsthafter potenzieller Nachteil einer parthenogenetischen Vermehrung von Drachen ist jedoch, dass alle resultierenden Nachkommen einander genetisch allzu ähnlich wären. Das wiederum würde unsere Drachen als neue Spezies weniger anpassungsfähig an die Welt machen, in der sie leben, heute und in Zukunft. Und das könnte zu weniger gesunden Drachen und weniger Überlebenden führen. Letzten Endes könnten sie aufgrund mangelnder genetischer Vielfalt als Art bald wieder aussterben. Unser Ziel ist sicherlich nicht, Drachen zu schaffen, nur damit sie bald wieder vom Erdboden verschwinden.

Reproduktion durch Klonen oder eine andere neue Methode ist eine weitere Alternative zur sexuellen Fortpflanzung, doch diese Techniken bringen dasselbe Problem mit sich wie eine auf Parthenogenese basierende Fortpflanzung – einen Mangel an genetischer Diversität. Das Überschneidungsgebiet von

Stammzellen- und Reproduktionsforschung entwickelt sich jedoch so rasch, dass man niemals so genau weiß, was möglich ist.

Gerade erst (2018) berichteten Forscher, dass es ihnen gelungen ist, Mäuse aus gleichgeschlechtlichen Eltern zu erzeugen[122]. Die erfolgreichsten Ergebnisse erzielte man, wenn zwei Mütter (und keine Väter) eingesetzt wurden.[123] Auch wenn einige der resultierenden Nachkommen nicht gesund waren, geht es anderen offenbar gut und sie pflanzten sich auch munter fort. Im Gegensatz dazu gelangten zwar auch einige Embryonen von zwei Vätern (und ohne Mütter) bis zum Ende ihrer Entwicklung im Uterus, aber viel weiter kamen sie nicht. Nur zwei von zwölf überlebten ihre Geburt um 48 h.

Hank Greely, Juraprofessor an der Standford University und Experte für Wissenschaftspolitik, diskutiert die Möglichkeit einer menschlichen Fortpflanzung ohne Sex in seinem Buch *The End of Sex*[124]. *Eine* Möglichkeit, wie Sex für die menschliche Fortpflanzung an Bedeutung verlieren könnte, ist per Klonen.

Klonen

Klonen wird in unserem Drachenbauprojekt wahrscheinlich eine Rolle spielen.

Wie funktioniert das Klonen also?

Wie erfahrene Gärtner wissen, lassen sich einige Pflanzen ganz einfach durch Klonen vermehren, indem man einen Steckling von der Pflanze macht. Dieser wächst dann zu einer neuen, genetisch identischen Pflanze heran. Tiere können sich in der Regel nicht auf diese Weise fortpflanzen.

Wie klonen wir also ein vollständiges neues Tier? Der Prozess beginnt mit einer Eizelle, die (wie andere Zellen) einen Zellkern besitzt. Ein Zellkern (Nucleus) ist eine Struktur in der Zelle, die die DNA der Zelle enthält. Während der Befruchtung werden die DNA einer Eizelle und eines Spermiums kombiniert und bilden einen neuen Satz DNA. Dieser wird in den Zellkern eines einzelligen Embryos verpackt, der als Zygote bezeichnet wird.

Beim Klonen umgeht man den Befruchtungsvorgang. Stattdessen entfernt man den Zellkern der Eizelle (und damit deren DNA), und Spermien kommen nie zum Einsatz. Nachdem man den Zellkern aus der Eizelle entfernt hat, setzt man mittels einer langen, sehr dünnen Kanüle vorsichtig den Zellkern einer anderen Zelle in die zuvor entkernte Eizelle – beispielsweise den Kern einer Hautzelle eines erwachsenen Tieres. Nun hat man einen Hybriden: eine Eizelle mit einem adulten Zellkern.

Wenn man der manipulierten Eizelle nun einen elektrischen oder chemischen Schock versetzt, „denkt" sie manchmal seltsamerweise, sie sei ein einzelliger Embryo, und beginnt sich wie eine Zygote zu entwickeln. Sollte dieser geklonte Embryo ein paar Tage lang normal in der Laborschale weiterwachsen, kann er anschließend in den Uterus seiner Leihmutter implantiert (d. h. vorsichtig eingepflanzt) werden. Wenn sich der Embryo erfolgreich bis zur Geburt weiterentwickelt, ist das resultierende Baby genetisch identisch mit dem Individuum, von dem die adulte Zelle stammt; seine Billionen von Zellen weisen alle dieselbe DNA auf, nämlich die aus dem übertragenen adulten Zellkern. Diesen Vorgang nennt man „reproduktives Klonen", und er kommt in der Nutztierzucht inzwischen häufig zum Einsatz.

Stellen Sie sich vor, ein Bauer besäße eine ganz außergewöhnliche Kuh, wie es sie unter einer Million Kühen nur einmal gibt und die das Produkt einer normalen Fortpflanzung ist. Dann ist die Chance gering, dass es diesem Bauern gelingt, ein solch bemerkenswertes Exemplar zu reproduzieren, indem er diese Kuh mit einem Bullen verpaart, da die sexuelle Fortpflanzung ein derart zufälliger Prozess ist. Durch Klonen ließe sich jedoch eine Kopie – ein Replikat – der Super-Kuh herstellen. Manchmal funktioniert Klonen jedoch nicht so richtig, sodass es nicht immer eine sichere Sache ist.

Bei einer zweiten Form des Klonens, dem so genannten „therapeutischen Klonen", durchläuft man dieselben Schritte, implantiert den geschaffenen Embryo jedoch nicht. Vielmehr benutzt man ihn zur Herstellung von ESCs (wie weiter oben in diesem Kapitel beschrieben).

Um das Klonen ranken sich viele Mythen und Missverständnisse. Die Vielzahl von Klonmythen und ihren Widerlegungen, von denen etliche von der US Food and Drug Administration (FDA), der Lebensmittelüberwachungs- und Arzneimittelbehörde der USA, online gestellt sind, ist wirklich lesenswert.[125] Die Auswahl der Behörde konzentriert sich auf das Klonen von Nutztieren, und die FDA betont dabei, wie gut das Erzeugen normaler, gesunder Nachkommen mittels Klonen funktioniere. Die Website erwähnt aber auch kurz ein Entwicklungsproblem, das man bei einigen Klonen findet, das Large Offspring Syndrom (LOS): Die betroffenen Tiere werden viel zu groß, was ungesund ist.

Wir wissen nicht, ob unsere geklonten Drachen, „Starter"-Tiere oder Zwischenformen ein LOS-Risiko – oder ein anderes Risiko im Zusammenhang mit Klonen – haben, doch das ist durchaus möglich. Überdies dürfen wir die Probleme nicht vergessen, die bei einem auf der CRISPR-Methode basierenden Genediting auftreten können, wie Wachstumsanomalien, wie sie bei einigen gentechnisch veränderten Tieren beobachtet wurden.[126]

Auch eine weitere in Verbindung mit Klonen von der FDA erwähnte Tatsache könnte unseren Plan, Vögel als Ausgangsmaterial für unseren Drachen einzusetzen, verkomplizieren. Die FDA behauptet, dass es bislang unmöglich ist, Vögel zu klonen. Gegenwärtig ist unklar, ob es jemandem seit Erscheinen des FDA-Artikels gelungen ist, Vögel zu klonen.

Ein weiteres mögliches Hindernis könnte das Problem des Vogeleis selbst sein. Wenn wir einen Vogelembryo klonen könnten, würde er dann ganz natürlich an seinem eigenen Dotter und in seiner eigenen Schale heranwachsen? Vielleicht wäre es so, aber wenn nicht, müssten wir ihn wohl in ein bereits existierendes sich entwickelndes Ei transferieren, dessen ursprünglicher Embryo entfernt wurde. Einen geklonten Embryo in ein sich entwickelndes Vogelei (dessen eigener Embryo entfernt wurde) zu implantieren, ohne das Ei dabei zu zerstören, und eine ansonsten natürliche, gesunde Entwicklung zu gewährleisten, könnte schwierig sein.

Das Vorhandensein eines sich entwickelnden Hühnerkükens lässt sich noch in der Schale mittels Durchleuchtung („Schieren") feststellen (dies funktioniert manchmal auch bei Küken anderer Vögel). Da Eierschale, Eiklar (die gallertige Substanz rund um den Embryo) und die Hühnerembryonen selbst eine gewisse Lichtdurchlässigkeit aufweisen, kann man, wenn man eine starke Leuchte auf das Ei setzt, einiges von dem erahnen, was sich im Inneren abspielt. Beim Durchleuchten erkennt man hauptsächlich die Blutgefäße, die das sich entwickelnde Küken ernähren, doch manchmal kann man auch Teile des Kükens erkennen, einschließlich seiner Augen.

Die Eier wurden ursprünglich mit Kerzen durchleuchtet (engl. *candles,* daher im Englischen die Bezeichnung *candling*), doch heute nimmt man dazu gewöhnlich helles elektrisches Licht. Ein Beispiel dafür zeigt Abb. 6.3; man kann Blutgefäße erkennen, die das Küken ernähren, alles im Inneren des Eis. Während diese Methode für schwangere Frauen sicher nicht geeignet ist, kann man etwas Ähnliches mit Ultraschallwellen erreichen, und das Ergebnis ist zudem viel präziser. Wie bereits erwähnt, schafft Klonen genetisch identische Individuen, und das kann dazu führen, dass eine ganze per Klonen erzeugte Population Gefahr läuft, unter derselben Erb- oder Infektionskrankheit zu leiden. Samenlose Bananen, werden beispielsweise gewöhnlich durch Klonen erzeugt und sind äußerst anfällig für Schimmel.

Wie viele samenlose Früchte sind diese Bananen triploid (sie besitzen also drei Kopien eines jeden Chromosoms, während normale Bananen wie wir

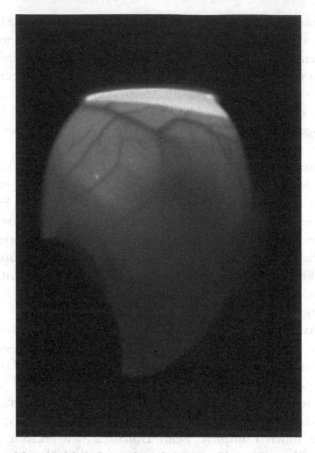

Abb. 6.3 Ein sich entwickelndes Küken (11 Tage alt) im Ei, per Durchleuchtung sichtbar gemacht. Man kann die Blutgefäße erkennen, die die Nährstoffversorgung während der Entwicklung sicherstellen. (© Science Source/Science Photo Library)

Menschen zwei haben, eine von jedem Elternteil). Diese Bananen können sich daher nicht sexuell reproduzieren (darum haben sie keine Samen) und müssen deshalb durch Klonen vermehrt werden. All diese geklonten Bananenstauden sind heute jedoch durch den Befall mit derselben Art von Schimmel gefährdet, weil sie genetisch identisch sind.

Es wäre verheerend, eine große Gruppe Drachen zu klonen und sie dann aufgrund einer Krankheit komplett zu verlieren, weil sie alle dieselbe „Schwachstelle" haben. Die geklonten Drachen hätten zudem alle dieselbe Größe und Farbe, was ein wenig langweilig sein könnte, und es würde uns wahrscheinlich schwerfallen, sie auseinander zu halten.

Chimären und chimäre Embryonen

Wie in den vorangegangenen Kapiteln diskutiert, müssen wir, um einen Drachen mit einer ausgeglichenen Balance verschiedener drachenhafter Merkmale zu erreichen, vielleicht chimäre Embryonen herstellen, und das könnte sich als nützlich erweisen, wenn es beim Klonen zu Problemen kommt. Nehmen wir beispielsweise an, wir wollten einen Drachen erschaffen, der größer ist als ein Flugdrache, eher so groß wie ein Komododrachen, aber mit Flughäuten wie ein Draco. Um beide Ziele zu erreichen, könnten wir Embryonen (oder einzelne Embryonalzellen) eines Dracos und eines Komodos miteinander verschmelzen.

Da es sich in beiden Fällen um Reptilien handelt, könnten sich diese Chimären-Embryonen vielleicht normal entwickeln, in manchen Fällen mit einem Mix aus Merkmalen und hoffentlich gerade denjenigen, die wir uns wünschen. Man könnte sich beispielsweise vorstellen, dass die Chimäre halb so groß ist wie ein Komodo und große, lappige Flughäute hat. Sie wäre noch kein richtiger Drache bzw. nicht ganz der Typ, den wir uns vorstellen, aber zweifellos ein großer Schritt vorwärts.

Leider ist die Produktion von Chimären recht unvorhersehbar, und sie stellen sich nicht immer als das heraus, was man sich vielleicht erhofft hat. Hybridpflanzen, wie die wunderbaren Tomatenpflanzen in Ihrem Garten, pflanzen sich in der Folgegeneration im Allgemeinen nicht „sortenecht" fort, und dasselbe gilt für chimäre Tiere. Infolgedessen könnte unsere erhoffte komodo-draco-drachenhafte Chimäre Babys mit einem ganzen Sack unerwarteter Merkmale und Eigenschaften hervorbringen, aber kaum Nachkommen, die ihr selbst ähneln. Dennoch könnten die Vertreter dieser „F1-Generation", wie sie wissenschaftlich genannt werden, einige coole erbliche, drachenhafte Züge aufweisen, aber es ist ein unsicherer Ansatz, wenn wir unserem Ziel, einen Drachen zu erschaffen, konsequent näher kommen wollen.

Eher werden wir in die Fußstapfen von Pflanzenzüchtern treten und uns zum Vorbild nehmen, wie sie konsequent erstaunliche Pflanzenhybride schaffen. Wir könnten beispielsweise mithilfe gentechnischer Modifikationen einen neuen Draco-Typ (nennen wir ihn Draco 2.0) generieren, bei dem die gewünschten genetischen Veränderungen per CRISPR-Genomediting fest im Genom verankert sind. Denselben Ansatz könnten wir verwenden, um einen neuen Typ Komodo (Komodo 2.0) zu schaffen – er könnte mit ungewöhnlich gebauten Vorderextremitäten und langen Fingern ausgestattet sein, an denen Flughäute ansetzen könnten.

Anschließend würde man Draco 2.0 mit Komodo 2.0 kreuzen (am besten, indem man per IVF ihre Eier und Spermien zusammenbringt, denn der Komodo würde den Draco wahrscheinlich eher verspeisen als sich mit ihm paaren). Die Nachkommen der Chimären, die daraus resultieren, wären gesund und hätten von ihren Eltern eine ganze Reihe drachenhafter Merkmale geerbt, so unsere Hoffnung.

Das resultierende Hybridwesen könnte schon sehr drachenhaft sein oder sich als ziemlicher Fehlschlag entpuppen. Aber wenn es uns gelänge, auch nur einen einzigen fertilen Nachkommen zu schaffen, der uns ein genetisches Sprungbrett zum Bau eines Drachens liefert, könnten wir mit denselben Eltern wahrscheinlich weitere solcher Nachkommen produzieren. Das erfordert vermutlich eine Menge Experimente nach dem Prinzip von Versuch und Irrtum, doch irgendwann würden wir dann hoffentlich einen modifizierten Draco und einen maßgeschneiderten Komodo erhalten, die mittels IVF konsequent hybride, drachenhafte Babys produzieren.

Statt Dracos und Komodos zu verwenden, könnten wir auch versuchen, mithilfe von derartigen Prozessen andere Hybriden oder chimäre Embryonen zu schaffen, zum Beispiel aus Vögeln und Echsen.

Ganz gleich, von welchen Tieren wir bei der Schaffung einer Chimäre ausgehen, es könnte schief gehen, und wir könnten schließlich mit einem Ungeheuer dastehen, das eher an ein mythologisches Monster wie die klassische antike Chimäre (Abb. 6.4) erinnert. In der *Ilias* beschreibt Homer die Chimäre als feuerspeiendes (gut aus drachenbauerischer Perspektive) Mischwesen, das vorn wie ein Löwe, in der Mitte wie eine Ziege und hinten wie eine Schlange (vielleicht nicht so gut) gebaut ist.

CRISPR

Ab und zu in diesem Buch haben wir die CRISPR/Cas-Methode zur Genomeditierung erwähnt und darauf hingewiesen, dass sich dieser Ansatz beim Bau von Drachen verwenden ließe. In diesem Abschnitt konzentrieren wir uns ganz speziell darauf, wie wir CRISPR einsetzen könnten, um drachenhafte Merkmale bei unseren Ausgangstieren zu erzeugen oder stärker herauszuarbeiten.

Abb. 6.4 Das fabelhafte Ungeheuer der griechischen Mythologie, die Chimäre, war ein Mischwesen, zusammengesetzt aus Teilen eines Löwen, einer Ziege und einer Schlange. Manchen Schilderungen zufolge soll sie auch Feuer gespien haben. Etruskische Bronze, Ende 5./Anfang 4. Jh. v. Chr. Fundort Arezzo, Museo Archeologico Florenz. (© akg-images/picture-alliance)

Was genau ist CRISPR-Genomeditierung und wie funktioniert sie?

CRISPR/Cas9 ist eine bakterielle Waffe, deren Entwicklung auf den Krieg zwischen Bakterien und den Viren zurückgeht, die sie infizieren. Wenn Viren Bakterien infizieren, versuchen die Bakterien, sich zu schützen, indem sie das Genom dieser viralen Invasoren zerstören. Zu diesem Zweck haben Bakterien im Lauf ihrer Evolution ein ganzes System an Waffen entwickelt, die das virale Genom zerhäckseln können.

Bakterien wollen jedoch ihr eigenes Genom nicht zerstören oder Energie damit verschwenden, ihre Waffen zu aktivieren, wenn es gar nicht nötig ist. Daher haben sie spezielle Proteine entwickelt, Enzyme (Nukleasen), die DNA oder RNA zerschneiden können. Diese Enzyme sind jedoch hochspezifisch und erkennen nur bestimmte Abschnitte der viralen DNA.

CRISPR/Cas9 ist *ein* solches antivirales System, das von Bakterien benutzt wird – es kann spezifisch virale DNA zerstören.[127] CRISPR steht für Clustered Regularly Interspaced Short Palindromic Repeats, was wirklich ein Zungenbrecher ist. Diese sich wiederholenden Abschnitte *(repeats)* sind genomische Elemente, die frühere Bakteriengenerationen von den Viren übernommen haben, von denen sie infiziert wurden. Die Repeats dienen als Gedächtniseinträge an frühere Invasoren – in gewissem Sinne fungieren sie als eine Art GPS für den Nuklease-Teil des Systems, Cas9, der die virale DNA zerschneidet.

Wenn ein Virus ein Bakterium angreift, das über CRISPR/Cas9 (oder ein ähnliches System) verfügt, kann das Bakterium auf diese Weise den Aggressor anhand von dessen Genom erkennen, das dann mithilfe von Cas9 zerhackt wird.

Aber wie sind wir dazu gekommen, diese Bakterienwaffe als Instrument für gentechnische Eingriffe zu verwenden?

Einige clevere Wissenschaftler begriffen, dass CRISPR/Cas9 umfunktioniert und dazu benutzt werden konnte, die DNA eines jeden beliebigen Organismus zu erkennen. Statt sich auf virale DNA für die CRISPR-Sequenzen zu stützen, kann man jede beliebige DNA-Sequenz in das System einbringen. Diese Sequenz wird dann vom CRISPR/Cas9-System entdeckt und herausgeschnitten, was uns wiederum erlaubt, spezifische genetische Veränderungen in einer Zelle vorzunehmen. Dieses adaptierte System zur Genmodifikation sollte theoretisch in den Zellen aller Tiere funktionieren – ob Echsen, Vögeln oder anderen potenziellen Ausgangstieren, die wir vielleicht zum Bau unseres Drachens einsetzen wollen.

Forscher setzen CRISPR/Cas9 nun ein, um gezielt Veränderungen an der DNA vorzunehmen oder um existierende Fehler (Mutationen) zu korrigieren, indem man die normale Sequenz wiederherstellt. Darüber hinaus sind radikalere Änderungen möglich. Beispielsweise können völlig neue Gene in das Genom von Geschlechtszellen eines anderen Tieres eingefügt werden (etwa Vogelgene in einen Reptilienembryo), um einen genetischen Hybridorganismus zu erzeugen. Wir werden über diesen Neue-Gene-Ansatz später noch sprechen.

In Abb. 6.5 sehen Sie eine Skizze von Paul, in der CRISPR/Cas9 als Superheld dargestellt wird, der so viele Arme wie ein Schweizer Offiziersmesser hat.

Der Einsatz von CRISPR beim Drachenbau

Wie könnte das ideale Ergebnis aussehen, wenn wir bei bestimmten Schritten unseres Projekts die CRISPR-Methode einsetzten?

Abb. 6.5 Eine Skizze von Paul, die zeigt, wie CRISPR/Cas9 mit einem Superhelden verglichen werden kann, der nach Art eines Schweizer Offiziersmessers das Genom editiert. (Nach dem Buch *Genmanipulierte Menschheit: Evolution selbst gemacht*)

Wir könnten die Geschlechtszellen oder die pluripotenten Stammzellen unseres Ausgangstieres, ob geschaffen oder auf anderem Wege erlangt, mithilfe von CRISPR gentechnisch verändern. Wenn die Dinge nach Plan laufen, sollte das neue Geschöpf die beabsichtigten genetischen Modifikationen aufweisen und keine anderen (wir wollen nicht, dass CRISPR zusätzliche, unerwünschte DNA-Veränderungen vornimmt, so genannte Off-Target-Aktivitäten, siehe unten). Idealerweise werden diese eingeführten genetischen Veränderungen unserem Geschöpf drachenhafte Züge verleihen, aber keine anderen unerwünschten Merkmale. Beispielsweise wollen wir einen Drachen mit zwei Flügeln, nicht mit drei oder vier. Wir wollen einen Drachen, der Feuer aus dem Maul speit, nicht aus dem Hinterteil – Sie verstehen schon.

Also, wie würde die Sache funktionieren?

Aus den zu Anfang des Kapitels bereits erklärten Gründen müssten wir die geplanten genetischen Veränderungen sehr früh in der Entwicklung unseres Starter-Tieres vornehmen, also an Geschlechtszellen, pluripotenten Stammzellen oder einem einzelligen Embryo. Im Lauf der Entwicklung teilt sich eine Embryonalzelle in zwei, dann vier und so fort, und schon bald ist man bei den Billionen genetisch identischer oder fast identischer Zellen (im Lauf all dieser Zellteilungen kann es in seltenen Fällen zu Zufallsmutationen kommen, denn die DNA-Replikation ist nicht absolut fehlerfrei). Auf diese Weise gelangen die spezifischen, erwünschten genetischen Veränderungen, die per CRISPR am Ausgangsembryo vorgenommen wurden, in alle Zellen des erwachsenen Drachen.

Die von uns eingebauten spezifischen, CRISPR-induzierten genetischen Veränderungen könnten viele derjenigen Dinge einschließen, die wir bereits in diesem Buch diskutiert haben. Beispielsweise könnten wir Gene verändern, die mit der Flügelbildung oder mit der Bildung der Flughäute bei einem Flugdrachen in Verbindung stehen, um seine Flughäute flügelartiger zu machen. Alternativ könnten wir mit einem Vogel starten und seine Gene so verändern, dass er schließlich Feuer speien kann. Natürlich wissen wir nicht, welche Gene genau fürs Feuerspeien zuständig wären; das ist daher eine große Herausforderung, und wir müssten wohl eine ganze Reihe von Experimenten durchführen, um diese Frage zu klären.

Eine weitere Herausforderung beim „CRISPRn" von Tieren ist, dass wir möglicherweise nicht die gesamte Genomsequenz einiger unserer Favoriten unter den Starter-Tieren kennen. So ist das Genom des Flugdrachens, soweit wir wissen, noch nicht vollständig sequenziert worden; daher müssten wir das vielleicht selbst erledigen. Man muss die Genomsequenz eines Tieres kennen oder zumindest die Sequenz der Gene, auf die man mit CRISPR abzielt, bevor man versucht, sie zu verändern. Selbst „dasselbe" Gen weist bei diversen Tieren einige unterschiedliche DNA-Basen auf. Zum Glück ist das Komodo-Genom kürzlich entschlüsselt worden.[128]

Eine weitere gute Nachricht ist, dass viele Vogelgenome inzwischen sequenziert worden sind.[129] Und noch eine gute Nachricht: Die Kosten für die DNA-Sequenzierung ganzer Genome sind in den letzten Jahren gesunken, was uns erlauben würde, unsere Ausgangstiere selbst zu sequenzieren.

Zusätzlich zur Veränderung bereits existierender Gene unserer Ausgangstiere könnten wir gentechnische Methoden einsetzen, um völlig neue Gene in ihr Genom einzubauen und so bestimmte Merkmale hervorzubringen. Für komplexe oder nicht existierende Merkmale wie Feuerspeien reicht es vielleicht nicht, bereits existierende Vogel- oder Reptiliengene zu aktivieren. Völlig neue Gene (beispielsweise von einem Bombardierkäfer) könnten nötig sein, um das gewünschte Resultat zu erzielen. Da viele Gene organ- und entwicklungsspezifisch exprimiert werden, benötigen wir auch noch entsprechende Transkriptionsfaktoren, um unsere Drachengene am richtigen Ort und zum richtigen Zeitpunkt anzuschalten.

Aber das Genom von Tieren mit CRISPR zu verändern, ist nicht ohne Risiko.

Wenn Sie mehr über die damit einhergehenden Probleme wissen möchten, vor allem, was den Einsatz von CRISPR beim Menschen angeht – Paul hat vor einigen Jahren ein Buch über dieses Thema geschrieben, *Genmanipulierte Menschheit: Evolution selbst gemacht*. Darin diskutiert er die Technologie, die hypothetisch nötig wäre, um ein genetisch verändertes menschliches Wesen zu schaffen, darunter auch CRISPR-Genomeditierung. In diesem Buch geht Paul im Detail darauf ein, was schiefgehen könnte, wenn wir Menschen gentechnisch verändern, einschließlich Designerbabys und Eugenik.

Viele Technologien der Art, wie man sie bei dem Versuch der Schaffung gentechnisch veränderter Menschen (zum Beispiel solcher, die resistent gegen verschiedene Viren sind) einsetzen würde, würden auch ins Spiel kommen, wenn wir CRISPR in unserem Drachenbauprojekt einsetzen.

Was könnte schiefgehen und wie könnten wir sterben?

Wenn wir Tiere gentechnisch verändern, um Drachen zu schaffen, könnten viele Dinge aus dem Ruder laufen. Eines der wahrscheinlichsten Probleme ist, dass unsere genetische Bastelei – statt Drachen oder drachenhafte Kreaturen hervorzubringen – bizarre, unberechenbare Geschöpfe aus dem Hut zaubert. Weitere Risiken stecken in der Produktion verschiedener Hybridgeschöpfe, die noch gefährlicher als echte Drachen sein könnten.

Hinsichtlich dieser oder anderer möglicher negativer Resultate gilt es zudem, verschiedene ethische Probleme zu berücksichtigen (mehr dazu in Kap. 8).

Drachenbautechnologie

Hoffentlich haben Sie an dieser Stelle bereits ein gewisses Gespür für die potenziellen Möglichkeiten entwickelt, wie innovative Technologien wie CRISPR, Stammzellforschung und gezielte reproduktive Eingriffe uns bei unserem Versuch helfen könnten, einen Drachen zu erschaffen. Gleichzeitig ist Ihnen aber wohl auch klar geworden, wie riskant das ganze Unternehmen wäre.

Literatur

Bogliotti YS et al (2018) Efficient derivation of stable primed pluripotent embryonic stem cells from bovine blastocysts. Proc Natl Acad Sci USA 115(9):2090–2095

Chung YG et al (2014) Human somatic cell nuclear transfer using adult cells. Cell Stem Cell 14(6):777–780

Curtis NR (2003) Firefly encyclopedia of reptiles and amphibians. Libr J 128(1):88–88

Greely HT (2016) The end of sex and the future of human reproduction. Harvard University Press, Cambridge

Hockman D et al (2008) A second wave of Sonic hedgehog expression during the development of the bat limb. Proc Natl Acad Sci USA 105(44):16982–16987

Hockman D et al (2009) The role of early development in mammalian limb diversification: a descriptive comparison of early limb development between the Natal long-fingered bat (Miniopterus natalensis) and the mouse (Mus musculus). Dev Dyn 238(4):965–979

Inoue H et al (2014) iPS cells: a game changer for future medicine. EMBO J 33(5):409–417

Knoepfler P (2013) Stem cells: an insider's guide. World Scientific Publishing, Singapore

Knoepfler P (2015) GMO sapiens: the life-changing science of designer babies. World Scientific Publishing, Singapore (Deutsch Genmanipulierte Menschheit: Evolution selbst gemacht; Springer, 2018)

Li BC et al (2013) The influencing factor of in vitro fertilization and embryonic transfer in the domestic fowl (*Gallus domesticus*). Reprod Domest Anim 48(3):368–372

Li Y et al (2018) 3D printing human induced pluripotent stem cells with novel hydroxypropyl chitin bioink: scalable expansion and uniform aggregation. Biofabrication 10(4):044101

Li ZK et al (2018) Generation of bimaternal and bipaternal mice from hypomethylated haploid ESCs with imprinting region deletions. Cell Stem Cell 23(5):665–676 e4

Nolte MJ et al (2009) Embryonic staging system for the Black Mastiff Bat, *Molossus rufus* (Molossidae), correlated with structure-function relationships in the adult. Anat Rec (Hoboken) 292(2):155–168, spc 1

Nomura T et al (2015) Genetic manipulation of reptilian embryos: toward an understanding of cortical development and evolution. Front Neurosci 9:45

Pain B et al (1996) Long-term *in vitro* culture and characterisation of avian embryonic stem cells with multiple morphogenetic potentialities. Development 122(8):2339–2348

Pascoal JF et al (2018) Three-dimensional cell-based microarrays: printing pluripotent stem cells into 3D microenvironments. Methods Mol Biol 1771:69–81

Perez-Rivero JJ, Lozada-Gallegos AR, Herrera-Barragan JA (2018) Surgical extraction of viable hen (*Gallus gallus domesticus*) follicles for in vitro fertilization. J Avian Med Surg 32(1):13–18

Tachibana M et al (2013) Human embryonic stem cells derived by somatic cell nuclear transfer. Cell 153(6):1228–1238

7

Nach einem Drachen: Einhörner und andere Fabelwesen

Die nächste Herausforderung: Einhörner und andere mythische Geschöpfe

Wir denken, dass wir, wenn wir einen Drachen bauen können, wohl auch andere interessante mythische Geschöpfe schaffen können. Dazu könnten wir sogar einige derselben Techniken verwenden, zum Beispiel auf Stammzellen oder CRISPR basierende Methoden, wie wir sie im vorigen Kapitel diskutiert haben.

Bei manchen sagenhaften Geschöpfen dürfte es auf wenig Widerspruch stoßen, sie zum Leben zu erwecken – sie könnten sich sogar zu kulturellen Sensationen entwickeln, wie Einhörner –, während andere wohl heftige Debatten und beunruhigende ethische Probleme aufwerfen würden. So basieren viele Fabelwesen auf Menschen oder menschenähnlichen Geschöpfen, was ihre Erschaffung höchst umstritten machen könnte. Die neuen Geschöpfe könnten zudem zu echten Problemen für die Gesellschaft, Ökosysteme und für uns als ihre Schöpfer werden.

Unserer Meinung nach wäre es unethisch, teilweise menschliche Fabelwesen zu schaffen. Wir denken dabei an Geschöpfe wie Elfen, Zentauren, die ägyptische Sphinx und Bigfoot/Yeti, um nur einige zu nennen. In diesem Kapitel diskutieren wir daher die Idee, einen teilweise menschlichen Typ von Fabelwesen, wie Meermenschen (Meerjungfrauen und Meermänner) zu schaffen, allerdings nur als wissenschaftliche Fingerübung. Im größten Teil des Kapitels konzentrieren wir uns jedoch darauf, wie wir es anstellen könnten, einige besonders coole nichtmenschliche Fabelwesen herzustellen.

© Springer-Verlag GmbH Deutschland, ein Teil von Springer Nature 2021
P. Knoepfler und J. Knoepfler, *Drachenzucht für Einsteiger*,
https://doi.org/10.1007/978-3-662-62526-2_7

Jedes Mal diskutieren wir verschiedene Möglichkeiten, wie sich diese Kreaturen erschaffen ließen. Der Prozess beginnt wohl in der Regel mit einem bestimmten Ausgangstier (wie wir es schon vom Drachenbau her kennen), dessen Wahl von der Natur und den Attributen des Fabelwesens abhängig ist, das wir im Sinn haben.

Dabei sollten wir beachten, dass eine ganze Reihe von Fabelwesen, die nicht explizit als Drachen bezeichnet werden, dennoch eine verblüffende Ähnlichkeit mit Drachen haben und zudem bestimmte drachenhafte Merkmale besitzen. So werden zwei bereits erwähnte mythologische Geschöpfe der Antike, die Hydra und die Chimäre, von einigen als Drachen angesehen, und beide weisen drachenhafte Attribute auf.

Das galt auch für den Basilisk, eine riesige Schlange, die Lebewesen aller Art mit ihrem giftigen Atem oder dem bösen Blick töten konnte. Noch drachenartiger als der ungeflügelte Basilisk ist der Cockatrice (Basilisk mit Flügeln). Da diese Ungeheuer Drachen so ähnlich sind, ließen sie sich möglicherweise auf dieselbe Art herstellen, wie wir es für Drachen beschrieben haben. Deshalb werden wir sie, auch wenn sie cool sind, in diesem Kapitel nicht weiter diskutieren. Wir sind nicht die einzigen, die daran denken, völlig neue Geschöpfe mithilfe modernster Technologie wie CRISPR zu erschaffen. Die Professoren Hank Greely und Alta Charo verfassten 2015 einen langen Artikel[130] über diese Möglichkeit, darin dieses Zitat, das uns auffiel, als wir dieses Kapitel schrieben:

> Wenn man bedenkt, wie es Heinlein[131] tat, was wir Menschen in den letzten 10 000 Jahren mit den Wölfen und ihren Nachkommen angestellt haben – und auch weiterhin anstellen, wie der Labradoodle zeigt –, warum sollten wir nicht Zwergelefanten, riesige Meerschweinchen oder genetisch zahme Tiger erwarten? Oder uns ausmalen, dass ein Milliardär, seiner zwölfjährigen Tochter ein echtes Einhorn zum Geburtstag schenkt?

Womit sollen wir also beginnen?
Mit dem Einhorn, natürlich – einem der populärsten Fabelwesen überhaupt. Und wir konzentrieren uns zuerst auf das Einhorn, weil wir glauben, dass es leichter zu erschaffen ist als manches andere mythologische Geschöpf.

Einhörner

Eine kurze Geschichte der Einhörner

Die meisten Menschen sind mit dem Aussehen von Einhörnern vertraut, aber falls Sie nicht dazu gehören, sei gesagt, dass es sich um pferdeähnliche mythologische Geschöpfe handelt, die ein einzelnes langes und gerades, spiralig gewundenes Horn auf der Stirn tragen.

In Sagen und Legenden waren Einhörner nicht nur wunderschön und ungewöhnlich, sondern besaßen auch magische Fähigkeiten. Wenn nötig, waren sie auch harte Kämpfer. Und es hieß seit der Antike, nur Jungfrauen könnten ein Einhorn zähmen (Abb. 7.1).

Die frühesten Einhörner in Mythologie und Religion könnten auf dem Auerochsen basiert haben, einem großen Wildrind, das von der Harappa-Kultur dargestellt wurde, einer bronzezeitlichen Zivilisation im nordwestlichen Südasien. Möglicherweise hat auch eine die Oryxantilope als Vorbild gedient.[132] Aus welchem Grund auch immer werden Auerochsen gelegentlich als Einhörner bezeichnet, auch in der Bibel.

Abb. 7.1 *Das Mädchen und das Einhorn.* Gemälde von Domenichino (1581–1641), Palazzo Farnese, Rom. (© Eric Vandeville/abaca/picture alliance)

Möglicherweise wurde die Idee eines Einhorns von jemandem in Umlauf gebracht, der einem Tier begegnete, das normalerweise zwei Hörner hat, aber in diesem Fall nur eins besaß. Vielleicht hatte sich das einhörnige Tier im Mutterleib nicht richtig entwickelt. Oder es war mit zwei Hörnern geboren worden, hatte aber eines durch eine Verletzung oder im Kampf verloren, und wurde dann von (ziemlich fantasievollen) Leuten für ein Einhorn gehalten. Einer anderen These zufolge könnten in alten Zeiten auch zweihörnige Tiere, aus weiter Entfernung im Profil oder als Silhouette gesehen, irrtümlich für Einhörner gehalten worden sein.

Einige alte Griechen waren überzeugt, dass Einhörner in der Region, die wir heute Indien nennen, das Land durchstreiften. Der griechische Arzt und Historiker Ktesias von Knidos, der eine Weile in Persien (dem heutigen Iran) gelebt hatte, schrieb, er habe eine Oryxantilope oder „einen Wildesel" gesehen, der an ein Einhorn erinnere.[133] In Europa wird das Einhorn mit der Jungfrau Maria in Verbindung gebracht. Einhörner tauchen auf vielen mittelalterlichen Kunstwerken auf, wiederum seltsamerweise manchmal zusammen mit Jungfrauen (nicht nur mit Maria), vielleicht, weil Einhörner als „rein" galten.

Das Horn eines Einhorns bestand angeblich aus Alicorn, einer magischen Substanz, die viele Krankheiten heilen konnte. In alten Zeiten sollen skrupellose Händler die Hörner toter Landtiere oder die Stoßzähne toter, an den Strand gespülter Narwale (die einen einzigen langen Stoßzahn haben, der dem Horn eines Einhorns recht ähnlich sieht) als Alicorn verkauft haben. Das war angesichts der magischen Kräfte, die Einhörnern zugeschrieben wurden, zweifellos ein höchst profitables Geschäft.

Der dänische Arzt und Naturforscher Ole Worm enthüllte diese Praxis schließlich 1638. Ist Worm (englisch für „Wurm") nicht ein toller Name für einen Naturkundler? Berichten zufolge fand er die Überreste eines toten Narwals, bei dem das „Horn" noch immer am Schädel festsaß. Aufgrund dieser Entdeckung identifizierte er Narwale als die reale Quelle der angeblichen „Einhorn-Hörner". Und daraus schloss er dann, es gäbe gar keine echten Einhörner, was er vielleicht schon länger vermutet hatte.

Worm schuf auch eines der ersten Naturkundemuseen der Welt, das Museum Wormanium. Vielleicht sollten wir eine moderne Version dieser Wunderkammer schaffen, das Museum Knoepflerium? Wenn uns die Umsetzung der in diesem Buch skizzierten Pläne gelingen sollte, könnte unser Naturkundemuseum schließlich lebende Drachen beherbergen!

Auch wenn Worm die Existenz von Einhörnern widerlegte, konnte er sich nicht völlig von dem Mythos lösen, der sie umgab. In einem Artikel über ihn heißt es, er habe „die Vorstellung nicht ablegen können, dass die Hörner von Einhörnern ein Antidot gegen Gifte enthalten würden, und so führte er primitive Experimente durch, bei denen er Haustiere vergiftete und sie dann mit pulverisiertem Narwalzahn fütterte. Er berichtete, dass sie sich tatsächlich erholten, was dafür spricht, dass sein Gift nicht besonders wirksam war."[134]

Das Einhorn ist zudem ein Symbol für Schottland, denn es ist das schottische Nationaltier. Manche glauben, Schottland habe dieses Fabelwesen als Nationalsymbol gewählt, weil man damals annahm, Einhörner und Löwen seien natürliche Feinde. Und Löwen sind das Symbol für England. Daher sind Einhörner vielleicht eine Metapher für den historischen Konflikt zwischen Schottland und England.

Das *Wired Magazine* hat zudem einen lustigen Artikel über die exzentrische Geschichte des Einhorns veröffentlicht.[135] Der Artikel enthält ein Zitat, das historisch noch weiter zurückreicht, nämlich bis zum römischen Historiker Plinius dem Älteren. Dieser sah im Einhorn eher eine knallharte Chimäre denn das hübsche, freundliche und edle Wesen, als das wir es uns heute vorstellen:

> „Das Einhorn", schreibt Plinius, „ist ein ungemein wildes Tier, am Leib ist es einem Pferd gleich, am Kopf einem Hirsch, am Schwanz dem wilden Schwein, brüllt stark und hat ein schwarzes Horn mitten auf der Stirne zwei Ellen lang hervorstehen. Man sagt, es könne nicht lebendig gefangen werden."

Plinius' Einhorn würden wir nicht so gerne in einer finsteren Ecke oder allein im Wald begegnen – und Sie wohl auch nicht.

Wie ließe sich ein Einhorn erschaffen?

Das ist eine gute Frage. Es könnte recht einfach sein, ein Einhorn zu bauen, zumindest im Vergleich zu einem Drachen, der fliegen und Feuer speien und ein reptilienhaftes Äußeres aufweisen soll. Im Vergleich dazu könnte die Erschaffung eines Einhorns nicht so schwierig sein, vor allem, wenn wir es nicht mit magischen Fähigkeiten ausstatten müssen, denn wie sollten wir das schließlich anstellen?

Eine Möglichkeit, ein Einhorn zu schaffen, besteht darin, von einem Pferd auszugehen. Dieses Pferd könnten wir dann gentechnisch verändern, um es mit einem einzelnen, langen Horn auszustatten, das aus der Mitte der Stirn wächst.

An dieser Stelle sollten wir die Frage beantworten, die bereits in Kap. 5 aufkam: „Was ist ein Horn?". Die Antwort hängt zum Teil davon ab, um welches Tier es geht. Eine Standard-„Horn", zum Beispiel bei einem Säugetier – wie einer Antilope – ist im Grunde ein langer, knöcherner Auswuchs am Kopf, der von speziellen, hautartigen Schichten bedeckt ist.

Wie ließe sich ein Lebewesen mit einem Horn ausstatten? Man könnte sich beispielsweise vorstellen, einen Finger zu nehmen (aber ohne Muskeln, Sehnen und Gelenke) und ihn einfach an der eigenen Stirn anzubringen. Dort würde er mit dem umliegenden Gewebe und schließlich mit dem darunter liegenden Schädelknochen verwachsen. Vielleicht nicht besonders hübsch, aber eine gute Näherung für ein echtes Horn.

Wenn Sie somit auf geheimnisvolle Weise in der Lage wären, einen Knochen einfach an Ihre Stirn zu „klatschen" und mit Ihren Schädel verwachsen zu lassen, müssten Sie sich als Erwachsener an die neue Situation anpassen. Das neue Horn würde Ihr Sehfeld beeinträchtigen – es wäre zumindest ablenkend und würde Sie schlimmstenfalls in den Wahnsinn treiben. Wenn das neue Horn deutlich länger und schwerer als ein Finger wäre, müssten sich Ihr Kopf und Ihr ganzer Körper zudem an dessen Präsenz, an das neue Gewicht Ihres Kopfes und so weiter gewöhnen. Tiere mit Hörnern bilden diese erst im Heranwachsen aus und gewöhnen sich somit allmählich an das Hörnertragen.

Natürlich besteht ein typisches Säugerhorn nicht nur aus Knochengewebe. Die hautartigen Schichten, die den innen liegenden Knochen bedecken, bestehen hauptsächlich aus einem Protein namens Keratin (vielleicht erinnern Sie sich an Keratin und Keratinocyten aus Kap. 5).

Die Hörner von Säugern und den meisten anderen Tieren sind so gebaut, doch bei einigen Tieren befindet sich in den Hörnern kein lebendes Knochengewebe. Wenn wir uns ein Tier mit Horn vorstellen, denken die meisten von uns wahrscheinlich an ein Nashorn. Aber die „Hörner" von Nashörnern sind alles andere als typische Hörner – sie enthalten keinen Knochen, sondern bestehen fast völlig aus dichtem, von der Haut abgeschiedenem Material. Der Schädel eines Sumatranashorns (Abb. 7.3) sieht eindrucksvoll aus und verfügt im Nasenbereich über viele Knochen, aber dort, wo die Hörner saßen, gibt es keinerlei Knochenauswüchse.

Auch wenn ein Dinosaurier wie *Triceratops* für uns fast wie ein abgewandeltes Nashorn aussieht, trugen diese Dinosaurier im Gegensatz zu Nashörnern offenbar echte Hörner mit einem Knochenzapfen im Inneren. Die heute lebenden Krötenechsen (englisch *horned lizards*) haben ebenfalls auf Knochen basierende Hörner (was wir auch für unser Drachenbauprojekt im Hinterkopf behalten wollen).

Um ein Pferd in ein Einhorn zu verwandeln, müssten wir es daher gentechnisch so verändern, dass ihm entweder ein echtes Horn – mit einem Knochenzapfen im Inneren – wächst oder ein Horn, das eher an das eines Nashorns erinnert. Beides könnte ihm das gewünschte einhornartige Äußere verleihen und gleichzeitig, falls nötig, als Waffe dienen. Für ein Tier mit einem langen, relativ schlanken Horn wie ein Einhorn würden auf Knochen basierende Hörner jedoch wohl besser funktionieren.

Die heute ausgestorbene sibirische Nashornart *Elasmotherium sibiricum* besaß ein besonders langes, markantes Horn und wird manchmal als „sibirisches Einhorn" bezeichnet. Neueren Forschungen zufolge haben diese „Einhörner" vermutlich mit frühen Menschen koexistiert und so vielleicht zu ersten Einhornlegenden beigetragen.[136]

Was wissen wir, das uns helfen könnte, ein Pferd in ein Einhorn zu verwandeln? Welche Gene müssten wir voraussichtlich verändern? Für die Hornentwicklung verschiedener Tiere, darunter auch Rinder, spielen offenbar mehrere Gene eine Rolle, während andere Gene das Hornwachstum hemmen. Einige der Kandidaten für „hornwachstumshemmende" Gene codieren für Proteine, die Zellen dabei unterstützen, Bindungen aufzubauen, während andere die Bewegung der Keratinocyten regulieren.[137] Bei Rindern produzieren „Pro-Horn"-Gene Proteine, die das Zellwachstum anregen, was sinnvoll erscheint, denn Hornwachstum erfordert mehr Zellen an einer bestimmten Stelle, als wenn diese lediglich von flächig ausgebreiteter Haut bedeckt wäre.[138]

Seit Jahren werden solche Informationen genutzt, um hornloses Milchvieh zu züchten, was den Landwirten sehr entgegenkommt, denn bislang werden die Hörner bei den meisten gehörnten Rinderrassen entfernt. Das Enthornen wird in einigen Ländern bei mehr als 70 % des Milchviehs durchgeführt, um die Tiere leichter handhaben zu können. Im Jahr 2016 gelang es jedoch, bahnbrechende Studien zur Hornentwicklung mit gentechnischen Ansätzen zu kombinieren, um hornlose Rinder zu produzieren.[139] Aufgrund dieser Entdeckung ist es vorstellbar, dass viel weniger Rinder mit Hornanlagen geboren werden, die später enthornt werden müssen.

Aber natürlich wollen wir keine Hörner entfernen. Vielmehr wollen wir Pferde mit Hörnern produzieren, um sie in Einhörner umzuwandeln. Und wir können das, was wir bei der Schaffung eines Einhorns lernen, dazu gebrauchen, auch unseren Drachen mit Hörnern zu versehen.

Die Genaktivität eines Pferdes spezifisch so zu verändern, dass es ein einzelnes Horn ausbildet, erscheint einigermaßen plausibel. Es gibt jedoch ein anderes Einhornmerkmal, das unsere Aufmerksamkeit erfordert und sich

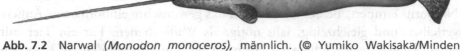

Abb. 7.2 Narwal *(Monodon monoceros)*, männlich. (© Yumiko Wakisaka/Minden Pictures/picture alliance)

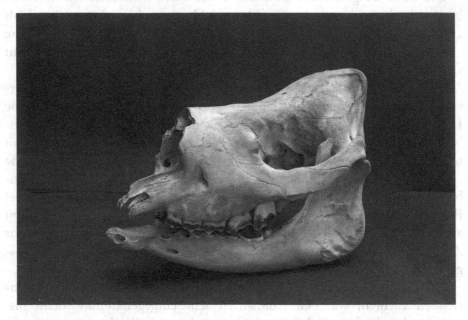

Abb. 7.3 Schädel eines Sumatra-Nashorns *(Dicerorhinus sumatrensis)*. Man beachte, dass es an den Stellen, wo die beiden Hörner sitzen, keine Knochenauswüchse gibt; Rhinozeroshörner bestehen nämlich fast ausschließlich aus modifizierter Haut. Sumatran Rhino Sanctuary, Way Kambas Nationalpark, Indonesien. (© S.Eszterhas/ WILDLIFE/picture alliance)

in der Umsetzung schwieriger gestalten könnte. Die Hörner von Einhörnern sollen gerade sein, während die Hörner fast aller „Hornträger" gekrümmt sind.

Theoretisch könnten wir das einzelne „Horn" eines Narwals imitieren (dessen wissenschaftlicher Name *Monodon monoceros* so viel wie „einhorniges Einhorn" bedeutet), bei dem es sich um einen Stoßzahn handelt.

Wenn wir diesen Weg wählen, könnten wir versuchen, einen einzelnen Stoßzahn bei einem Pferd zu erzeugen (Abb. 7.2). Da der Stoßzahn eines Narwals durch seinen Schädel nach außen tritt, müssten wir bei unserem

Pferd mit dieser problematischen Tatsache fertig werden. Wir sind uns nicht sicher, wie wir ein Pferd mit einem riesigen Stoßzahn schaffen könnten, der aus seinem Kopf ragt. Daher scheint es uns klüger, bei einem echten Horn zu bleiben, statt mit einem gigantischen Zahn zu experimentieren.

Der nächste Verwandte des Narwals ist der Weißwal (Beluga). Während der wissenschaftliche Name des Narwals, *Monodon monoceros*, wie bereits erwähnt, eine klare Bedeutung hat, liegt der Ursprung des Trivialnamens „Narwal" im Dunkeln. Am ehesten leitet er sich von dem isländischen Begriff für „Wal-Leichnam" ab; darin spiegelt sich vielleicht der Schrecken wider, den die Seeleute beim Anblick dieses bleich gefärbten Wals empfanden.[140] Auch das Narwalhorn könnte die Seeleute in helle Aufregung versetzt haben.

Wir haben bei unseren Recherchen nicht viel über Narwalzähne gefunden, doch bekanntermaßen ragen diese ungewöhnlichen Zähne zwar gerade aus dem Maul, sind dabei aber schraubenförmig gegen den Uhrzeigersinn gedreht.[141] Viele Experten nehmen an, dass ein Narwal seinen Stoßzahn nur zur Verteidigung, zur Jagd und im Rahmen des Paarungsrituals einsetzt, doch tatsächlich scheint es sich darüber hinaus um ein einzigartiges Sinnesorgan zu handeln, das eine interessante Ergänzung für unseren Drachen darstellen könnte. Was der Narwalzahn genau wahrnimmt, ist allerdings noch nicht eindeutig geklärt.

Auf dem Rücken des Pegasus

Eine kurze Geschichte des Pegasus

Auch Pegasus (griechisch Pegasos) gehört zum Pantheon der pferdeartigen Fabeltiere. In der griechischen Mythologie war Pegasus das geflügelte Pferd von Halbgöttern und Helden wie Bellerophon und Perseus. Pegasus wurde der Legende nach aus dem Blut der Gorgone Medusa (als sie von Perseus erschlagen wurde) und dem Ozean geboren (seinen Wellenkämmen sollen die Pferde entsprungen sein). Perseus benutzte Pegasus, um die Jungfrau Andromeda vor einem Meeresungeheuer zu retten. Der Held Bellerophon fing Pegasus mit einem goldenen Zaumzeug ein, nachdem er im Tempel der Athene gebetet hatte. Er war in der Mythologie berühmt dafür, auf Pegasus reitend sagenhafte Ungeheuer, wie die schreckenerregende, drachenhafte Chimäre (erinnern Sie sich an die Chimären oder Mischwesen?), die Amazonen und verschiedene Piraten erschlagen zu haben. Ein Pferd, das den Himmel erstürmen kann, wäre wahrlich ein fantastisches Geschöpf.

Wie würden wir ein fliegendes Pferd wie Pegasus erschaffen?

Was wäre, wenn wir ein fliegendes Pferd wie Pegasus bauen wollten? Von einem Pferd ausgehend, könnten wir einige derselben Prozesse vollziehen, die in Kap. 2 diskutiert haben, wo es darum ging, unserem Drachen Flugfähigkeit zu verleihen.

Aber so groß Komododrachen im Vergleich zu Flugdrachen auch sind – Pferde sind viel größer als Komodos. Ein durchschnittliches ausgewachsenes Pferd wiegt wohl das Fünffache eines Komodos. Und wie Sie sich gewiss erinnern, ist es für ein Tier umso schwieriger, vom Boden abzuheben und zu fliegen, je schwerer es ist. Die meisten Pferde sind so schwer, dass sie eine Flügelspannweite von vielleicht zwölf Metern bräuchten, um sich in die Luft zu schwingen und aktiv zu fliegen, was wohl unrealistisch ist.

Deshalb müssten wir wohl mit einem sehr kleinen Pferd beginnen – oder noch besser mit einem zierlichen Pony. Leider sind die Flügel, die Pegasus auf den meisten Darstellungen trägt, viel zu kurz, als dass er damit abheben könnte. Wenn Sie sich die Pegasus-Skulptur in Abb. 7.4 ansehen, so sind seine Flügel zwar eindrucksvoll, aber angesichts seiner beträchtlichen Körpergröße würden sie das Tier nicht vom Boden heben können, es sei denn durch Magie. Und in diesem Buch verlassen wir uns nicht auf Magie.

Ein anderes Problem besteht darin, dass Pferde bereits vier Extremitäten haben. Vielleicht erinnern Sie sich aus Kap. 5 daran, dass der Standard-Entwicklungsplan für Wirbeltiere vier Körperanhänge aufweist, nicht sechs, wie sie ein Geschöpf bräuchte, das vier Beine und noch zwei Flügel hat. Es stimmt, viele Drachen werden mit vier Beinen und zwei Flügeln dargestellt, doch sie wären schwieriger zu erschaffen als die Drachenversion mit nur zwei Beinen und zwei Flügeln.

Forscher haben durch Aktivierung bestimmter Gene Fliegen mit einem zweiten Paar Flügel erzeugt, daher könnte es möglich sein, die Entwicklung eines Flügelpaares auf dem Rücken eines Pferdes voranzutreiben.[142] Die zwei Flügelpaare entstanden durch eine Verdopplung des gesamten Brustabschnitts (Thorax) der Fliege, doch wenn man so bei einem Pferd vorginge, käme dabei wohl ein recht bizarres Geschöpf heraus.

Trotz dieser Herausforderungen ist es vielleicht möglich, ein geflügeltes Pferd zu erschaffen. Und auch, wenn die Sache wegen der Größe und Schwere von Pferden technisch schwierig werden könnte, müssten wir uns wenigstens keine Gedanken ums Feuerspeien machen.

Abb. 7.4 Statue *La Renommée retenant Pégase* von Eugène Lequesne, Palais Garnier, Paris. (Public-Domain-Foto von Marie-Lan Nguyen)

Hippogryphe und Greife

Eine kurze Geschichte der Hippogryphe und Greife

Einige Fabelwesen ähnelten einander stark, fast wie unterschiedliche Versionen desselben Tiers. Hippogryphe und Greife sind dafür ein Beispiel, ebenso viele drachenhafte Geschöpfe, die wir besprochen haben.

Auch wenn heute die meisten Menschen Hippogryphe mit den Harry-Potter-Büchern und -Filmen verbinden, hat die Autorin J. K. Rowling diese Wesen nicht erfunden. Tatsächlich stammen sie aus römischen oder noch früheren Zeiten. Hippogryphe sind Hybriden (oder Chimären) – ihre untere

Hälfte ist die eines Pferdes, die obere die eines Adlers. Diese mächtigen Geschöpfe konnten der Legende nach sowohl fliegen als auch laufen – und zwar sehr schnell. Man würde sich nicht mit ihnen anlegen wollen!

Greife galten als die Väter der Hippogryphe. Sie waren ebenfalls Hybride, jedoch diesmal von Löwe (die hintere Hälfte) und Adler (die vordere Hälfte).

Offenbar gingen die Greife den Hippogryphen voraus; man findet sie in der griechischen wie der römischen Mythologie und auch in der Kunst anderer antiker Zivilisationen, einschließlich der altägyptischen. Ein Beispiel für einen Greif, dargestellt auf einem mittelalterlichen Wandteppich, sehen Sie in Abb. 7.5. Es gibt viele interessante Geschichten über Greife, so auch der Glaube, ihre Nester (sie legen Eier) enthielten Gold. Je nach Künstler und Kulturraum fallen Greife manchmal mehr adlerhaft, manchmal mehr löwenhaft aus.

Greife werden oft als Symbol benutzt. Während viele hybride Fabelwesen als Ungeheuer oder böse gelten, werden Greife offenbar in einem freundlicheren Licht gesehen. Zeitweise dienten sie sogar als religiöse oder anderweitige Symbole. Tatsächlich sind Greife das Symbol von Pauls Hochschule, des Reed College.

Abb. 7.5 Darstellung eines Greifs auf einem mittelalterlichen Wandteppich, um 1450. Wien, Oesterreichisches Museum für angewandte Kunst. (© akg-images/ picture-alliance)

Wie erschafft man einen Hippogryph oder einen Greif?

Hippogryphe, so glaubte man, entstünden bei der Paarung zwischen einem Greif und einer Pferdestute. Deshalb meinen wir, es wäre am sinnvollsten, zunächst einen Greif zu konstruieren. Wenn wir damit Erfolg haben, könnten wir unseren Greif dann mit einer Stute paaren, um einen Hippogryph zu erzeugen (denn wir glauben der Mythologie, oder etwa nicht?).

Wie schon erwähnt, sind Greife teils Adler, teils Löwe. Und inzwischen sollten Sie nun sofort an „Chimäre" denken. Wie würden wir also solch eine Chimäre herstellen? Eine Möglichkeit wäre, frühe Embryonalstadien von Adlern und Löwen miteinander zu verschmelzen. Leider sind Adler und Großkatzen biologisch alles andere als nahe verwandt. Das macht es höchst unwahrscheinlich, dass eine solche Chimäre auch nur die Embryonalphase überleben würde. Dennoch ist die Sache zumindest hypothetisch möglich.

Ein weiterer Faktor, den wir in Rechnung ziehen müssen, ist, dass Greife der Legende nach Eier legen. Daher müssten wir ein Adlerei irgendwie so manipulieren, dass wir die obere Hälfte des Adlerembryos entfernen können, um sie dann mit der unteren Hälfte des Löwenembryos zu verschmelzen, ohne die beiden Embryonen, das Ei oder andere Fortpflanzungsstrukturen irreparabel zu schädigen. Alternativ könnten wir auch die Zellen früher Adler- und Löwenembryonen (etwa Zellen von erst wenige Tage alten Embryonen; jüngere Embryonen sind besser geeignet) mischen und das Beste hoffen. Wir glauben jedoch, dass die Erfolgsaussichten nicht besonders hoch sind.

Eine andere Herausforderung besteht darin, dass Adler zwar Giganten der Vogelwelt sind, aber doch deutlich kleiner als ein durchschnittlicher Löwe. Stellen Sie sich einen Greif mit einem normalen löwengroßen Hinterteil und einem kleineren adlergroßen Vorderkörper oder Kopf vor. Dieses Ungleichgewicht bedeutet, dass wir entweder dem Löwenteil schrumpfen oder den Adlerteil vergrößern müssen. Wenn wir das Projekt weiterverfolgen wollten, würden wir wahrscheinlich für Letzteres votieren.

Meerjungfrauen und Meermänner

Eine kurze Geschichte der Meermenschen.

Meerjungfrauen und „Meermenschen" allgemein tauchen in Mythen rund um die Welt erstaunlich oft auf, was dafür spricht, dass die Vorstellung von Geschöpfen, die teils Mensch, teils Fisch sind, viele Kulturen fasziniert hat. In der mesopotamischen und der assyrischen Kultur wurde die Göttin Atargatis zu einer Meerjungfrau. Offensichtlich glaubten manche, Thessalonike, die Schwester von Alexander dem Großen, habe sich in eine Meerjungfrau verwandelt, als sie vom Tod ihres Bruders hörte. Und in der arabischen Märchensammlung *Tausendundeine Nacht* spielen „Meermenschen" (wie etwa Dschullanar vom Meer) teils eine wichtige Rolle.

In Westeuropa sind Meerjungfrauen gewöhnlich kein gutes Omen; ihr Erscheinen kündigt für Schiffe und Seeleute schlechtes Wetter an. Die schottischen und irischen Selkies waren Robbenfrauen, die Meerjungfrauen entsprachen. Sie konnten beliebig zwischen dem Seehund- und dem Menschenzustand wechseln. Irgendwann legten sie dann ihr Robbenfell ab und heirateten einen menschlichen Mann. Wenn er ihr Fell fand, das sie in einer Truhe versteckt hatte, musste sie bei ihm an Land bleiben.

In der griechischen Kultur lockten Sirenen (die ebenfalls Chimären waren, diesmal halb Vogel, halb Frau) Seeleute mit ihrem verführerischen Gesang ins feuchte Grab, denn die Männer steuerten ihre Schiffe wie blind gegen Felsen.

Später wurden Sirenen eher fisch- als vogelartig dargestellt, und andere Meerjungfrauentypen aus unterschiedlichen Kulturen flossen ein. Heutzutage werden Sirenen in der Regel als eine Art Meerjungfrau dargestellt.

In dem chinesischen Buch *Shanhaijing,* dem „Klassiker der Berge und Meere", der ins 4. Jahrhundert v. Chr. zurückdatiert, werden häufig Seeleute erwähnt, die Meerjungfrauen sichten, die Perlen weinen.

Im japanischen Volksglauben gibt es die Ningyo, den „menschlichen Fisch". Dieses Wesen wurde in Zeichnungen manchmal wie ein meerjungfrauenähnliches Geschöpf dargestellt. Die Ningyo besaßen angeblich besondere Kräfte, und wenn ein Menschen eine Ningyo aß, konnte er unter Umständen viel Hundert Jahre alt werden.[143]

Ihr philippinisches Pendant ist der Siyokoy, und einst glaubte die javanische Bevölkerung an eines Meereskönigin namens Nyi Roro Kidul. In der kambodschanischen bzw. thailändischen Version des altindischen Epos *Ramayana* verliebt sich eine Meeresprinzessin namens Suvannamaccha in den Affengott Hanuman.

Meerjungfrauen kommen weltweit in vielen Mythen vor. In Russland heißen sie Rusalkas und gelten als die ruhelosen Seelen untoter Frauen, die gewöhnlich ertrunken waren. In der Karibik finden sich „Meermenschen"-Darstellungen, die von den Göttinnen Jagua und Yemoja beeinflusst sind.

Die große Popularität von Meerjungfrauen (vor allem von solchen mit einer positiven Konnotation) geht wohl teilweise auf Hans Christian Andersens Kunstmärchen *Die kleine Meerjungfrau* und den späteren Disney-Film gleichen

Namens zurück. Das Märchen ist viel düsterer, als es der Film suggeriert. In dem ursprünglichen dänischen Märchen muss die Meerjungfrau den Prinzen töten, nachdem er sich entschlossen hat, eine andere zu heiraten, denn sein Blut wird ihre Füße zurück in Flossen verwandeln. Aber das bringt sie nicht über sich, daher springt sie vom Schiff und ertrinkt. Das wäre für einen Kinderfilm wohl zu traurig gewesen, zeigt uns aber, dass Meerjungfrauen bis vor Kurzem in vielen Kulturen als eher unheilvoll galten.

Und dann wäre da noch der Superheld des 20. Jahrhunderts, Aquaman, der einige für Meermenschen typische Kräfte besitzt, obgleich er nicht so aussieht. Auch wenn er vielleicht einer der seltsamsten modernen Super-helden ist, waren einige Fans von dem Film *Aquaman* (2018) ziemlich angetan.

Wie könnten wir eine Meerjungfrau erschaffen (auch wenn wir das gar nicht wollen)?

Die Erschaffung von Meerjungfrauen würde zu technischen wie auch ethischen Problemen führen. Was die technische Seite betrifft, so müssten wir höchstwahrscheinlich eine Mensch-Fisch-Chimäre herstellen, um eine Meerjungfrau zu schaffen. Und auch wenn es möglich ist, Chimären zu erzeugen, indem man (wie bereits an früherer Stelle beschrieben) Teile der Embryonen verschiedener Lebewesen kombiniert, sind diese Lebewesen gewöhnlich evolutionär eng verwandt oder einander ähnlich. Menschen und Fische aber stehen sich im Stammbaum des Lebens keineswegs nahe, sodass eine embryonale Mensch-Fisch-Chimäre wohl kaum überleben würde.

Statt den Weg über die Chimäre einzuschlagen, könnte man alternativ auch bei der menschlichen Entwicklung beginnen und versuchen, den resultierenden Menschen durch einige spezifische genetische Veränderungen fischähnlicher zu machen. Um es nochmals zu sagen: Allein schon der Ver-such wäre unethisch. Aber wenn wir das Szenario im Kopf durchspielen, könnten wir das Wesen mit Schuppen (einer Art abgewandelter, schuppiger Haut), Kiemen sowie Flossen (die sich in gewisser Hinsicht nicht allzu sehr von Flughäuten unterscheiden) ausstatten. Und schließlich könnten wir vielleicht die Beine miteinander verschmelzen, um den für Meermenschen so typischen Fischschwanz zu imitieren. Tatsächlich ähneln manche Meer-menschen Menschen viel stärker als Fischen. So hat die von Edvard Eriksen geschaffene Statue der *Kleinen Meerjungfrau* in Kopenhagen keinen Fisch-schwanz. Vielmehr hat sie zwei miteinander verschmolzene menschliche

Abb. 7.6   *Die kleine Meerjungfrau* von Edvard Eriksen, die auf einem Stein im Hafen von Kopenhagen sitzt. Creative Commons Image, unbearbeitet

Beine, die in Flossen enden (Abb. 7.6). Eine im Labor erzeugte Meerjungfrau nach dem Vorbild dieser Statue wäre einfacher herzustellen als ein Exemplar mit einem echten Fisch-Unterkörper.

Warum es unethisch wäre, eine Meerjungfrau zu erschaffen

Jenseits der technischen Herausforderung gibt es einige gravierende ethische Probleme bei einem derartigen Projekt. Diese Probleme sind zu schwerwiegend, um auch nur daran zu denken, es in Angriff zu nehmen. Jede Art von Forschung mit menschlichen Chimären, selbst wenn sie sich aufs Labor beschränken sollte (ganz zu schweigen von der Schaffung echter lebender menschlicher Chimären), ist höchst umstritten.

Wir diskutieren derlei schwierige ethische Probleme im nächsten Kapitel, doch eine Sorge betrifft das unabsichtliche Erschaffen von teilweise menschlichen Wesen (nicht nur Meermenschen könnten sich entwickeln, sondern auch andere, teils menschliche Tiere) und die Kontroverse um die Schaffung einer teilweise menschlichen Spezies.

Und ein Wesen zu erzeugen, das halb Mensch, halb Fisch ist, wäre zutiefst unethisch. So hätte die Meerperson, die aus einer solchen Forschung hervorginge, zum Beispiel keine Möglichkeit der Einwilligung. Solche Chimären könnten zudem unter Gesundheitsproblemen aller Art leiden. Und selbst wenn sie gesund blieben, könnten sie von manchen Menschen angefeindet werden, auch wenn wir uns eher vorstellen könnten, dass sie zu gesunden und glücklichen Berühmtheiten heranwachsen.

In ein ähnliches ethisches Minenfeld würden wir auch mit der Schaffung anderer halbmenschlicher Fabelwesen geraten. In der griechischen Mythologie waren Zentauren teilweise Pferd, teilweise Mann und hervorragende Bogenschützen. Chiron ist der vielleicht berühmteste Zentaur und galt als der größte „Heldentrainer" in ganz Griechenland (so war er Lehrer des griechischen Kriegers Achill). Er steht auch für das Sternbild Schütze (Sagittarius).

Könnte jemand versuchen, einen lebenden Chiron herzustellen?

Auch wenn Menschen und Pferde einander genetisch näher stehen als Mensch und Fisch, ist die Schaffung einer solchen Chimäre aus ethischen Gründen ebenfalls völlig undenkbar.

Mythen wahr werden lassen

Nachdem wir all diese Fabelwesen haben Revue passieren lassen, kommen wir zu dem Schluss, dass wir, wenn wir tatsächlich noch ein anderes Fabeltier als einen Drachen erschaffen wollten, wohl mit dem Einhorn anfangen

(und wohl auch aufhören) würden. Die anderen in diesem Kapitel diskutierten mythologischen Geschöpfe stellen uns vor technische und ethische
Probleme aller Art. Dennoch ist es spannend, darüber nachzudenken, wie
neue Technologien Mythen wahr werden lassen könnten.

Ein Einhorn wäre eine ebenso faszinierende Schöpfung wie ein Drache,
doch weitaus sicherer für uns und die Welt. Tatsächlich würde es uns nicht
wirklich überraschen, wenn jemand in den nächsten zehn Jahren versuchen
würde, ein lebendiges Einhorn zu erschaffen.

Literatur

Charo RA, Greely HT (2015) CRISPR critters and CRISPR cracks. Am J Bioeth
15(12):11–17

8

Ethik und Zukunft des Erschaffens von Drachen und anderen neuen Ungeheuern

Drachenethik

Zum Beruf des Naturwissenschaftlers gehört es, freiwillig bereit zu sein, Forschung innerhalb gewisser ethischer Parameter und Leitlinien zu betreiben. In diesem Kapitel geht es um die ethischen Grenzen aktueller Forschung allgemein und insbesondere bei dem Versuch, Drachen zu bauen.

Nehmen wir also einen Augenblick lang an, wir hätten es geschafft! Auf der Basis all der Planungen und Recherchen, die wir in den vorangegangenen Kapiteln geschildert haben, ist es uns tatsächlich gelungen, einen Drachen zu erschaffen.

Aber *hätten* wir das tun sollen?

Auf welche Schwierigkeiten sind wir auf unserem Weg gestoßen? Sind wir überhaupt noch am Leben? Sind andere Menschen verletzt worden? Und was ist mit den Tieren, die wir bei unserer Forschung verwendet haben, um unsere Drachen herzustellen? Und war all das für den oder die Drachen, den oder die wir gebaut haben, eine gute Sache?

Bislang haben wir uns in diesem Buch vorwiegend darauf konzentriert, *wie* wir bei der Schaffung unseres Drachens vorgehen wollen, doch in diesem Kapitel geht es darum, *ob* wir es hätten tun sollen, und um die ethischen Probleme solchen Tuns. Wie im letzten Kapitel bereits erwähnt, würde auch die Schaffung anderer neuer Lebewesen viele ähnlich schwierige Fragen aufwerfen. Wie Jeff Goldblums Figur im Film *Jurassic Park* anmerkt: „Ihre Wissenschaftler waren so sehr damit beschäftigt, ob sie konnten oder nicht, dass sie nicht darüber nachdachten, ob sie sollten." Der Inhalt des

© Springer-Verlag GmbH Deutschland, ein Teil von Springer Nature 2021
P. Knoepfler und J. Knoepfler, *Drachenzucht für Einsteiger*,
https://doi.org/10.1007/978-3-662-62526-2_8

Films kann diese Frage generell beantworten: „Nein, man hätte besser keine Dinosaurier erschaffen!" Aber nachdem sie es nun einmal getan hatten, war es zu spät.

Wenn sich die Wissenschaftler in *Jurassic Park* allerdings gesagt hätten „Wisst ihr, wir können keine Dinosaurier erschaffen, denn das wäre viel zu gefährlich oder unethisch. Was haben wir uns dabei bloß gedacht? Wir müssen das Projekt stoppen!", dann hätte es keine Dinosaurier (oder zumindest keine angeblichen Film-Dinosaurier) gegeben. Und der Film wäre im Kino fraglos ein Flop geworden.

Die Situation in unserem Buch ist ähnlich. Wenn wir von vorneherein gesagt hätten „nein, es ist zu gefährlich und ethisch fragwürdig, einen Drachen zu bauen", dann wäre das Buch nicht auf allzu viel Interesse gestoßen. Wahrscheinlich hätten wir es gar nicht erst geschrieben.

Und wir hoffen auch, dass Sie das Vorwort und den Untertitel *„Ein „gefährlicher" Zeitvertreib für Hobby-Genetiker"* gelesen haben. Dieses Buch sollte wirklich nicht für bare Münze genommen werden – tatsächlich wollen wir damit den Hype rund um die topaktuelle naturwissenschaftliche Forschung ein wenig auf die Schippe nehmen.

Mit all dem im Hinterkopf sollten wir uns dennoch die Zeit nehmen, einige spezielle und schwierige, aber gerechtfertigte ethische Fragen zu stellen, bevor wir einen Drachen oder sogar einen ganzen Schwarm Drachen bauen.

Sollten wir überhaupt einen Drachen herstellen, oder wäre es an sich unethisch, so etwas zu tun? Welche speziellen ethischen Fragen ergeben sich? Ist der Prozess selbst zu gefährlich für uns und andere, um auch nur einen Versuch zu starten? Und wenn es uns gelingt, welche neuen Gefahren und ethischen Probleme kommen dann auf uns zu?

Wir sollten einige dieser Fragen beantworten und die schwierigen Probleme, die sie aufwerfen, *jetzt* und nicht erst dann angehen, wenn wir bereits einen Drachen haben. Wie uns die Geschichte lehrt, ist es, wenn man einmal radikal wissenschaftliche Fakten geschaffen hat, oft zu spät, anschließend über deren Ethik zu diskutieren.

Man kann den technologischen Geist nicht zurück in die Flasche drängen.

Zu gefährlich für die Menschheit?

Die Gefahren, die mit der Schaffung eines Drachens einhergehen – und all die Gefahren, die auftreten werden, sobald wir einen oder mehrere Drachen auf die Menschheit loslassen –, verdienen eine ernsthafte Diskussion.

An den zahllosen Warnungen, die im ganzen Buch eingestreut sind, haben Sie sicherlich schon erkannt, dass der Bau eines Drachens extrem gefährlich ist. So besteht die reale Gefahr, dass Hunderte von Menschen, vor allem in der direkten „Explosionszone", ernsthaft verletzt werden oder gar sterben könnten. Das ist mehr als nur ein wenig besorgniserregend. Selbst wenn in der Produktionsphase alles gut geht, gibt es keine Garantie dafür, dass unser Drache nicht irgendwann in einen Blutrausch verfällt.

Tatsächlich könnte unser Drache den Tod vieler Hundert Menschen verursachen – sei es aus Hunger, Instinkt oder um seinen Spaß zu haben. Wenn wir wiederum versuchen sollten, jede seiner Bewegungen zu kontrollieren (was wahrscheinlich sowieso unmöglich ist), dann hätten wir im Endeffekt nur eine Marionette statt eines empfindungsfähigen lebendigen Geschöpfes geschaffen. Falls unser Drache intellektuell wie auch emotional hochintelligent ist, wäre es nicht richtig, ihn ständig zu kontrollieren. Er könnte leicht rebellisch werden, wenn wir ihn zu stark beaufsichtigen.

Und was ist, wenn sich unser Drache benimmt und glücklich ist? (Wie könnten wir überhaupt wissen, ob er glücklich ist, es sei denn, er kann sprechen, was er hoffentlich wird?) Unsere Intention, ihn zu bauen, ist dennoch in gewisser Weise selbstsüchtig. Wir wünschen uns, dass sich unser Drache als Teil der Familie und nicht nur als „Vorzeigestück" fühlt, aber genau das könnte er im Endeffekt sein, wenn wir nicht versuchen, unseren Drachen zu viel mehr als dem zu machen.

Das erfordert einiges Nachdenken.

Gibt es Lösungen für diese Sorgen?

Da offensichtlich keine möglichen Lösungen garantiert funktionieren, ist es vielleicht am besten, uns und andere durch einen „Abschaltknopf" vor unserem Drachen zu schützen (siehe Kap. 5).

Menschen sind Freunde oder Familie, kein Futter

Wir wollen und müssen dafür sorgen, dass unser Drache Menschen als Freunde, nicht als Futter ansieht. Um das zu erreichen, sollte unser Drache von frühester Kindheit an, wenn er noch kaum Schaden anrichten kann, mit Menschen Kontakt pflegen. Wir hoffen, dass er so lernt, sich mit und bei Menschen wohlzufühlen, die ihn gut und sogar liebevoll behandeln, bevor er zu einem gefährlichen Ungeheuer heranwächst. Und wir planen, in den ersten Jahren seines Lebens sein Futter, seine Kontakte und Atmosphäre zu kontrollieren, damit er ein gutes Benehmen und eine gute Gesundheit entwickelt.

Wenn er älter ist, muss er dann hoffentlich nicht mehr ständig überwacht werden, auch wenn eine konstante Überwachung bei einem Drachen vielleicht selbst unter den günstigsten Umständen nötig ist. Statt einen „zahmen" Drachen zu haben, wünschen wir uns, dass er eher so etwas wie ein Familienmitglied ist, das sich gut benehmen *will*.

Wenn Sie daran denken, Ihren eigenen Drachen zu bauen, sollten Sie sicherstellen, dass er sich als Teil der Familie und weniger als Trophäe fühlt und Sie eine gute, fürsorgliche Beziehung zu ihm entwickeln.

Dann wird er Ihnen vertrauen und sich bei Ihnen zuhause fühlen (und hoffentlich nicht den Wunsch verspüren, Sie umzubringen). Wenn Sie einen positiven Daseinszweck für Ihren Drachen planen (vielleicht etwas auf humanitärem Gebiet), dann fühlt er sich vielleicht nützlicher und weniger wie ein Freak, der vor aller Welt herumgezeigt wird.

Warum wollen wir überhaupt einen Drachen schaffen? Wir haben dies in lockererer Weise ganz am Anfang des Buches, in Kap. 1, diskutiert, doch wir müssen in diesem Kapitel zum Thema Ethik noch einmal darauf zurückkommen. Wenn wir unseren Drachen als intellektuelle Übung erschaffen, ist so etwas dann ethisch vertretbar? Wahrscheinlich nicht. Wir stellen uns nicht vor, dass unser Drache eine Berühmtheit wäre oder uns viel Geld einbringt, aber einmal geschaffen, haben wir unter Umständen weniger Kontrolle über sein Leben, als wir erhofft hatten.

Wäre es für die Drachen gut, wenn wir sie erschaffen würden?

Manche Menschen halten die menschliche Fortpflanzung für eine Art Experiment und Kinder für das Resultat dieses Experiments. So gesehen haben Kinder und tatsächlich alle Menschen und Tiere kein Mitspracherecht bei ihrer eigenen experimentellen Erschaffung. Wer weiß, was die Kombination zweier elterlicher Gnome erbringen wird? Zudem gibt es zahlreiche elterlichen Entscheidungen, vor allem seitens der schwangeren Frau, die die Zukunft der Nachkommen stark beeinflussen. Abgesehen von Extremfällen wie Drogen- oder Alkoholkonsum während der Schwangerschaft gilt das

Eingehen von überraschend vielen Risiken im Zusammenhang mit der Fort-pflanzung nicht als unethisch.

Verschiedene Methoden in der Pflanzen- und Tierzucht zur Schaffung neuer Arten oder Rassen sind nicht unethisch. Auch wenn die Schaffung gentechnisch veränderter Organismen (GVO) umstrittener ist, hat man sie in manchen Ländern weitgehend akzeptiert, obwohl die neuen Organsimen ihrer Schaffung nicht zustimmen können.

So gesehen, ist es unserer Meinung nach nicht an sich unethisch, Drachen zu erschaffen. Es ist jedoch wichtig, sich zu fragen, ob ihre Schaffung für die Drachen selbst tatsächlich eine gute Sache ist. Welche Risiken bestehen für sie? Gibt es potenzielle Vorteile für die Drachen?

Risiken für Fehlbildungen

Eine mögliche Folge unserer Drachenbauforschung ist – vor allen, wenn sie schiefgeht – die Schaffung missgebildeter Drachen bzw. drachenhafter Geschöpfe.

Wäre der Versuch, einen Drachen zu bauen, ethisch zu rechtfertigen, wenn wir wüssten, dass unsere ersten Versuche wahrscheinlich zu miss-gebildeten Drachen führen? Das lässt sich nur schwer sicher sagen, doch wir könnten alles nur Menschenmögliche tun, um dieses Risiko zu reduzieren, und falls es dennoch zu Missbildungen kommt, versuchen, die Zahl im weiteren Verlauf möglichst klein zu halten.

Eine Möglichkeit, solchen Risiken entgegenzuwirken, bestünde darin, die vorgeburtliche Entwicklung der Geschöpfe, die wir schaffen, genau zu überwachen, beispielsweise per Ultraschall. Wenn offenbar ernste Probleme auftauchten, könnten wir die Entwicklung beenden. Wenn wir ein Problem aber vor der Geburt nicht erkennen konnten, wäre es wohl am humansten, das betroffene Geschöpf nach der Geburt (möglichst human) zu euthanasieren.

Wir könnten im Lauf unseres Projekts jedoch aus solchen Fehlschlägen lernen und so wissenschaftlich Fortschritte machen. Das könnte auch dazu beitragen, die Zahl der imperfekten Tiere, die wir produzieren, in Zukunft zu verringern.

Wie hoch sind, realistisch gesehen, die Chancen, dass wir bei unserem Drachen beim ersten Versuch alles richtig machen? Wir glauben, dass sie fast bei null liegen. Das wirft die schwierige Frage auf: Ist es schlimmer, die Ent-wicklung eines vermasselten Drachens vor der Geburt zu beenden, damit er nicht möglicherweise weiter leidet, oder ihm ein möglicherweise kurzes, schwieriges und armseliges Leben zu ermöglichen, damit wir ihn erforschen können? Beide Optionen erscheinen sehr unschön und schon für sich betrachtet zumindest ethisch bedenklich.

Zugegeben, es besteht keine zwingende Notwendigkeit, einen Drachen zu erschaffen. Manche könnten sogar sagen, es handele sich um ein Prestigeprojekt, das der Menschheit keinerlei Nutzen bringt. So gesehen, wäre es wohl unethisch, geschädigte oder tote drachenhafte Tiere zu einem Zweck zu schaffen, der anderen Menschen oder den in der Forschung eingesetzten Tieren im Wesentlichen keine konkreten Vorteile bringt.

Kurzlebige oder kränkliche Drachen

Was wäre, wenn unser Drache bei der Geburt gut aussieht und sich in seiner „Kindheit" auch gut entwickelt, aber ihm nur ein tragisch kurzes Leben vergönnt ist?

Oder wenn er zwar eine vernünftig lange Lebensspanne hat, aber regelmäßig oder chronisch krank ist?

Wir wollen ganz sicher nicht, dass sich unser Drache unwohl fühlt, doch beim Herumbasteln an Genom und Entwicklung gibt es zahlreiche Möglichkeiten für gesundheitliche Fehlentwicklungen. Wenn wir beispielsweise versuchen, ihn mit der Fähigkeit zum Feuerspeien oder Fliegen auszustatten, könnten diese zusätzlichen Merkmale zu Lasten eines robusten Immunsystems gehen.

Kurz gesagt, es lässt sich nicht vorhersagen, wie gesund oder langlebig unser Drache sein würde. Nicht nur, was das Immunsystem betrifft, sondern auch in jeder anderen Hinsicht ist es eine Frage von Versuch und Irrtum. Wir gut arbeitet sein Herz? Wie steht es um seine Lunge (seinen Rachen, seine Nase), vor allem nach all dem Feuerspeien? Kommt sein Darm mit all den leicht entflammbaren Gasen zurecht? Wie klappt es mit dem Fliegen?

Zusammengenommen sind Unsicherheiten dieser Art ein weiterer Grund dafür, dass wir viele Drachen herstellen und unsere Methoden dann mithilfe des Gelernten „feinabstimmen" müssten. Dazu werden wir auch große Datenmengen sammeln müssen, was die Biologie und Gesundheit unserer Drachen angeht. Werden Fachzeitschriften bereit sein, unsere Daten zu publizieren? Schwer zu sagen. Werden sie oder andere Stellen ethische Bedenken hinsichtlich unserer Drachenforschung äußern? Das halten wir für durchaus wahrscheinlich, und es wird eine weitere Herausforderung darstellen. Andererseits kann ein Feedback von anderen das Projekt nur verbessern und vielleicht auch den ethischen Standard heben.

Drachen-Blues?

Und was wäre, wenn unser Drache zutiefst unglücklich oder richtiggehend depressiv wäre oder Ängste hätte?

Das könnte auf vielerlei Weise geschehen. Wenn der Drache gestohlen und in einer Art Zoo oder Themenpark ausgestellt würde, wäre er sicher nicht glücklich. Aber unser Drache könnte von einer Regierungsbehörde wie der CIA (eine der wichtigsten amerikanischen Spionageagenturen) oder von Militärs rund um die Welt entführt werden. Sie könnten unseren Drachen in einer Weise als Waffe einsetzen wollen, die ihm nicht behagt. Aber um ehrlich zu sein, unser Drache könnte selbst dann, wenn er nicht gestohlen würde oder ihm sonst etwas Schlimmes zustieße, unzufrieden mit seinem Leben und unglücklich sein. So etwas kommt auch bei Menschen vor.

Was dann? Eine Therapie für unseren Drachen? Medikamente?

Wäre es unethisch, wenn unser Drache ein langes, aber überwiegend unglückliches Leben führte?

Eltern können auch weder über die Lebensspanne ihrer Kinder noch über deren Glück entscheiden. Manchmal spielen Zufälle dabei eine wichtige Rolle und auch die Entscheidungen, die jemand im Laufe der Jahre trifft. Bei unserem Drachen läge die Sache jedoch ein wenig anders. Wir würden ihn ins Leben setzen, ohne dass es zuvor etwas Vergleichbares gegeben hat, und wir hätten großen Einfluss auf die Faktoren, die seine Lebensqualität bestimmen, wie seine genetische Ausstattung und seine Umwelt.

Was wäre, wenn wir schließlich viele Drachen herstellten? Würden einige an Milliardäre verkauft oder in andere Länder? Und wie bereits erwähnt, könnten die Drachen auch gestohlen werden. Welches Leben würde sie dann erwarten? Regierungen oder schlechte Menschen könnten Drachen in unethischer Weise einsetzen, zum Beispiel, um Armeen aufzubauen. Drachen wie auch viele Menschen könnten dabei zu Schaden kommen oder sogar ihr Leben verlieren.

Was hat der Drache davon?

Was hätte unser neu geschaffener Drache von diesem Hochrisiko-Projekt?

Grundsätzlich gewinnt er dadurch eine Existenz und kann die Welt erleben. Wenn er fruchtbar ist, kann er Nachwuchs zeugen und zum Gründer einer zukünftigen Art auf diesem Planeten werden. Wenn unser Drache intelligent und nicht tief unglücklich ist, kann er sich seines Lebens erfreuen und vielleicht einen Sinn darin finden. Idealerweise könnte sich der

Drache in die menschliche Gesellschaft integrieren, aber gleichzeitig seine eigene, unverwechselbare Identität und seinen Platz in der Welt bewahren. Er würde nicht angegriffen oder gezwungen werden, in Kriegen zu kämpfen.

Wie wahrscheinlich sind diese möglichen Vorteile und dieses allgemein rosige Szenario? Das können wir nicht sagen, bis wir das Projekt tatsächlich in Angriff nehmen.

Was hat die Welt davon?

Wir müssen uns auch fragen: „Kann der Bau eines Drachens für die Welt von Nutzen sein?"

Wir können uns vorstellen, dass unser Drache einen positiven Einfluss auf die Welt hat, zum Beispiel, indem er viele junge Leute für die Naturwissenschaften begeistert.

Praktischer gesprochen, könnte es sein, dass unser Drache sein Leben dem Nutzen anderer widmet, etwa indem er medizinischen Nachschub dorthin transportiert, wo er gebraucht wird. Aber natürlich kommt dann sofort die Frage: „Warum ein Drache und nicht ein Flugzeug?" Darauf könnten wir antworten, dass Drachen eine „erneuerbare Ressource" sind.

Lässt sich damit die Schaffung dieser Tiere rechtfertigen?

Vielleicht. Realistisch betrachtet, ist allerdings ein friedlicher Drache, der seine Lebensaufgabe darin sieht, anderen Gutes zu tun, ein Widerspruch in sich.

Ist die mögliche „Rebellion" dieser Drachen unausweichlich? Das ist nicht ganz unwahrscheinlich.

Den bereits gefährdeten Komodo noch weiter gefährden?

Tiere welcher Art auch immer zu Forschungszwecken einzusetzen, wirft potenzielle ethische Fragen auf. Einige Tierarten erfordern jedoch noch mehr Überlegung als andere. So werden Komodowarane oder -drachen auf der Roten Liste als „gefährdet" geführt, denn es gibt nur noch wenige auf der Welt. Wäre es ethisch, einige Exemplare dieser gefährdeten Tierart für unsere Drachenbauexperimente zu benutzen? Wohl eher nicht. Aber was wäre, wenn wir Komodos verwendeten, die sich bereits im Zoo oder in privaten Sammlungen befinden (gibt es wirklich irgendjemanden, der einen Komodo als Haustier hält)? Uns erscheint letztere Option schon eher zulässig.

Statt reale, intakte Komodos zu verwenden, könnten wir auch lediglich ihre Geschlechtszellen nehmen. Oder Zellen anderer Körperteile, die so gewonnen werden, dass dem Tier kein Schaden entsteht. Beispielsweise könnte eine kleine Hautprobe die Stammzellen liefern, die nötig sind, um diese speziellen, unsterblichen Stammzellen namens IPSCs herzustellen (siehe Kap. 6). Diese IPS-Zellen können dann in andere Zelltypen aller Art umgewandelt werden, darunter Eizellen und Spermien. Nehmen wir an, wir tun dies – nehmen aus IPS-Zellen hervorgegangene Eizellen und Spermien, um einem befruchteten Embryo zu erzeugen. Dann bräuchten wir noch immer eine Leihmutter, um die Komodo-Embryonen auszutragen und so den Drachenbauprozess voranzutreiben.

Wäre es ethisch vertretbar, ein Komodo-Weibchen zu diesem Zweck zu benutzen, statt es sich normal paaren zu lassen und Nachkommen für seine gefährdete Art zu produzieren? Wenn nicht, sollten wir kein Komodo-Weibchen als Leihmutter verwenden. Auf welches andere Reptil könnten wir ausweichen? Ein Alligator- oder Krokodilweibchen verwenden? Versuchen, ganz ohne Leihmutter auszukommen und eine Technologie zu erfinden, Komodo-Eier in einem Spezialinkubator vollkommen im Labor zu entwickeln?

Sie sehen schon, wie ethisch komplex die ganze Sache werden kann.

Was wäre, wenn wir Millionen Dollar spenden könnten, um ein Komodo-Schutzprogramm in freier Wildbahn zu entwickeln oder zu erweitern, um die Zahl der Tiere deutlich zu erhöhen, wenn wir im Gegenzug ein paar Komodos und/oder ihre Zellen für unsere Drachenforschung benutzen könnten?

Zum Glück sind die meisten anderen Tiere, die wir als Ausgangsmaterial ins Auge gefasst haben (wie verschiedene Vögel und Flugdrachen) nicht gefährdet; dennoch müssen wir alles daransetzen, um hohe ethische Standards aufrecht zu erhalten, was die Nutzung dieser Tiere und ihrer Zellen angeht.

Ideal wäre ein Ethikrat, der uns bei diesen schwierigen Fragen hilft. Die Mitglieder eines solchen Ethikrates wären Bioethikexperten, die uns im Hinblick auf das, was wir tun oder zu tun planen, beraten könnten – oder uns sogar raten, etwas, das wir vielleicht planen, nicht zu tun, wenn sie der Ansicht sind, dass es beispielsweise zu gefährlich wäre.

Und wenn unsere Drachen uns überleben?

Was wäre, wenn unser Drache viele Hundert Jahre alt wird – wie es in Drachensagen oft der Fall ist – und uns deutlich überlebt? Wir wären nicht länger da, um sein Leben positiv zu beeinflussen, und könnten ihn auch nicht mehr kontrollieren. Nach unserem Tod könnte sich unser Drache in einer Weise verhalten, die unsere Mitmenschen gefährdet – einmal außer Kontrolle geraten, könnte er plündernd und mordend durch Land streifen. Man kann also sagen, es wäre unethisch von uns, wenn wir nicht für unseren Drachen da sind. Wir wären nicht länger zur Stelle, um die Verantwortung für ein von uns erschaffenes gefährliches Tier zu übernehmen und uns darum zu kümmern.

Möglicherweise würde unser Drache nach unserem Tod auch leiden, Depressionen entwickeln und sich sehr einsam fühlen. In der Realität tritt dieselbe Situation für uns alle ein, wenn wir Eltern sind, denn wir überleben unsere Kinder normalerweise nicht. Unsere Kinder müssen ohne uns klarkommen. So gesehen, könnten wir Vorkehrungen für die Pflege unseres Drachen treffen und ebenso für finanzielle wie auch emotionale Unterstützung sorgen, sollte wir beide vor ihm sterben.

Der Bau eines Drachen wirft vielerlei ethische Probleme auf. Selbst der Drachenbauprozess an sich ist ethisch zweifelhaft. Aber sobald der Drache einmal existiert und besonders dann, wenn er noch immer lebt, während wir längst gegangen sind, werden wahrscheinlich weitere Herausforderungen hinzukommen.

Ethik und behördliche Vorschriften

Regierungsbehörden spielen eine wichtige Rolle bei der Überwachung der Forschung, insbesondere bei Projekten, bei denen genetisch modifizierte Pflanzen oder Tiere produziert werden. In den USA spielt die FDA (Lebensmittelüberwachungs- und Arzneimittelbehörde) im Interesse der öffentlichen Gesundheit dabei eine Schlüsselrolle. Ihre Aufgabe ist es, darauf zu achten, dass die vielen Gesetze und Regeln, die den Rahmen für die Produktion von Lebensmitteln und Arzneimitteln abstecken, eingehalten und Verstöße geahndet werden.

Wir halten es für geboten, bei unserem Drachenbauprojekt die FDA-Richtlinien zu befolgen (falls es relevante Richtlinien gibt). Manchmal versagen Behörden jedoch dabei, die Schaffung neuer Organismen durch

Forscher zu regulieren. Beispielsweise hat keine Regierungsbehörde – bislang – die Produktion von fluoreszierenden, gentechnisch veränderten Fischen (GloFish) reguliert (siehe Abb. 5.4).

Wie ist das möglich?

In ihrem Artikel *CRISPR Critters and CRISPR Cracks* erklären Hank Greely und Alta Charo, wie GloFish durch die gesetzgeberischen Maschen schlüpfte (oder vielmehr schwamm)[144]. Seltsamerweise meinten die U.S. Environmental Protection Agency (EPA), das U.S. Department of Agriculture und der U.S. Fish and Wildlife Service allesamt, sie seien juristisch nicht für die neuen Fische zuständig. Und die FDA weigerte sich, den Fisch zu begutachten, obgleich man ihn als „neues tierisches Arzneimittel" hätte klassifizieren können, dessen Sicherheit für Mensch und Umwelt vor einer Zulassung getestet werden sollte. Die FDA kam jedoch zu dem Schluss, dass GloFish nicht als Nahrung genutzt werden würde und wohl keine Umweltgefährdung darstelle.

Was würden verschiedene staatliche und föderale Regulierungsbehörden von unserem Plan halten, einen Drachen zu schaffen? Und wie würden sie den Drachen selbst beurteilen? Wäre der resultierende Drache ein „Produkt" (da weder ein Nahrungs- noch ein Arzneimittel), das von der FDA begutachtet werden könnte? Würde eine andere der oben erwähnten Regulierungsbehörden an der Regulierung seiner Erschaffung beteiligt sein und daran, was er anschließend tun könnte?

Und was ist mit den Behörden in anderen Ländern, wie der Europäischen Umweltagentur[145] und Chinas Ministerium für Ökologie, um nur zwei zu nennen?[146] Wir glauben nicht, dass sich unser Drache oder unsere Drachen durch Grenzen auf nur ein einziges Land beschränken lassen würden. Wahrscheinlich würden einige Regierungsbehörden über unsere Bemühungen die Stirn runzeln, selbst wenn es keine speziellen Regeln oder Vorschriften gibt, die sich auf Drachen beziehen.

Wo bekommen wir das nötige Geld her, ohne uns selbst untreu zu werden?

Forschungsprojekte, selbst relativ simple, kosten stets viel mehr, als irgendwer anfangs vorhersagt, und einen Drachen zu bauen, ist keineswegs simpel. Auch wenn es schwer ist, präzise Angaben zu den Gesamtkosten zu machen, könnten sie sich im Bereich von zig Millionen Dollar bewegen. Mindestens eine Million, um überhaupt anzufangen.

Wie treiben wir dieses Geld auf, ohne uns an halbseidene Investoren oder Regierungen zu verkaufen, die sich dann unsere Drachen schnappen oder sie missbrauchen? Wenn wir Glück haben, finden wir seriöse Investoren oder Unternehmen, die sich das Wohl der Welt auf die Fahnen geschrieben haben. Im Gegenzug könnten sie von uns verlangen, die Drachen friedlich oder zu guten Weltbürgern zu machen, was an sich keine schlechte Sache ist, wenn wir uns ethisch verhalten wollen. Dennoch könnte es unmöglich sein, unseren Drachen dazu zu bringen, sich in einer bestimmten Weise zu verhalten.

Es ist nur schwer vorstellbar, dass staatliche Geldgeber wie die National Institutes of Health (NIH) oder die National Science Foundation (NSF) in den USA (oder entsprechende Stellen in anderen Ländern) bereit sind, den Bau von Drachen finanziell zu unterstützen. Auch wenn die DARPA, eine Organisation für Forschungsprojekte des Verteidigungsministeriums, offen für ein solches Projekt sein könnte, würde sie den Drachen vielleicht als potenzielle Waffe ansehen. Das wollen wir nicht.

Möglicherweise könnten wir eine börsennotierte Gesellschaft gründen, um einen Drachen zu bauen, und unsere Forschung durch Aktienverkäufe finanzieren. Die Börsianer, die in unsere Firma (wir könnten sie Dragon X nennen) investieren, würden jedoch vielleicht versuchen, in das Projekt einzugreifen und unseren Ethikrat loszuwerden. Die Aktieninvestoren würden am Ende sogar vielleicht von uns verlangen, Drachen zu verkaufen, um Profit zu machen.

Auf der anderen Seite gilt: Wenn wir nicht vorab über genügend Mittel verfügen und uns beim Bau des Drachens hoch verschulden, könnte uns ebenfalls nichts anderes übrigbleiben, als Drachen zu verkaufen. Wir wollen auch nicht das Gefühl haben, wir müssten unsere Drachen mit einem Zirkus auf Tour gehen lassen, um Geld aufzubringen, denn das würde ihre Lebensqualität negativ beeinflussen.

Vielleicht könnte eine verantwortungsbewusste, ebenso heitere wie auch edukative Drachentour, die eher an eine reisende Kunstausstellung erinnert, den Drachen Spaß machen und dennoch eine Menge Geld zusammenbringen?

Die finanzielle Seite des Drachenbauprojekts ist eindeutig ziemlich kompliziert und wird eine detailliertere Planung erfordern.

Wenn wir vorangehen, werden uns andere folgen?

Wenn wir tatsächlich einen Drachen bauen und den ganzen Prozess offenlegen, vielleicht sogar detaillierte technische Angaben dazu in wissenschaftlichen Fachzeitschriften (oder wenn das nicht möglich ist, im Netz) veröffentlichen, könnten dann auch andere es uns gleichtun oder es zumindest versuchen? Und wenn das so ist, hätten wir dann eine Büchse der Pandora geöffnet, aus der nicht nur Drachen springen, sondern auch andere wilde neue Geschöpfe wie das im letzten Kapitel erwähnte Einhorn? Das könnte sehr chaotisch und zugleich sehr interessant werden.

In mancher Hinsicht unterscheidet sich die ganze Sache nicht so sehr vom Bau der ersten Atombombe. Wir wissen aus der Geschichte, dass die Bombe zwar unter strengster Geheimhaltung gebaut wurde, die Details aber dennoch nach außen gelangten und andere Staaten ebenfalls Atombomben bauten. Der Zustand der Kernwaffentechnologie und das atomare Wettrüsten überall auf der Erde sind nicht gerade ein leuchtendes Beispiel für die technische Weisheit des Menschen.

Und auch wenn wir uns in einigen Fällen sagen „nein, das geht zu weit", beispielsweise wenn wir keine Fabelwesen schaffen wollen, die teilweise menschlich sind (siehe Kap. 7), kann es sein, dass andere diese Grenze einfach überschreiten.

Andererseits – wenn *wir* uns überlegen können, wie man Drachen und andere Fabelwesen wie Einhörner schafft, dann können andere das auch. Klar ist, dass sich andere Leute schon Gedanken darüber gemacht haben, wie man Drachen produzieren könnte, auch wenn sie nicht gleich ein ganzes Buch darüber geschrieben haben. Es gibt bereits eine Art Do-it-yourself-Bewegung, die auf der CRISPR/Cas-Methode basiert und vielleicht schon begonnen hat, per CRISPR genetisch veränderte Geschöpfe freizusetzen.

Der chinesische Forscher He Jiankui ging mit CRISPR einen großen Schritt weiter und behauptet, die ersten „geneditierten" menschlichen Lebewesen geschaffen zu haben. Nach seinen Angaben hat er CRISPR in eine Reihe menschlicher Embryonen injiziert, und angeblich (nichts davon ist bislang von unabhängiger Seite bestätigt) führte dies zu zwei Mädchen, denen mehr oder minder zufällige Abschnitte eines Gens namens *CCR5* fehlten, das beeinflusst, wie empfindlich Menschen für eine HIV-Infektion sind.

Um es klar zu sagen: Sein Versuch war fehlgeleitet und schlecht geplant. Wir halten ihn zudem für unethisch. Es gibt inzwischen geprüfte, sichere

Verfahren, um eine HIV-Übertragung zu verhindern, und He Jiankuis Zwillinge sind angesichts der Zufälligkeit der vorgenommenen genetischen Veränderung möglicherweise gar nicht HIV-resistent. Und sie haben möglicherweise ein erhöhtes Risiko für andere Gesundheitsprobleme. Gegen ihn selbst ermitteln die chinesischen Behörden, und er steckt vermutlich in großen Schwierigkeiten. Vielleicht erhält er ein Berufsverbot oder landet sogar im Gefängnis. Mehr über He Jiankuis skrupellosen Menschenversuch mit CRISPR können Sie in Pauls Blog *The Niche* lesen.[147]

Denken Sie, die CRISPR/Cas-Methode werde auf streng regulierte Forschungslabore beschränkt bleiben? Sicher nicht. Man kann sogar schon online ein „CRISPR Kit" bestellen, um gentechnische Veränderungen an Organismen vorzunehmen.[148] Während dieser spezielle Baukasten momentan auf den Einsatz bei Mikroorganismen beschränkt ist, könnte er schon in naher Zukunft für Modifikationen komplexerer Lebewesen eingesetzt werden. Andere schalten einen Gang herauf, um ähnliche Baukästen zu verkaufen, die in eigenwilligerer Weise eingesetzt werden könnten.

Vielleicht steht die Büchse der Pandora zum Bau neuer Geschöpfe aufgrund des technischen Fortschritts bereits weit offen. So gesehen, ist dieses Buch auch ein Weckruf. Selbst wenn die Leute keine Drachen bauen (von denen wir wissen), gibt es zahlreiche Leute, die versuchen, neue Organismen aller Art herzustellen oder Veränderungen an sich selbst vorzunehmen.

Auch wenn dieses Kapitel deutlich gemacht hat, dass es im Zusammenhang mit dem Bau eines echten Drachen zahlreiche ethische Probleme gibt (von denen einige praktisch unlösbar erscheinen), geht es uns – um es nochmals zu sagen – in diesem Buch nicht darum, tatsächlich einen Drachen zu bauen oder anderen Menschen dabei zu helfen. Vielmehr ist unser Ziel, zusammen mit unseren Lesern Spaß auf neuen wissenschaftlichen Gebieten zu haben, uns ein bisschen über den Hype rund um neue naturwissenschaftliche Methoden lustig zu machen und Leute in aller Welt dazu zu ermutigen, ihrer Fantasie durch die Wissenschaft Flügel zu verleihen, ohne dabei die Bioethik aus dem Gedächtnis zu verlieren.

Literatur

Charo RA, Greely HT (2015) CRISPR critters and CRISPR cracks. Am J Bioeth 15(12):11–17

Anmerkungen und Literatur

1. Pickrell J (2017) Huge haul of rare pterosaur eggs excites palaeontologists. *Nature* 552(7683):14–15.
2. https://en.oxforddictionaries.com/definition/macgyver
3. https://oracc.museum.upenn.edu/amgg/listofdeities/ikur/
4. https://allaboutdragons.com/dragons/Apep
5. https://allaboutdragons.com/dragons/Druk
6. https://allaboutdragons.com/dragons/Vritra
7. https://www.britannica.com/topic/Indra#ref942544
8. https://mythology.net/norse/norse-creatures/nidhogg/
9. https://www.bbc.co.uk/religion/religions/christianity/saints/george_1.shtml
10. https://www.historic-uk.com/HistoryUK/HistoryofEngland/Edmund-original-Patron-Saint-of-England/
11. Borek HA, Charlton NP (2015) How not to train your dragon: a case of a Komodo dragon bite. *Wilderness Environ Med* 26(2):196–199.
12. Zimmer C (2014) *The Tangled Bank: An Introduction to Evolution.* Greenwood Village, Colorado: Roberts and Company.
13. https://blogs.scientificamerican.com/but-not-simpler/smaug-breathes-fire-like-a-bloated-bombardier-beetle-with-flinted-teeth/
14. Charo RA, Greely HT (2015) CRISPR Critters and CRISPR Cracks. *Am J Bioeth* 15(12):11–17.
15. https://www.bbc.com/news/uk-wales-35111760
16. https://nationalzoo.si.edu/animals/komodo-dragon
17. https://calteches.library.caltech.edu/596/2/MacCready.pdf
18. https://www.nytimes.com/2019/02/01/science/pink-squirrels-glow.html

© Springer-Verlag GmbH Deutschland, ein Teil von Springer Nature 2021
P. Knoepfler und J. Knoepfler, *Drachenzucht für Einsteiger,*
https://doi.org/10.1007/978-3-662-62526-2

19. Dumont ER (2010) Bone density and the lightweight skeletons of birds. *Proc Biol Sci* 277(1691):2193–2198.
20. https://askabiologist.asu.edu/human-bird-and-bat-bone-comparison
21. Vargas AO et al. (2008) The evolution of HoxD-11 expression in the bird wing: insights from Alligator mississippiensis. *PLoS One* 3(10): e3325.9.
22. https://evolution.berkeley.edu/evolibrary/article/evograms_06
23. https://www.grc.nasa.gov/www/k-12/airplane/lift1.html
24. Barrowclough GF et al. (2016) How Many Kinds of Birds Are There and Why Does It Matter? *PLoS One* 11(11): e0166307.
25. https://www.nytimes.com/video/science/100000006321699/how-the-hummingbird-bill-evolved-for-battle.html?action=click&gtype=vhs&version=vhs-heading&module=vhs&region=title-area
26. https://www.nature.com/articles/s41559-018-0728-7
27. https://www.sciencelearn.org.nz/resources/308-feathers-and-flight
28. https://www.audubon.org/news/the-science-feathers
29. Yu M et al. (2004) The biology of feather follicles. *Int J Dev Biol* 48(2–3):181–191.
30. Zimmer C (2014) *The Tangled Bank: An Introduction to Evolution.* Greenwood Village, Colorado: Roberts and Company.
31. Voeten D et al. (2018) Wing bone geometry reveals active flight in Archaeopteryx. *Nat Commun* 9(1): 923.
32. Wu, P et al. (2018) Multiple regulatory modules are required for scaleto-feather conversion. *Mol Biol Evol* 35(2): 417–430.
33. Tokita M (2015) How the pterosaur got its wings. *Biol Rev Camb Philos Soc* 90(4): 1163–1178.
34. z. B. in Asara JM et al. (2007) Protein sequences from mastodon and Tyrannosaurus rex revealed by mass spectrometry. *Science* 316(5822): 280–285.
35. Morell V (1993) Difficulties with dinosaur DNA. *Science* 261(5118):161.
36. https://www.nytimes.com/2018/03/26/science/insect-wing-evolution.html
37. Yang Y (2003) Wnts and wing: Wnt signaling in vertebrate limb development and musculoskeletal morphogenesis. *Birth Defects Res C Embryo Today* 69(4): 305–317.
38. https://www.statnews.com/2018/08/15/movies-that-got-science-wrong/
39. https://gizmodo.com/worlds-largest-flying-bird-was-twice-the-size-of-todays-1601476721

40. https://blogs.scientificamerican.com/but-not-simpler/smaug-breathes-fire-like-a-bloated-bombardier-beetle-with-flinted-teeth/

41. Videvall E et al. (2018) Measuring the gut microbiome in birds: Comparison of faecal and cloacal sampling. *Mol Ecol Resour* 18(3):424–434.

42. https://www.nature.com/news/the-curious-case-of-the-caterpillar-s-missing-microbes-1.21955

43. https://www.sciencemag.org/news/2017/10/how-gut-bacteria-saved-dirty-mice-death

44. https://phylogenomics.blogspot.com/p/my-writings-on-badomics-words.html

45. https://www.hindawi.com/journals/archaea/2010/945785/

46. https://www.sci-news.com/medicine/article00968.html

47. Pimentel M, Mathur R, Chang C (2013) Gas and the microbiome. *Curr Gastroenterol Rep* 15(12):356.

48. https://www.smithsonianmag.com/science-nature/media-blows-hot-air-aboutdinosaur-flatulence-84170975/

49. https://www.npr.org/sections/thesalt/2014/04/28/306544406/got-gas-it-could-meanyou-ve-got-healthy-gut-microbes

50. Hafez EM et al. (2017) Auto-brewery syndrome: Ethanol pseudotoxicity in diabetic and hepatic patients. *Hum Exp Toxicol* 36(5):445–450.

51. https://www.sciencenewsforstudents.org/article/nature-shows-how-dragons-might-breathe-fire

52. Heuton M et al. (2015) Paradoxical anaerobism in desert pupfish. *J Exp Biol* 218(Pt 23):3739–3745.

53. https://www.npr.org/sections/thesalt/2013/09/17/223345977/auto-brewery-syndromeapparently-you-can-make-beer-in-your-gut

54. https://www.sciencenewsforstudents.org/blog/technically-fiction/nature-shows-how-dragons-might-breathe-fire

55. Markham MR (2013) Electrocyte physiology: 50 years later. *J Exp Biol* 216(Pt 13): 2451–2458.

56. Aneshansley DJ et al. (1969) Biochemistry at 100 °C: Explosive secretory discharge of Bombardier beetles (Brachinus). *Science* 165(3888):61–63.

57. Eisner T, Aneshansley DJ (1999) Spray aiming in the Bombardier beetle: photographic evidence. *Proc Natl Acad Sci USA* 96(17):9705–9709.

58. Seale P, Lazar MA (2009) Brown fat in humans: turning up the heat on obesity. *Diabetes* 58(7):1482–1484.

59. https://www.audubon.org/how-do-birds-cope-cold-winter

60. de Bruyn RA. et al. (2015) Thermogenesis-triggered seed dispersal in dwarf mistletoe. *Nat Commun* 6:6262.
61. Barthlott W et al. (2009) A torch in the rain forest: thermogenesis of the Titan arum *(Amorphophallus titanum)*. *Plant Biol (Stuttg)* 11(4):499–505.
62. https://www.bbc.com/earth/story/20150424-animals-that-lost-their-brains
63. https://www.cell.com/current-biology/fulltext/S0960-9822(16)31151-4
64. https://www.whalefacts.org/blue-whale-heart/
65. Hazlett HC et al. (2011) Early brain overgrowth in autism associated with an increase in cortical surface area before age 2 years. *Arch Gen Psychiatry* 68(5):467–476.
66. https://www.cell.com/current-biology/fulltext/S0960-9822(16)31151-4
67. https://news.nationalgeographic.com/2017/07/ravens-problem-solving-smart-birds/
68. https://www.nytimes.com/2018/11/13/science/komodo-dragons.html
69. https://en.wikiversity.org/wiki/WikiJournal_of_Medicine/Tubal_pregnancy_with_embryo
70. https://www.popsci.com/first-head-transplant-human-surgery
71. https://www.usatoday.com/story/news/world/2017/11/17/italian-doctor-says-worldsfirst-human-head-transplant-imminent/847288001/
72. Yu F et al. (2015) A new case of complete primary cerebellar agenesis: clinical and imaging findings in a living patient. *Brain* 138(Pt 6):e353.
73. https://www.newscientist.com/article/mg22329861-900-woman-of-24-found-to-have-nocerebellum-in-her-brain/
74. Wey A, Knoepfler PS (2010) c-myc and N-myc promote active stem cell metabolism and cycling as architects of the developing brain. *Oncotarget* 1(2):120–130.
75. Olkowicz S et al. (2016) Birds have primate-like numbers of neurons in the forebrain. *Proc Natl Acad Sci USA* 113(26):7255–7260.
76. Han X et al. (2013) Forebrain engraftment by human glial progenitor cells enhances synaptic plasticity and learning in adult mice. *Cell Stem Cell* 12(3):342–353.
77. https://sp.lyellcollection.org/content/448/1/383
78. Marino L et al. (2007) Cetaceans have complex brains for complex cognition. *PLoS Biol* 5(5):e139.
79. https://blogs.scientificamerican.com/news-blog/are-whales-smarter-than-we-are/
80. Marino L et al. (2007) Cetaceans have complex brains for complex cognition. *PLoS Biol* 5(5):e139.

81. Knoepfler PS, Cheng PF, Eisenman RN (2002) N-myc is essential during neurogenesis for the rapid expansion of progenitor cell populations and the inhibition of neuronal differentiation. *Genes Dev* 16(20):2699–2712.

82. https://www.sharksider.com/14-weirdest-things-sharks-eaten/

83. Levin M et al. (1996) Laterality defects in conjoined twins. *Nature* 384(6607):321.

84. https://www.npr.org/sections/health-shots/2018/11/06/663612981/these-flatworms-canregrow-a-body-from-a-fragment-how-do-they-do-it-and-could-we

85. Bode HR (2003) Head regeneration in Hydra. *Dev Dyn* 226(2):225–236.

86. Shostak S (1972) Inhibitory gradients of head and foot regeneration in Hydra viridis. *Dev Biol* 28(4):620–635.

87. Tomita Y et al. (1989) Human oculocutaneous albinism caused by single base insertion in the tyrosinase gene. *Biochem Biophys Res Commun* 164(3):990–996.

88. Flanagan N et al. (2000) Pleiotropic effects of the melanocortin 1 receptor (MC1R) gene on human pigmentation. *Hum Mol Genet* 9(17):2531–2537.

89. https://www.audubon.org/magazine/may-june-2013/what-makes-bird-vision-so-cool

90. https://www.smithsonianmag.com/smart-news/humans-see-world-100-times-moredetail-mice-fruit-flies-180969240/

91. https://www.scientificamerican.com/article/sleeping-with-half-a-brain/

92. https://www.sciencedaily.com/releases/2018/02/180207120617.htm

93. https://www.nationalgeographic.com/animals/2005/02/news-cobras-venom-eyes-perfect-aim/

94. https://www.scientificamerican.com/article/strange-but-true-komodo-d/

95. https://www.scientificamerican.com/article/experts-temperature-sex-determination-reptiles/

96. https://www.nationalgeographic.org/media/birds-eye-view-wbt/

97. Wu P et al. (2013) Specialized stem cell niche enables repetitive renewal of alligator teeth. *Proc Natl Acad Sci USA* 110(22):E2009–E2018.

98. https://www.livescience.com/24071-pterodactyl-pteranodon-flying-dinosaurs.html

99. Knoepfler P (2015) *GMO Sapiens: The Life-Changing Science of Designer Babies*. World Scientific Publishing, Singapur (deutsch [2018]: *Genmanipulierte Menschheit: Evolution selbst gemacht*. Springer, Berlin/Heidelberg).

100. https://nationalzoo.si.edu/animals/komodo-dragon
101. Curtis NR (2003) Firefly encyclopedia of reptiles and amphibians. *Library Journal* 128(1):88.
102. https://indianapublicmedia.org/amomentofscience/sex-nature-happen/
103. https://newsroom.ucla.edu/releases/pioneering-stem-cell-gene-therapy-cures-infants-with-bubble-baby-disease
104. Li Y et al. (2018) 3D printing human induced pluripotent stem cells with novel hydroxypropyl chitin bioink: scalable expansion and uniform aggregation. *Biofabrication* 10(4):044.101; Pascoal JF et al. (2018) Three-dimensional cell-based microarrays: printing pluripotent stem cells into 3D microenvironments. *Methods Mol Biol* 1771:69–81.
105. Hockman D et al. (2009) The role of early development in mammalian limb diversification: a descriptive comparison of early limb development between the Natal long-fingered bat *(Miniopterus natalensis)* and the mouse *(Mus musculus)*. *Dev Dyn* 238(4):965–979; Nolte MJ et al. (2009) Embryonic staging system for the Black Mastiff Bat, *Molossus rufus* (Molossidae), correlated with structure–function relationships in the adult. *Anat Rec* (Hoboken) 292(2):155–168, spc 1.
106. Hockman D *et al.* (2008) A second wave of Sonic hedgehog expression during the development of the bat limb. *Proc Natl Acad Sci USA* 105(44):16.982–16.987.
107. https://www.robertlanza.com/who-is-robert-lanza/
108. Perez-Rivero JJ, Lozada-Gallegos AR, Herrera-Barragan JA (2018) Surgical extraction of viable hen *(Gallus gallus domesticus)* follicles for in vitro fertilization. *J Avian Med Surg* 32(1):13–18; Li BC et al. (2013) The influencing factor of in vitro fertilization and embryonic transfer in the domestic fowl *(Gallus domesticus)*. *Reprod Domest Anim* 48(3):368–372.
109. Nomura T et al. (2015) Genetic manipulation of reptilian embryos: toward an understanding of cortical development and evolution. *Front Neurosci* 9:45.
110. https://www.nytimes.com/2019/02/25/science/split-sex-gynandromorph.html
111. https://www.sciencemag.org/news/2019/04/game-changing-gene-edit-turned-anole-lizard-albino
112. https://www.nytimes.com/2013/04/23/science/does-bird-mating-ever-cross-the-species-line.html

113. Bogliotti YS et al. (2018) Efficient derivation of stable primed pluripotent embryonic stem cells from bovine blastocysts. *Proc Natl Acad Sci* USA 115(9):2090–2095.

114. Tachibana M et al. (2013) Human embryonic stem cells derived by somatic cell nuclear transfer. *Cell* 153(6):1228–1238; Chung YG et al. (2014) Human somatic cell nuclear transfer using adult cells. *Cell Stem Cell* 14(6):777–780.

115. https://www.nature.com/protocolexchange/protocols/3117

116. Inoue H et al. (2014) iPS cells: a game changer for future medicine. EMBO J 33(5):409–417.

117. https://ipscell.com/2017/06/talk-ips-cells-future-genomic-medicine-mtg/

118. https://www.sciencemag.org/news/2016/10/mouse-egg-cells-made-entirely-lab-give-rise-healthy-offspring

119. https://www.nature.com/stemcells/2009/0908/090806/full/stemcells.2009.106.html

120. Knoepfler P (2013) Stem Cells: An Insider's Guide. World Scientific Publishing, Singapur.

121. Pain B et al. (1996) Long-term in vitro culture and characterisation of avian embryonic stem cells with multiple morphogenetic potentialities. Development 122(8):2339–2348.

122. Li ZK et al. (2018) Generation of bimaternal and bipaternal mice from hypomethylated haploid ESCs with imprinting region deletions. Cell Stem Cell 23(5):665–676 e4.

123. https://www.nationalgeographic.com/science/2018/10/news-gene-editing-crispr-mice-stem-cells/

124. Greely HT (2016) The End of Sex and the Future of Human Reproduction. Harvard University Press, Cambridge, Massachusetts.

125. https://www.fda.gov/animalveterinary/safetyhealth/animalcloning/ucm055512.htm

126. https://futurism.com/the-byte/gene-editing-mutated-animals-crispr

127. https://ghr.nlm.nih.gov/primer/genomicresearch/genomeediting

128. https://www.biorxiv.org/content/10.1101/551978v1

129. https://science.sciencemag.org/content/346/6215/1311.full

130. Charo RA, Greely HT (2015) CRISPR Critters and CRISPR Cracks. Am J Bioeth 15(12):11–17.

131. Robert Heinlein war ein produktiver Science-Fiction-Autor, der in seinen Büchern viele Zukunftstechnologien vorhersagte, darunter auch das Handy.

132. https://www.wired.com/2015/02/fantastically-wrong-unicorn/

133. https://content.time.com/time/health/article/0,8599,1814227,00. html
134. https://cphpost.dk/?p=64625
135. https://www.wired.com/2015/02/fantastically-wrong-unicorn/
136. https://thescipub.com/pdf/ajassp.2016.189.199.pdf
137. https://www.ncbi.nlm.nih.gov/pmc/articles/PMC3017764/
138. https://journals.plos.org/plosone/article?id=10.1371/journal. pone.0202978
139. https://www.nature.com/articles/nbt.3560; https://www.sciencemag. org/news/2016/05/gene-edited-cattle-produce-no-horns.
140. https://www.britannica.com/animal/narwhal
141. https://www.ncbi.nlm.nih.gov/pubmed/30263923
142. https://www.mun.ca/biology/scarr/Bithorax_Drosophila.html
143. https://japanesemythology.wordpress.com/toyota-mahime/ningyo/
144. Charo RA, Greely HT (2015) CRISPR Critters and CRISPR Cracks. Am J Bioeth 15(12):11–17.
145. https://www.eea.europa.eu/
146. https://english.mee.gov.cn/
147. https://ipscell.com/?s=he+jiankui
148. https://www.scientificamerican.com/article/mail-order-crispr-kits-allow-absolutely-anyone-to-hack-dna/

Glossar

Archaeopteryx Gattung geflügelter, vogelähnlicher Dinosaurier. Manche sehen die Gattung als evolutionäres Bindeglied zwischen ungeflügelten Dinosauriern und modernen Vögeln an.

Bombardierkäfer Eine einzigartige Käfergruppe, deren Vertreter zur Verteidigung ein heißes chemisches Gemisch aus dem Hinterleibsende ausstoßen, das Prädatoren verätzen und versengen kann.

Braunes Fettgewebe Eine – im Vergleich zum verbreiteten „weißen" Fettgewebe – seltene Form des Fettgewebes, das vom Körper zur Produktion von Körperwärme eingesetzt werden kann. Es kommt bei Babys viel häufiger als bei Erwachsenen vor, von denen einige unter Umständen überhaupt kein braunes Fettgewebe aufweisen.

Chimäre Tier, das aus Teilen zusammengesetzt ist, die von zwei oder mehr unterschiedlichen Tierarten stammen. Von seltenen Ausnahmen abgesehen, sind Chimären mythologische Geschöpfe. Theoretisch könnte man ein Tier, das völlig aus eigenen Zellen besteht, aber eingefügte Gene anderer Arten enthält, als „genetische Chimäre" betrachten.

CRISPR/Cas-Methode Molekularbiologische Methode, um genetische Modifikationen oder Mutationen in bestimmten Genen in Zellen oder ganzen Organismen zu erzeugen. Manchmal auch als CRISPR/Cas9-Genomediting bezeichnet.

Elektrocyten Spezielle Zellen von Tieren mit elektrischen Organen, wie Zitteraal und Zitterrochen, die Elektrizität erzeugen und vom Fisch genutzt werden können, um Beute zu betäuben oder sich in seiner Umgebung zu orientieren.

Embryonale Stammzellen Diese Zellen stammen aus menschlichen Embryonen, die tiefgefroren übrigbleiben, wenn sich Paare erfolgreich einer In-vitro-Fertilisation unterzogen und Kinder bekommen haben. Man nimmt an, dass diese Zellen in der Lage sind, sich in jeden beliebigen Zelltyp im Körper zu verwandeln. Die Zucht

© Springer-Verlag GmbH Deutschland, ein Teil von Springer Nature 2021
P. Knoepfler und J. Knoepfler, *Drachenzucht für Einsteiger,*
https://doi.org/10.1007/978-3-662-62526-2

embryonaler Stammzellen ist bislang noch nicht bei sehr vielen Tierarten gelungen, aber man geht davon aus, dass dies bei vielen Tierarten prinzipiell möglich ist.

Flugdrache Reptiliengattung *(Draco)* aus der Familie der Agamen, deren Vertreter mithilfe von Flughäuten (Patagien) wie Flughörnchen von Baum zu Baum gleiten können.

Flughaut (Patagium, Plural: Patagia, eingedeutscht Patagien) Große Hautfalte, oft zwischen den Fingern, aber auch zwischen Armen oder Beinen und dem Körper aufgespannt, die beim Fliegen/Gleiten hilft.

Gastrolithen (Magensteine) Kleine Steine, die von einigen Tieren verschluckt werden und bei der Verdauung helfen können.

Hatzegopteryx Sehr großer Flugsaurier, der nur wenig kleiner als sein Verwandter *Quetzalcoatlus* war.

Induzierte pluripotente Stammzellen (iPS-Zellen) Diese Zellen gleichen embryonalen Stammzellen insofern, dass sie wie diese in der Lage sind, sich in andere Zelltypen umzuwandeln, doch sie stammen nicht aus Embryonen. Vielmehr entstehen sie durch künstliche Reprogrammierung aus gewöhnlichen (nicht-pluripotenten) Körperzellen.

IVF oder In-vitro-Fertilisation Methode, um Eizellen mit Samenzellen zu befruchten, um Embryonen außerhalb des Körpers zu erzeugen, die beim Menschen einer Leihmutter eingepflanzt werden können, um ein Baby zu produzieren.

Jungfernzeugung (Parthenogenese) Entwicklung eines neuen Tiers ohne Befruchtung durch ein Spermium, was passieren kann, wenn eine unbefruchtete Eizelle sich zu teilen beginnt. Zwar kommt diese Art der Fortpflanzung gelegentlich bei einigen Tierarten vor, sie ist aber beim Menschen noch nie beobachtet worden.

Kau- oder Muskelmagen Spezielles Organ im Verdauungstrakt mancher Tiergruppen, vor allem von Vögeln, aber auch anderen Gruppen, einschließlich Dinosauriern, der vorwiegend der Nahrungszerkleinerung dient bzw. diente. Der Kaumagen enthält manchmal Magensteine, die die Nahrungszerkleinerung unterstützen.

Keratin Wichtiges Strukturprotein in der Haut (und verwandten Strukturen, darunter Haare, Nägel, Federn sowie Schuppen) und in spezialisierten Zellen, die für das Wachstum und die Funktion dieser Gewebe eine Rolle spielen.

Keratinocyten Spezialisierte Haut- und andere Zellen mit hohem Keratingehalt.

Kleinhirn (Cerebellum) Gehirnteil, der hinten auf dem Hirnstamm aufliegt und eine wichtige Rolle für die Hand-Augen-Koordination und die Bewegungskontrolle spielt.

Klonen Prozess, bei dem aus einer einzelnen Zelle eines adulten Tieres ein völlig neuer Organismus entsteht, ein Duplikat des Zellspenders. Geklont worden sind bereits Frösche, Nutztiere und Labortiere wie Mäuse. Soviel wir wissen, ist noch kein Mensch geklont worden. „Klonen" kann sich auch auf die Produktion menschlicher Stammzellen beziehen, die den Zellkern einer anderen Person enthalten.

Komododrache oder Komodowaran Sehr große und manchmal gefährliche Echse, die auf der indonesischen Insel Komodo lebt.

Melanin Wichtigstes Pigment beim Menschen und vielen anderen Tieren, das jedem Individuum seine typische Färbung von Haut, Haaren und anderen Geweben verleiht. Albinos besitzen kein Melanin.

Melanocyten Melanin produzierende Zellen.

Mikrobiom Gesamtheit der Mikroorganismen wie Bakterien innerhalb eines größeren Organismus, beispielsweise im Darm von Menschen oder anderen Tieren, oder spezifischer des Genoms dieser Mikroorganismen.

Mikrozephalie Zustand, bei dem Gehirn und Kopf nicht normal wachsen und zu klein bleiben, was oft, aber nicht immer, zu verminderter Intelligenz führt. Ursachen sind Infektionen mit dem Zika-Virus, wenn Schwangere in manchen Teilen der Welt von infizierten Stechmücken gestochen werden, aber auch genetische Mutationen.

Nickhaut Transparentes zusätzliches Augenlid bei einigen Tierarten, das eine Schutzfunktion hat.

Organoide Sehr kleine Organe, die im Labor aus Stammzellen gezüchtet werden können. Beispielsweise sind menschliche Hirnorganoide Miniaturversionen des sich entwickelnden menschlichen Gehirns, die sich aus menschlichen Stammzellen erzeugen lassen.

Pansen (Rumen) Erster Vormagen im Verdauungstrakt von Wiederkäuern wie Rindern, der mit der Verdauung beginnt.

Pteranodon Gattung extrem großer Flugsaurier (Pterosaurier)

Quetzalcoatlus Ausgestorbener Flugsaurier, der möglicherweise der größte flugfähige Organismus war, den es jemals auf der Erde gab.

Regeneration Fähigkeit eines Tieres, verloren gegangene Körperteile oder Gewebe zu ersetzen.

Siamesische Zwillinge Spezieller Zwillingstyp, bei dem die Körper der beiden Zwillinge zumindest teilweise miteinander verschmolzen sind und die Zwillinge einige Körperteile gemeinsam haben. Dieses Ergebnis einer Schwangerschaft resultiert aus Problemen ganz am Anfang der Embryonalentwicklung.

Stammzellen Relativ seltene Zellen im Körper, die durch Zellteilung entweder weitere Stammzellen produzieren oder sich durch einen Prozess, der als Differenzierung bezeichnet wird, in andere Zellen, wie Nervenzellen, Muskelzellen etc. umwandeln können.

Syndaktylie Fehlbildung, bei der einzelne Finger oder Zehen beim Menschen miteinander verwachsen oder durch Häute miteinander verbunden sind.

Tapetum lucidum Zellstruktur in den Augen mancher Tiere, die im Dunkeln leuchtet, wenn man einen Lichtstrahl auf sie richtet, weil sie das Licht reflektiert. Tiere mit einem Tapetum lucidum sehen im Dunkeln besser als solche, die nicht darüber verfügen, wie Menschen.

Wnt-Gene Gene in geflügelten Tieren, die an Wachstum und Entwicklung von Flügeln beteiligt sind, bei ungeflügelten Tieren wie Menschen jedoch andere Rollen in der Gewebsentwicklung spielen.